柔性设计研究：基于弹性理念的生态城市设计策略框架

王晓军　朱文莉◎著

吉林出版集团股份有限公司
全国百佳图书出版单位

图书在版编目（CIP）数据

柔性设计研究：基于弹性理念的生态城市设计策略框架 / 王晓军，朱文莉著. -- 长春：吉林出版集团股份有限公司, 2024.8. -- ISBN 978-7-5731-5713-3

Ⅰ.TU984

中国国家版本馆 CIP 数据核字第 2024PG0139 号

柔性设计研究：基于弹性理念的生态城市设计策略框架
ROUXING SHEJI YANJIU：JIYU TANXING LINIAN DE SHENGTAI CHENGSHI SHEJI CELÜE KUANGJIA

著　　者	王晓军　朱文莉
责任编辑	黄　群　杜　琳
封面设计	沈　莹
开　　本	710mm×1000mm　　1/16
字　　数	265 千
印　　张	15.5
版　　次	2025 年 1 月第 1 版
印　　次	2025 年 1 月第 1 次印刷
印　　刷	天津和萱印刷有限公司
出　　版	吉林出版集团股份有限公司
发　　行	吉林出版集团股份有限公司
地　　址	吉林省长春市福祉大路 5788 号
邮　　编	130000
电　　话	0431-81629968
邮　　箱	11915286@qq.com
书　　号	ISBN 978-7-5731-5713-3
定　　价	96.00 元

版权所有　翻印必究

前 言

我国是世界上最积极探索和建设生态城市的国家之一。生态城市建设肩负着我国对国际社会节能减排的责任，也符合国家生态文明建设策略和未来城市发展趋势。生态城市设计作为生态城市建设发展的重要工作之一，需要更加深入地研究与探讨。本书阐述的柔性设计是基于弹性理念的生态城市设计策略，以解决生态城市建设和发展过程中的阶段性、复杂性与不确定性所产生的问题为主要出发点，以适应与灵活的观点研究生态城市设计在解决和理解建设发展问题中的作用，并构建具有可持续特征的策略框架。柔性设计是一种具有灵活性的策略组合，是生态城市设计理论的新思维。柔性设计理念将弹性特征与可持续设计行为相结合，针对生态城市发展面临的压力与冲击，与现有的城市设计或规划并行不悖，可以适用于不同的城市尺度。

本书包括两条主线、三个研究部分。两条主线为贯穿全篇的弹性理念与可持续的生态城市设计方法。三个研究部分分别为：弹性理念的研究、生态城市设计的研究和柔性设计策略框架的整合。第一部分是弹性理念的研究，体现在第三章与第七章的部分章节，阐述了本书的理论核心——弹性与主题——柔性设计，深入研究了弹性理念的应用范围、本质和相关要素，以及柔性设计的概念、辨析、目标对象、与生态城市的关系及推动力等。第二部分是生态城市设计的研究，包括第四章、第五章与第六章，分别阐述了可持续生态城市设计的要素、生态城市面临的风险及生态城市指标体系。可持续生态城市设计要素主要包括生态城市的紧凑性、流动性、生态性与本地化等，并通过理论研究和案例对比分析将要素划分为十个可以进行设计的领域。生态城市面临的风险包括作用于生态城市的压力与冲击，压力包括城市化带来的众多城市问题，城市生态系统承载力的压力等，冲击包括水循环问题、废弃物管理、空气污染、能源管理及自然灾害等。生态城市指标体系的归纳研究，包括指标指引和阈值取值两方面，从环境、社会、经济和资源四类内容"勾勒"出目前普遍认可的生态城市"轮廓"。第三部分是策略的整合与结论，包括第七章与第八章。综合以上内容，将弹性理念的特征与可持续的生态城市设计的设计行为灵活地整合在一起，构建柔性设计框架。在此基础上，提出柔性设计原则及其适用性。

本书由生态系统的弹性引入，从城市设计的弹性给出柔性设计的策略框架，强调以灵活性、适应性和多样性的原则及方法去设计生态城市的空间形态。

本书第四、五、六、七、八章由王晓军完成，第一、二、三章由朱文莉完成。

王晓军
2023 年 9 月

目 录

第一章 绪 论 1
 第一节 研究的背景 1
 第二节 研究的目的与重要性 4
 第三节 与研究主题相关的研究：概念的界定与辨析 5
 第四节 研究现状：国内外研究综述 10
 第五节 研究方法 18
 第六节 创新点 19

第二章 柔性设计的题设：生态城市发展问题及对策分析 21
 第一节 生态城市发展问题的综述 21
 第二节 生态城市的阶段性、复杂性与不确定性 24
 第三节 生态城市发展问题的城市设计层面对策 32
 第四节 本章小结 37

第三章 柔性设计的核心：弹性理念的理论与作用 39
 第一节 弹性理念概述 39
 第二节 弹性理念的本质与要素 44
 第三节 柔性设计：弹性理念下的生态城市设计 51
 第四节 本章小结 71

第四章 柔性设计的基础：可持续的生态城市模型 73
 第一节 可持续的生态城市概述 73
 第二节 紧凑性：生态城市的土地利用 75

第三节　流动性：步行与公共交通 ·················· 82
　　第四节　生态性：开放空间与绿地系统 ················ 90
　　第五节　可持续生态城市的空间结构 ················ 95
　　第六节　案例研究 ·························· 98
　　第七节　柔性设计的可持续生态城市模型 ·············· 109
　　第八节　本章小结 ·························· 110

第五章　柔性设计的应对：生态城市的风险 ················ 112
　　第一节　作用于生态城市的压力 ··················· 112
　　第二节　作用于生态城市的冲击 ··················· 115
　　第三节　将风险转化为城市空间形态的突现 ············· 120
　　第四节　本章小结 ·························· 125

第六章　柔性设计的阈值：生态城市指标体系的研究 ············ 126
　　第一节　生态城市指标体系的含义与作用 ·············· 126
　　第二节　生态城市指标体系与柔性设计阈值的关系 ·········· 128
　　第三节　生态城市指标体系的比较研究 ··············· 130
　　第四节　作为阈值的生态城市指标 ················· 152
　　第五节　本章小结 ·························· 181

第七章　柔性设计的方法：策略的整合与适用性 ·············· 183
　　第一节　弹性理论作用于生态城市空间 ··············· 183
　　第二节　柔性设计的策略框架：框架的整合与构建 ·········· 186
　　第三节　柔性设计的策略组合及适用性 ··············· 201
　　第四节　本章小结 ·························· 211

第八章　结语与展望 ···························· 214
　　第一节　结　语 ··························· 214
　　第二节　展　望 ··························· 215

参考文献 ································· 216

第一章 绪 论

本章主要内容为绪论，主要介绍了六个方面的内容，依次是研究的背景、研究的目的与重要性、与研究主题相关的研究：概念的界定与辨析、研究现状：国内外研究综述、研究方法和创新点。

第一节 研究的背景

一、现实背景

（一）国际承诺

我国是世界上最积极探索和建设生态城市的国家之一。[①] 近年来，我国大中城市均出现了不同程度的雾霾天气。虽然这种现象在城市发展的过程中或多或少都会出现，但随着信息化时代人们信息交流的频繁，城市环境问题得到前所未有的关注，过快的城市建设和发展速度也遭到质疑。转型发展、建设生态城市是中国对于国际温室气体减排的积极回应。[②]

城市作为生态文明建设的主要载体，肩负着我国对国际社会的承诺与责任。从2009年的哥本哈根气候大会到2015年的巴黎气候大会，我国的国际形象与地位不断提升，习近平主席发表讲话阐述了我国公平、合理应对全球气候变化的决心，提出我国将尽早实现2030年前后二氧化碳排放峰值的承诺。同时，提出在国家"十三五"规划中，将生态文明建设作为重要目标，并通过一系列创新机制

[①] 仇保兴.兼顾理想与现实：中国低碳生态城市指标体系构建与实践示范初探[M].北京：中国建筑工业出版社，2012：20.
[②] 同①.

使目标得以实现。①

生态城市建设符合全球化的发展趋势，为了实现我国在国际上的承诺，生态城市的建设仍然是未来城市规划与建设的重要研究课题。

（二）发展需要

生态城市不是一种城市类型，而是一个城市发展阶段。"生态城市"是城市最终发展愿景，这种新的城市愿景需要城市设计来描绘。何祚庥院士认为中国作为发展中国家，在生态城市建设方面的探索仍处于起步阶段，必须重视相关经验的吸收和积累。②我国从 1986 年江西省宜春市提出建设生态城市的目标以来，经过三十多年的理论发展和建设实践，虽然在生态城市建设数量上无人比肩，但总体上来说，我们的生态城市发展仍然处于起步阶段。正因为生态城市是城市发展的一个阶段，所以生态城市的建设不是一蹴而就的，而是城市环境、社会观念、基础设施的逐渐完善与进步。

未来 15 年将完成"城镇化是中国最大的经济增长点"的目标，这也意味着城市将经受更大的能源与排放的挑战。绿色低碳城市是我国应对气候变化的支柱，"具体工作要从大量研究和规划入手"③。

生态城市是建设生态文明的主要体现④，是我国城市可持续发展的必然方向。

二、理论背景

生态城市设计理论的研究是城市设计专业发展科学性的需要。

（一）城市设计需要科学化

城市设计一直都在拒绝科学化，但为城市设计建立一套科学体系是十分明智的。与其他学科联系，从不同的角度分析城市的复杂性和连贯性，可以使我们较为容易、科学地描述城市设计。⑤艾娜·克拉森（Ina Klaasen，2003）在《基

---

① 新华网．习近平在气候变化巴黎大会开幕式上的讲话（全文）[EB/OL]．(2015-12-01) [2023-09-20]. http://news.xinhuanet.com/world/2015-12/01/c_1117309642.htm.
② 李永峰，李巧燕，杨倩胜辉．可持续发展导论[M]．北京：机械工业出版社，2022：192.
③ 胡敏，李昂．中国低碳城市发展：愿景和现实之间[EB/OL]．(2016-03-08) [2023-09-20]. http://www.ftchinese.com/story/001066469.
④ 李景源，孙伟平，刘举科．生态城市绿皮书：中国生态城市建设发展报告（2012）[M]．北京：社会科学文献出版社，2012：73.
⑤ 尼科斯·A. 萨林加罗斯．城市结构原理[M]．阳建强，译．北京：中国建筑工业出版社，2011：10-13.

于知识的设计：使城市和区域设计发展为一门科学》(*Knowledge-based Design*: *Developing Urban & Regional Design into a Science*) 中阐述：虽然城市设计的实施会长期影响城市的社会进程，但城市设计工作几乎忽略了许多社会问题。人们倾向于城市设计是大尺度下的建筑设计的一个特例，而不将城市设计视为科学。真正研究城市科学的往往是地理、社会、经济等其他学科。但是我们真的需要城市设计的科学，这些经过城市设计师经验积累起来的，研究城市现象和发展、项目实施过程、评价设计方案的方法。①

（二）生态城市设计是基于生态科学的城市设计

生态城市是城市发展的一个高级阶段，它是建立在现代科学技术基础上的社会、经济与生态环境协调发展的文明、舒适的"理想城市"。在生态城市里，能比现在的一般城市更有效地利用社会和自然的生产力。生态城市设计本质上是从人的主观意识角度寻找城市生态系统的平衡点。以生态学的观点来看，城市可以被看作自然环境的一部分，但它本身并不是一个完整且稳定的系统。当前我国正处于城市化的快速发展时期，城市的经济、社会、环境以及人们的生活方式等因素都在发生改变。为了应对这些变化，需要在城市建设过程中及时转变思想和调整思路。我们已经意识到城市建设不单单需要为城市经济增长服务，也应该更多地关注城市各方面的可持续发展，改善环境，创造适宜的居住地。所以，应运而生的"生态城市"这一概念成为人们所向往的未来城市样本，成为解决上述问题的可能办法。

（三）生态城市设计需要更多学科的诠释和理论支持

城市设计一直以来被看作艺术的一部分，但涉及城市这个人类所建造的复杂的事物，城市设计绝对不能仅是艺术。我们需要更多的知识和理解来促进城市设计的发展，城市设计应该变得更加科学化，而不只是作为艺术和人类知识的一部分。城市设计需要多学科"交融"，复杂的城市问题需要通过不同的专业知识来解决。②

---

① Ina Klaasen.Knowledge-based Design：Developing Urban & Regional Design into a Science [D].Delft：Delft University of Technology, 2003.
② 刘宛.城市设计与相关学科的关系 [J].城市规划，2003（3）：56-57.

第二节 研究的目的与重要性

一、生态城市发展的需要

生态城市开发建设至今,其理念已经深入人心。国家提出走新型城镇化的道路的观点,其中一个重要的转变是从"土地的城镇化"转变为"人的城镇化"(纽约时报中文版,2014年3月6日),同时在《国家新型城镇化规划(2014—2020年)》中强调生态文明和生态环境的转型发展。也就是说,从"形式上"的生态城市转变为"以人为本"的生态城市。

因此,生态城市未来的发展方向将不再是盲目的建设,而是转变为强调生态城市中的文化存续和环境设施,通过提升使用者的感受与认知来完善生态城市设计。结合住建部2013年制订的《"十二五"绿色建筑和绿色生态城区发展规划》,可以看出生态城市未来的发展重点在于针对中观和微观尺度的城市设计。从发展生态城市、建设生态文明的宏观理念逐步纵向深入到在中观、微观层次上研究生态城市设计方法是生态城市发展的需要。

二、生态城市设计的诉求

任何城市设计都必然会涉及自然系统,所有的城市设计都面临潜在的环境议题。这些议题具有潜质转化为某种形式的生态设计①(杨沛儒,2011)。而研究生态城市设计中弹性理念的本质、要素与作用,目的就在于更好地用生态学的原理应对环境问题,将城市结构各层级进行联系,增加城市应对人工环境——自然环境系统风险的能力,使城市实现可持续发展的目标。

针对这些问题,本书探求基于弹性理念的城市设计策略可操作性的最大化。同时,城市设计作为与规划平行的体系,在许多工作中需要特别明确其与控制性详细规划的区别,更需要将设计策略贯彻到(控规后)后续的工作中去,让生态

---

① 杨沛儒. 从「台北生态城市规划」到「第三生态」命题及其设计方法 [J]. 台湾大学建筑与城乡研究学报,2011(18):1–18.

城市设计不再是"感性的概念设计",而变成与现行城市规划体系衔接的城市管理工具。

三、生态城市理论的完善需要

邹德慈院士(1998)曾论述:"'生态城市'模式充满了理想和智慧,给人以很大启发。但是'生态城市'本身在理论和实践上终究还不够成熟。"[①]经过多年的发展,基于生态学基本原则的生态城市理论已经逐渐成为包含社会、经济和环境等学科的综合理论,因此"生态城市理论具有极强的综合性和极大的发展空间"[②]。关于生态城市的理论发展方兴未艾,并以多学科交叉为主要方式,这些理论阐述了生态城市的基本内涵、要素和框架结构,目前主要包括生态学理论、人本主义理论、循环经济理论和可持续发展理论等。[③]但生态城市的理论完善不应只局限于概念的具体化,而应该从更深刻的角度去阐释人工环境—自然环境系统的作用规律。本书在此基础上运用弹性思维的理念进一步理解生态城市发展过程中的阶段性、复杂性与不确定性,以更加科学的方法应对城市发展问题。

第三节 与研究主题相关的研究:概念的界定与辨析

一、弹性思维与柔性设计

(一)弹性思维

弹性是一个应用广泛的概念,这种物质特性普遍存在于现实世界中。迈克尔·诺伊曼(Michael Neuman)认为可持续性的五种传统认知[④]中就包括弹性,即是对适应性理论的缺陷和复杂性做出的回应,使生态系统或者社群可以吸收冲击,并且保持健康和结构完整。[⑤]本书中的"弹性"理论是受到霍林(C.S.Holling)、

---

① 邹德慈.迈向二十一世纪的城市——一九九七北京国际会议综述[J].城市规划,1998(1):7-9.
② 黄肇义,杨东援.国内外生态城市理论研究综述[J].城市规划,2001(1):59.
③ 李景源,孙伟平,刘举科.生态城市绿皮书:中国生态城市建设发展报告(2012)[M].北京:社会科学文献出版社,2012:6-8.
④ 包括容量(capacity)、适应(fitness)、弹性(resilience)、多元(diversity)和平衡(balance)。
⑤ Michael Neuman.The Compact City Fallacy[J].Journal of Planning Education and Research,2005(1):11-16.

沃克（Brian Walker）和索尔克（David Salt）等学者提出的生态城市系统弹性思维的启发，结合城市系统（脆弱性、稳定性）的弹性框架，探讨维持生态城市这一复杂系统可持续发展的方法策略。本书中的弹性是影响生态城市阶段性、复杂性与不确定性状态的条件，是复杂系统（人工环境—自然环境系统）要素的相互关系。详细的论述参见本书第三章第一节和第二节。

（二）柔性设计

传统的城市设计方法让自然、社区和人文尺度遭到极大破坏（Peter Calthorpe，2013），因此生态城市的设计方法是值得探讨的。柔性设计是本书提出的主要概念，以简化表达基于弹性理念的生态城市设计策略。柔性设计对应的英文翻译为 flexible design，从这个角度来说，柔性设计也可以解释为具有灵活性或弹性的设计。克里斯托弗·亚历山大（Christopher Alexander）在《建筑模式语言：城镇·建筑·构造》中的城镇和建筑模式语言中提及了道路交通、办公空间的灵活性设计。①若泽·贝朗（José Nuno Beirão）②在《城市建造者：城市设计的设计语言》（*CityMaker: Designing Grammars for Urban Design*）中认为，灵活的城市设计如果被建筑师和城市设计师广泛使用，是针对一个特定的设计问题制订相应的设计方案，强调通过一组特定的规则来实现设计目标，而不是传统的固定形式。灵活的城市设计应对的是需求的变化，因此没有明确的形式。灵活性在城市设计中的尺度包含两个主要层级：灵活的设计和设计的灵活性，前者指设计方法或过程适应事实问题变化的能力，后者是最终的设计结果仍然能容纳后续事实的改变。③

二、设计方法与设计策略

（一）方法与策略

笛卡尔在《谈谈方法》里认为，理性（良知，lebonsens）是"寻求科学真

---

① 克里斯托弗·亚历山大.建筑模式语言：城镇·建筑·构造[M].王听度，周序鸿，译.北京：中国建筑工业出版社，1989：91，690.
② 新华通讯社译名室.葡萄牙语姓名译名手册[M].北京：商务印书馆，2009：19+83.
③ José Nuno Beirão.CItyMaker: Designing Grammars for Urban Design[M].Charleston: CreateSpace Independent Publishing Platform，2012：24-25.

理①"的方法。②一般情况下,方法是指为了实现某个特定目标而采取或使用的模式、过程、工具或技巧。而策略具有博弈属性,同样是为了实现目标,但是要考虑可能发生的情况而制订行动计划,也就是在所有的应对方法中选取,以期正确顺利地实现目标。因此,策略可以看作方法的集合。

城市设计中的"方法"一般指实现目标的过程,是设计过程中的框架和形式。城市设计的方法具有实用性、耐久性和使人感到愉悦的特征。③

策略强调的是选择,正确的策略可以规避目前在生态城市设计和建设中"流行"的唯技术论和唯方法论。本书中研究的生态城市设计策略,可以理解为是在弹性理论的目标下方法的选择。

(二)城市设计与设计城市

城市设计是城市规划的主要工作之一,是一类工作的统一术语名词。而设计城市是一般名词,具有更广泛和多元化的含义,更多的是指城市设计这一人的主观行为,比如,亚历山大·R.卡斯伯特(Alexander R. Cuthbert)编辑的《设计城市:城市设计的批判性导读》(Designing Cities: Critical Readings in Urban Design)就是在现有城市设计理论的基础上批判性地探讨城市该如何设计;乔纳森·巴奈特(Jonathan Barnett)的《重新设计城市:原理·实践·实施》(Redesigning Cities: Principles, Practice, Implementation)是在传统的城市设计标准上,结合宜居性、流动性、公正性和可持续性等设计概念,进行新的邻里社区和公共环境的设计实践。也有学者将设计城市理解为更广义的城市设计,即跳出一般城市设计的工作框架,强调人的活动、城市文化、自然环境等对城市空间的作用。④

城市设计在建筑学、城市规划及相关学科等领域都有不同的定义,一般是指以城市为对象的设计工作,处理城市之中的大尺度组织与设计。相对于城市规划的抽象性和数据化,城市设计具有具体性和图形化的特征。关于传统城市设计的详细阐述见第二章第三节。

首先,从工作的对象角度来看,城市设计是对城市空间(与城市规划相同)

---

① 研究问题的方法包括四个步骤:怀疑一切,复杂问题分开成小问题来解决,先易后难地解决小问题,将小问题综合起来检验是否完全解决了原有问题。
② 笛卡尔.谈谈方法[M].王太庆,译.北京:商务印书馆,2000:1-2.
③ 拉斐尔·奎·斯塔,克里斯蒂娜·萨里斯,保拉·西格诺萨塔.城市设计方法与技术(原著第2版)[M].杨至德,译.北京:中国建筑工业出版社,2006:9-10.
④ 李文捷,管娟.设计城市——阿特金斯城市设计十年中国路[M].上海:同济大学出版社,2009.

的组织与安排。在国家《城市规划基本术语标准（GB/T 50280—98）》中，城市设计是"贯穿于城市规划的，对城市体型和空间环境所做的整体构思和安排"[1]。城市设计是在城市规划的控制下，详细的建筑协调和空间组织工作。[2] 王建国（2002）认为城市设计是"以城镇建筑环境中的空间组织优化为目的，对人、自然和社会因素在内的城市形体空间和环境对象所进行的设计工作"[3]。谭纵波（2005）认为城市设计"实质上是对包括城市空间在内的城市建成理想状况的探索、安排和展示"[4]。

其次，需要认识的是，传统的城市设计带有很强的设计师的个人主观意识（这也是现代城市规划理论对于城市设计批判的主要观点之一）。埃德蒙·N. 培根（Edmund N. Bacon）提出城市设计的前提，是认为人的意识"可以有效地施加在城市上"，并通过明晰的"设计观念"促使城市特性改变。[5]

最后，城市设计具有一定的时间、空间和形式上的限制，[6] 将城市作为一个整体来设计，也包括城市空间重组（重建）的含义。[7] 例如，城市设计在可持续发展中的作用是强调保护自然资源和建成环境。[8]

在明确以上内容的基础上，本书中提到的城市设计就是指通过城市规划原理和弹性理论的方法策略来更好地设计生态（具有可持续性）城市。

三、生态城市设计、生态化的城市设计与城市生态规划

（一）生态城市设计、生态化的城市设计与城市生态规划概述

生态城市设计常常被认为是最近城市设计研究的重点，但是正如"生态城市是一个隐喻"一样，它可以有多种理解方式。狭义上的生态城市设计是城市形态可持续设计的一个概念类别，因此有必要进行一些相关概念的界定。与生态城市

---

[1] 国家质量技术监督局，中华人民共和国建设部.GB/T 50280-98 城市规划基本术语标准[S].北京：中国建筑工业出版社，1999：4.
[2] 赵景伟，岳艳，祁丽艳，等.城市设计[M].北京：清华大学出版社，2013：6.
[3] 王建国.城市设计生态理念初探[J].规划师，2002（4）：16-17.
[4] 谭纵波.城市规划[M].北京：清华大学出版社，2005：373.
[5] 埃德蒙·N. 培根.城市设计（修订版）[M].黄富厢，朱琪，译.北京：中国建筑工业出版社，2003：13.
[6] 这点与灵活的设计和设计的灵活性的辨析相似，即在时间节点上有所不同。
[7] 斯蒂芬·马歇尔.城市·设计与演变[M].陈燕秋，胡静，孙旭东，译.北京：中国建筑工业出版社，2014：26.
[8] 克利夫·芒福汀.绿色尺度[M].陈贞，高文艳，译.北京：中国建筑工业出版社，2004：20.

概念界定的情况相似，生态城市设计的概念也没有明确统一。在贾巴里（Yosef Rafeq Jabareen）提出的可持续城市形态矩阵中，生态城市是可持续的城市形态（虽然在城市密度、土地混合使用和紧凑度等方面不如紧凑城市，但更注重被动式能源的使用和生态化设计），强调城市绿化、生态与文化多样性、被动式太阳能设计等，也强调环境管理的途径和其他关键无害环境的政策。[①]那么，简单来说，生态城市设计的主要工作就是通过城市设计技术和方法实现城市形态的可持续，也可以认为生态城市设计是传统城市设计的生态化转变，包括对城市空间环境改善的设计、对城市承载力的评价与分析、对人与自然环境共生发展的考虑。关于生态城市设计的详细阐述，参见本章第四节中的论述。

与生态城市设计略有不同，生态化的城市设计的对象较为单一，是生态学、城市生态学、景观生态学等学科的原理在城市规划中的城市空间、居住区、工业区、基础设施等方面的具体应用，包括生态化的设计原则、途径及指标体系等，[②]如绿色生态住区的设计。

城市生态规划是以城市生态系统为对象，以可持续发展为目标，协调人、资源、环境、经济、社会与发展的关系，促进人居环境不断提升的"规划类型"（沈清基等，2011）。城市生态规划强调的是对城市生态复合系统的统筹安排，将资源与环境视为城市可持续发展的基础支持。城市生态规划的主要工作包括生态功能区的划分、生态补偿机制的建立、城市与区域的协调以及生态安全格局的构建等。[③]

（二）人工环境、自然环境与社会环境

一般来说，环境是指客观存在的以人类为主体的外界因素的总和，城市环境是城市中的人类赖以生存的空间。城市生态环境（简单来说，就是城市环境，也有著作称其为人类环境、城市空间，是人类发展的外界条件总和）包括人工环境与自然环境。[④]人类为了更好地生存，在自然环境的基础上加以利用和改造，产生了人工环境。[⑤]从城市环境角度理解，生态城市就是具有健康完整的人工环境

[①] Yosef Rafeq Jabareen.Sustainable Urban Forms: Their Typologies, Models, and Concepts[J].Journal of Planning Education and Research, 2006, 26(1): 26-38.
[②] 沈清基.城市生态环境：原理、方法与优化[M].北京：中国建筑工业出版社，2011：425.
[③] 沈清基.城市生态环境：原理、方法与优化[M].北京：中国建筑工业出版社，2011：295-319.
[④] 谭纵波.城市规划[M].北京：清华大学出版社，2005：160-164.
[⑤] 谢文蕙，邓卫.城市经济学[M].北京：清华大学出版社，1996：345.

与自然环境的城市生态系统，同时包括社会的健康发展。[①] 人工环境与自然环境的关系与对比参见第三章第三节的论述。

社会环境也是在自然环境的基础上，通过人类的社会活动创造出的新环境，除了物质环境，也包括精神文化。[②] 人工环境包括社会环境，社会环境更加强调以人的意识为主体的社会活动对自然环境的改造，也可以看作社会关系的总和。社会环境是影响人工环境的因素之一。比如，在城市中社区的形成就是人类文化与社会关系作用在城市空间（人工环境）上产生的"毗邻而居"。

第四节　研究现状：国内外研究综述

一、生态城市设计的研究综述

生态城市设计需要尊重自然，利用资源潜力，站在"硬性设计"的对立面，引导城市"生态化"，使城市空间与生态空间有效嵌合。1969年，苏格兰的景观建筑师伊恩·L.麦克哈格（Ian L. McHarg）出版了《设计结合自然》（*Design with Nature*），其理念强调城市规划与设计应当尊重自然，不应仅局限于利用自然，而是要使城市与自然有机融合，从自然条件出发，构建人与自然和谐共存的城市空间环境。麦克哈格将理论重点放在了"结合"一词上，包含人类空间与自然环境的"伙伴关系"，在规划条件允许的情况下，充分利用自然的潜力，而不是鲁莽的"硬性设计"[③]（刘易斯·芒福德，1969）。

黄光宇和陈勇（1997）提出了生态导向的城市整体规划设计方法，认为传统的城市规划设计已经不适应当前的城市发展，只有建立城市"生态化"的规划设计方法体系，才能使城市建设实现高效、和谐和可持续发展。生态城市的规划设计"将人与自然看作一个整体，以生态优先的原则来协调人与自然的关系，采取行政或技术手段，促进城市生态系统的有序、稳定、协调发展"[④]。林姚宇和陈国生（2005）认为结合生态理念的城市设计体现了人工环境与自然环境的和谐共

[①] 何强，井文涌，王翊亭. 环境学导论（第3版）[M]. 北京：清华大学出版社，2005：70.
[②] 方如康. 环境学词典[M]. 北京：科学出版社，2003：3.
[③] 伊恩·L.麦克哈格. 设计结合自然[M]. 芮经纬，译. 天津：天津大学出版社，2006：1-3.
[④] 黄光宇，陈勇. 生态城市概念及其规划设计方法研究[J]. 城市规划，1997（6）：17-20.

生。① 吴纲立（2009）认为生态城市（社区）设计需要减少对自然环境的依赖，维护生物多样性。② 杨沛儒（2011）认为生态城市设计不是利用自然，而是运用设计手法在现代城市空间结构中嵌入生态空间元素，在设计中整合资源、生物与信息的流动，以流动生成形式。通过生态介入，并根据有效的城市设计，塑造不同尺度的空间形态，改变生态流动方式，进而创造城市、产业和环境共生相容的关系。③

生态城市设计的关键在于城市的可持续发展，可持续发展一定程度上可以理解为是反映了环境、经济和社会的平衡关系。1987年挪威首相布伦特兰夫人在其领导的世界环境和发展委员会（World Commission on Environment and Development，简称 WCED）发表了"布伦特兰报告（*Brundtland Report*）"——《我们共同的未来》（*Our Common Future*），提出了"既满足当代人的需要，又不对后代人满足其需要的能力构成危害"的可持续发展核心观念。在这之后，可持续发展始终是城市规划与设计追求的目标。1991年，美国非营利组织"可持续西雅图"（Sustainable Seattle）建立了指标体系，以评价区域可持续发展状况，反映了环境、经济和社会等城市要素之间的联系。④ 类似的，精明增长理论、新城市主义、紧凑城市等也被认为是可持续发展城市设计的基础理论。⑤ 这些理论的原则主要涵盖土地的混合使用、紧凑的建筑布局、步行化与公共交通、保护农田与自然环境等方面的设计方法和实施措施，与生态城市设计包含的内容目的一致。

威廉·麦克唐纳（William McDonough）和迈克尔·布劳加特（Michael Braungart）在2000年汉诺威世博会的设计上针对展会和城市未来的发展提出了"汉诺威原则"（the Hannover Principle），为设计师的任务和责任提供了一个全面的观点，即"设计应该为可持续发展服务"。设计需要认识到所有长期或短期的环境转变问题，可持续设计需要意识到生态环境的敏感性并且将设计表达作为自

---

① 林姚宇，陈国生. FRP 论结合生态的城市设计：概念、价值、方法和成果 [J]. 东南大学学报（自然科学版），2005（7）：207.
② 吴纲立. 永续生态社区规划设计的理论与实践 [M]. 台北：詹氏书局，2009：35.
③ 杨沛儒. 从「台北生态城市规划」到「第三生态」命题及其设计方法 [J]. 台湾大学建筑与城乡研究学报，2011（18）：1–18.
④ 于洋. 绿色、效率、公平的城市愿景——美国西雅图市可持续发展指标体系研究 [J]. 国际城市规划，2009（6）：46–47.
⑤ 杨雪芹. 基于可持续发展的城市设计理论与方法研究 [D]. 武汉：华中科技大学，2008：15–19.

然进化的一部分。①

与生态城市有所不同的是，可持续的城市设计更加注重城市能源的使用和空气污染对城市环境造成的影响。可持续的城市设计在设计工作中注重生态环境、能源使用和城市形象等方面问题的技术解决，希望在城市空间塑造的基础上实现改善城市微气候、减少城市空气污染、提升城市形象等目标。昆·斯蒂摩司（Koen Steemers）认为可持续城市的关键在于能源的使用，而可持续城市设计就是在城市环境问题约束下运用相关技术所进行的工作。②

黄光宇和陈勇（1997）提出的生态城市整体规划设计具有系统性、整体性、可持续性及生态导向性的特点，遵循社会生态原则、经济生态原则、自然生态原则及复合生态原则。③王建国（2002）认为生态城市设计是体现生态理念的可持续发展的绿色城市设计，是"运用生态学的方法解决城市设计问题，平衡文化、经济和生态三方面的需要"④。刘宛（2005）认为基于生态主义的城市设计强调了可持续发展的理念。⑤郑皓怀和石铁矛等（2003）认为城市设计中的生态思想强调了城市空间与自然环境的适应协调，生态化的城市设计是城市可持续发展的重要方法。⑥吴纲立（2009）认为生态城市（社区）设计是将可持续与生态理念融入设计之中，以期建立生态可持续、生活便利、资源分配公平及高效管理的人性化城市（社区）空间。⑦

生态城市设计包括生态（可持续）目标下的空间布局和技术应用等方面，生态化的技术手段需要与城市发展阶段、规模条件相吻合。1982年，俄罗斯城市和环境问题专家奥列格·亚尼茨基（Oleg Yanitsky）阐述了生态城市设计与城市发展实施之间的关系，认为生态城市是以最好的方式呈现社会和生态进程和谐的未来人类聚居地。

王建国（2002）认为贯彻生态理念可操作的技术层面内容反映在城市设计的

---

① William McDonough, Michael Braungart.The Hannover Principles: Design for Sustainability: Prepared for EXPO 2000, the World's Fair[M].William McDonough Architects，1992：3.
② 昆·斯蒂摩.可持续城市设计：议题、研究和项目 [J].世界建筑，2004（8）：34-35.
③ 黄光宇，陈勇.生态城市概念及其规划设计方法研究 [J].城市规划，1997（6）：18.
④ 王建国.城市设计生态理念初探[J].规划师，2002（4）：16-17.
⑤ 刘宛.城市设计理论思潮初探（之五~六）——城市设计：生态环境的持续与未来学意义[J].国外城市规划，2005（4）：52.
⑥ 郑皓怀，石铁矛，王晓航.城市设计中生态思想运用的探索[J].沈阳建筑工程学院学报（自然科学版），2003（10）：296-297.
⑦ 吴纲立.永续生态社区规划设计的理论与实践[M].台北：詹氏书局，2009：35.

工程实施的过程中，在编制城市设计导则中也可以体现出来。[1] 林姚宇和陈国生（2005）认为结合生态理念的城市设计以生态学的原理研究城市空间的特性和规律，是为解决实际问题而制定的具体对策，需要处理好人工环境和自然环境的关系，包括三个设计途径：适应环境、保护生物多样性和人工的生态补偿措施。结合生态理念的城市设计在设计过程中需要考虑现状的环境资源评价和方案的环境影响，在设计成果中需要考虑生态理念的内容，在实施管理阶段需要考虑生态的技术和策略。[2] 吴志强和宋雯（2008）通过对欧洲城市设计实例的研究，认为生态城市规划设计应当是城市建设过程中利用生态相关技术，在可持续发展的基础上考虑社会因素的新型规划设计模式。生态城市规划设计在方法上可以分为两类：一类是空间规划及使用模式，另一类是技术使用和功能布局，并且在设计对象范围上可以分为建筑群、城市和区域三个层面。[3]

二、弹性思维的研究综述

弹性理念是生态城市（社会—生态系统）可持续发展的关键。弹性理念在科学研究中由来已久，本书表述的"弹性"概念来自物理学、经济学，思想渊源来自生态学中生态系统（社会—生态系统）的弹性思维。1973年加拿大生态学家霍林（C. S. Holling）提出了生态系统弹性的概念，认为弹性是系统特性之一，决定了系统内部联系的可持续。[4]1999年成立的弹性联盟（Resilience Alliance）将生态系统的弹性进行了扩展，主要致力于探索和研究社会—生态系统的弹性，恢复社会—生态系统的可持续性。[5] 弹性联盟定期出版的《生态与社会》（*Ecology and Society*）刊物包括社会—生态系统弹性理念的最新成果。2004年布莱恩·沃克与大卫·索尔克（Brian Walker and David Salt）提出了弹性思维的概念，以此探讨社会—生态系统可持续的途径。[6]2007年成立的斯德哥尔摩弹性中心（Stockholm Resilience Centre）将弹性理念拓展到人类文明与生物圈的可持续发展，希望通过

---

[1] 王建国. 城市设计生态理念初探[J]. 规划师，2002（4）：17.
[2] 林姚宇，陈国生.FRP论结合生态的城市设计：概念、价值、方法和成果[J]. 东南大学学报（自然科学版），2005（7）：206-212.
[3] 吴志强，宋雯. 欧洲生态城市规划设计的案例研究[J]. 城市发展研究，2008（S1）：113.
[4] C.S.Holling.Resilience and Stability of Ecological Systems[J].Annual Review of Ecology and Systematics，1973（4）：17-18.
[5] Resilience Alliance.About[EB/OL].http：//www.resalliance.org/about.
[6] Brian Walker，C.S.Holling，Stephen R.Carpenter，et al.Resilience，Adaptability and Transformability in Social-ecological Systems[J].Ecology and Society9（2），2004：5.

弹性思维的应用进一步实践管理和治理城市生态系统，提出社会—生态系统弹性的原则。①

2011年，国内由彭少麟等翻译出版了布莱恩·沃克与大卫·索尔克的著作《弹性思维：不断变化的世界中社会——生态系统的可持续性》，阐述了弹性思维的主要观点，认为弹性思维是"人类面对可持续发展新的生态观"。在弹性思维的理念下，管理社会—生态系统需要意识到世界是错综复杂的，并且过度的效率和结构优化会削弱系统弹性。如果不加以控制，一旦系统越过"阈值"，将会进入到适应性循环而产生衰败，这就需要通过有效的途径和策略来创造富有弹性的社会—生态系统。②蔡建明和郭华等（2012）将国外弹性理论归纳为生态弹性、工程弹性、经济弹性与社会弹性四类，强调了弹性城市的不同侧面。生态弹性研究的是"城市格局"中的生态系统与人类系统，工程弹性研究的是城市在面对灾害时的有效率的恢复能力，经济弹性研究的是商品价格变化、就业等经济问题给城市居民带来的影响，社会弹性研究的是社会秩序、社会群体组织的脆弱性。③刘丹与华晨（2014）认为弹性理念是探索可持续城市化的方法之一，有助于"整合多学科进行城市研究"，以提升城市规划在城市实际建设中的作用。④关于弹性理论的详细观点参见第三章第一节的论述。

弹性城市理论是城市基于弹性理念应对防灾、气候变化等城市问题的一个分支。2009年，彼得·纽曼（Peter Newman）与蒂莫西·比特利（Timothy Beatley）出版了《弹性城市——应对石油紧缺与气候变化》（*Resilient Cities: Responding to Peak Oil and Climate Change*），基于对全球气候变化和石油危机的探讨，提出了四种未来可能的城市模式，其中之一便是弹性城市，包括弹性城市的特征和实施策略。在这本书中，作者认为弹性是城市调节自身发展模式的能力，可以降低对传统能源的依赖，适应气候变化，具有可持续发展的特性。弹性城市的特征包括：使用可再生能源、实现碳中和、"微网"分散小型化的基础设施、自给自足、高效的城市间相互作用、市民具有归属感以及以公共交通为主的出行方式。⑤奥雅

---

① Stockholm Resilience Centre. About Stockholm Resilience Centre[EB/OL]. http://www.stockholmresilience.org/21/about.html.
② 彭少麟. 发展的生态观：弹性思维[J]. 生态学报，2011（10）：5433-5435.
③ 蔡建明，郭华，汪德根. 国外弹性城市研究述评[J]. 地理科学进展，2012（10）：1247-1251.
④ 刘丹，华晨. 弹性概念的演化及对城市规划创新的启示[J]. 城市发展研究，2014（11）：116.
⑤ 王量量，韩洁，彼得·纽曼.《弹性城市——应对石油紧缺与气候变化》与我国城市发展模式选择[J]. 国际城市规划，2013（6）：110-113.

纳（Arup）受洛克菲勒基金会（The Rockefeller Foundation）支持（2015），制定了城市弹性框架（City Resilience Framework），主要关注城市功能以及灾害过后市民的生存与发展，并提出城市弹性框架指标体系。

李彤玥和牛品一等（2014）总结了国外城市系统、气候变化和灾害风险与能源系统等因素影响下的弹性城市研究框架，辨析了弹性城市与可持续城市的异同。[①] 徐振强与王亚男等（2014）在总结了国内外弹性城市理论发展现状的基础上，认为建设弹性城市可以提升城市面对灾害的安全性和可持续性。在我国，弹性城市需要政策的推动和具体的支持才能得到发展，也需要更多的相关研究和行业体系支持。[②] 俞孔坚与许涛等（2015）基于弹性理念探讨了城市水环境弹性设计，提出了城市水系统管理的弹性策略，通过恢复生态连续性，增加城市应对洪水灾害的弹性。[③]

三、从弹性理论的角度探讨城市规划与设计的研究综述

弹性理念是目前积极探讨的城市规划与设计创新转变的方向之一，这一理念的提出能够应对城市环境、经济与社会等问题，适应城市发展的阶段性、复杂性与不确定性。城市弹性理论正逐渐成为新的规划理论热点，是理解城市问题的新视角[④]（袁晓辉，2013）。

赵万民与杨秦川（2006）认为弹性思维应对的是城市发展中的偶然与不确定，通过弹性的"变化与运动"来缓解城市发展过程中产生的经济、社会等方面的矛盾。在城市空间设计中，提出了"骤变区—弹性缓冲区—基础平衡区"的概念，也就是具象的在城市空间上划分出一定的地块作为承载城市矛盾压力的作用区，等到城市经济、社会等问题趋于缓解，再将这一特殊"作用区"的居民和业态转移到缓和区，通过这样的方法来适应城市发展的不确定性。[⑤] 周均清等（2014）

[①] 李彤玥，牛品一，顾朝林. 弹性城市研究框架综述 [J]. 城市规划学刊，2014（5）：24-29.
[②] 徐振强，王亚男，郭佳星，等. 我国推进弹性城市规划建设的战略思考 [J]. 城市发展研究，2014（5）：81-82.
[③] 俞孔坚，许涛，李迪华，等. 城市水系统弹性研究进展 [J]. 城市规划学刊，2015（1）：79-81.
[④] 袁晓辉. 弹性城市研究新进展——记张庭伟教授《城市弹性理论及情景规划》讲座 [EB/OL]. http://citiesheart.com/2013/06/a-new-perspective-of-planning-theory/.
[⑤] 赵万民，杨秦川. 一种弹性思维来进行规划与设计——以哈尔滨花园街区概念规划设计竞赛为例 [J]. 重庆建筑大学学报，2006（2）：8-11.

将弹性思维应用到新城发展规划，以期解决城市发展过程中生态敏感区的制约。[①]刘丹与华晨（2014）认为弹性理念是研究城市化（城镇化）的新视角，以弹性角度思考的城市规划需要打破对于"完美状态"的追求，将适应与转型作为城市"常态"；弹性理念有助于在城市层面进行社会与环境的跨学科研究。弹性理念是城市规划（与设计）创新转型的一个方向，包括提升规划的预测性、更加有效的解决城市问题、将规划作为城市建设中学习反馈的过程、增加与社会间的信息交流等方面。[②]

邬建国与Tong Wu（2013）认为生态弹性是复杂自适应系统可持续发展的关键，是城市设计和可持续发展的基础。设计可持续发展的城市重点在于创建和维护城市弹性。应用弹性理论的生态城市设计与传统的城市设计不同，不再只强调稳定、最优和效率。每个城市都会面临环境、社会和经济方面的挑战，城市发展受到无数进程的影响，包括各种机构的驱使和不同层次的操作。为了应对这些影响和改变，需要将城市视为"扰沌"嵌套在自适应周期循环的空间和时间尺度中，明确城市空间形态、生态系统和社会—经济进程之间的相互作用。基于弹性理论的城市设计的核心是适应与改变而不是停滞不前，是适应改变而不是抗拒改变。只有将城市视为具有反馈回路、跨尺度相互作用以及内在不确定性的复杂的社会—生态系统，才能设计出具有弹性的城市。[③]

也有学者提出了弹性城市规划的特征、框架和行动策略。黄晓军和黄馨（2015）认为弹性城市是弹性理念在城市规划研究中的应用，强调了城市环境、经济和社会系统的协同变化（适应性循环），城市只有提高应对外部干扰的适应性能力以及深入了解城市的不确定因素，才能更好地应对脆弱性问题。根据以上认识，他们总结了构建弹性城市规划的框架，包括"城市脆弱性的分析与评价、面向不确定性的规划、城市管治和弹性城市规划行动策略"等。在弹性城市规划行动策略中，对应城市系统弹性能力的表征提出规划行动策略。比如，多样性对应的是能源和资源的多种利用方式，冗余性对应的是制订城市对外交通的多种线

[①] 周均清，徐利权，何伯涛.基于弹性思维的生态敏感地区新城发展研究——以武汉市花山生态新城为例 [J].城市规划学刊，2014（6）：77-79.
[②] 刘丹，华晨.弹性概念的演化及对城市规划创新的启示 [J].城市发展研究，2014（11）：114-116.
[③] Jianguo Wu, Tong Wu.Ecological Resilience as a Foundation for Urban Design and Sustainability[M]. S.T.A.Pickett, M.L.Cadenasso, Brian McGrath Eds.Resilience in Ecology and Urban Design: Linking Theory and Practice for Sustainable Cities.Springer Netherlands，2013：211-213, 220-225.

路和方式等。① 约翰·怀斯曼等（2013）认为通向弹性与可持续的城市的关键领域包括：转变经济模式，创造充满想象力的、综合的愿景、规划和指标，激动人心的技术和社会创新，迅速而有效的实施。② 卢佩文等（2013）认为城市规划中弹性（适应洪水灾害和气候变化）的六个特征为：关注当前状况、关注趋势和未来的威胁、能够从以往的经验学习、能够设定目标、能够主动采取行动、能够发动公众参与。③ 亚历山德拉·费利乔蒂（Alessandra Feliciotti）、翁布雷塔·罗米契（Ombretta Romice）与塞尔焦·波尔塔（Sergio Porta）④（2015）提出了弹性理念框架指导下的城市总体规划的概念及评价方法，认为传统的城市总体规划无力应对城市发展的不断变化、不确定性以及地理本底、社会经济和环境背景的不协调，迫切需要以可持续发展为目标做出改变与回应。在弹性理念框架下的城市总体规划，可以更加适应时间推移后的城市策略方向和空间品质的变更。基于文献中总结出来的十三个社会—生态弹性原则与十个城市设计可持续性原则的相似性和共性，列出十二项总体规划改变原则，进一步对总体规划案例进行评估与分析。评估分析是否总体规划在形态和功能上响应了城市设计的可持续性及系统自身弹性原则。⑤

综上所述，一方面，目前弹性理念在城市规划与设计中的应用集中在对"弹性"概念的使用上（偏向于物理弹性的概念），希望通过对城市系统弹性的认知来解决城市发展和建设中的不确定性问题，提升城市适应外界条件变化的能力。另一方面，我们需要认识到的是"弹性是理解我们周围世界的一种观点"，除了探讨城市系统具有的弹性特征外，还需要进一步挖掘弹性理念的本质（最重要的是阈值、自组织和适应性循环等要素），研究和探索诸如城市（人工环境—自然环境）系统中变量与"阈值"的关系、弹性理念下可持续的城市空间、系统弹性能力的表征在城市形态和空间结构上的体现，以及弹性理念下城市规划与设计的对象、驱动力与原则等。详细的阐述参见第三章第二节和第三节。

---

① 黄晓军，黄馨. 弹性城市及其规划框架初探[J]. 城市规划，2015（2）：53-55.
② John Wiseman, Taegen Edwards, Kate Luckins.Pathways to a sustainable and resilient urban future: economic paradigm shifts and policy priorities[M]//Leonie Pearson, Peter Newton, Peter Roberts Eds. Resilient Sustainable Cities: A Future.Routledge, 2013: 33-38.
③ Peiwen Lu, Dominic Stead.Understanding the notion of resilience in spatial planning: A case study. of Rotterdam, The Netherlands[J].Cities, 2013（6）：202.
④ 新华通讯社译名室. 世界人名翻译大辞典[M]. 北京：中国对外翻译出版公司，1993：56, 930, 2512, 2226.
⑤ Alessandra Feliciotti, Ombretta Romice, Sergio Porta.Masterplanning for change: lessons and directions[M]. Milan Macoun, Karel Maier Eds.Definite Space-Fuzzy Responsibility: Book of Proceedings AESOP Prague Annual Congress 2015.Fakulta architektury, 2015: 3051-3060.

第五节 研究方法

基于方法论路径，本书采用了如下研究方法：

第一，本书的研究设计模式应用了混合方法研究。混合方法研究是一种应用广泛的研究方法，将定性和定量的研究方法结合起来用于单一阶段或者多阶段的研究，弥补了单一方法的不足，因为"仅用一种方法来测量一个思维构筑物，很难将它与其方法定义区分开来"（Cook 和 Campbell，1979）。

研究问题的复杂性将研究方法的取向从科学推向哲学，混合方法研究作为"范式"联系了自然科学与社会。[1] 城市系统的复杂性和综合性往往会因为一个因素的影响而产生巨大的改变，单一使用定性或定量的方法，很难准确地描述和理解这些改变。因此，需要通过将定性与定量的研究方法结合——混合方法研究来探讨这些问题的方法内涵。比如，中新天津生态城在指标体系的制定和实施分解中就使用了混合方法研究。[2]

混合方法研究的选择取向基于实用主义（实证主义）的知识主张（如因果逻辑、问题中心、多元论等）。混合方法研究强调数据的收集与分析，[3] 收集的研究资料具有连续性，同时包括数字化资料和文字资料等。[4] 混合方法研究的研究框架设计包括：绪论、研究目的的陈述、研究问题的假设与待答、确定使用的理论、研究的范围限制与解释。[5]

第二，本书在策略分析中使用了案例研究法。案例研究法是以经验为主的调查研究方法，可以深入研究当前的社会现象与真实生活的背景，经常在社会现象与真实生活的背景容易混淆的情况下使用。[6] 案例研究法是一种实证研究。案例研究法需要通过（定性或定量的）实证数据把研究问题和结论联系起来。一般案例研究的逻辑顺序包括：分析研究问题、提出假设、界定分析单位、链接数据与

---

[1] 刘佳. 复杂性范式：混合方法研究的哲学立场 [J]. 自然辩证法通讯，2015（12）：90-91.
[2] 中新天津生态城指标体系课题组. 导航生态城市：中新天津生态城指标体系实施模式 [M]. 北京：中国建筑工业出版社，2010：218-219.
[3] 蒋逸民. 作为"第三次方法论运动"的混合方法研究 [J]. 浙江社会科学，2009（10）：28.
[4] John Creswell. 研究设计：质化、量化及混合方法取向 [M]. 张宇梁，吴楷椒，译. 台北：学文化，2007.
[5] 同[4].
[6] 研究生2.0. 什么是个案研究法（what is case study research?）[EB/OL]. http://newgenerationresearcher.blogspot.jp/2012/06/what-is-case-study-research.html.

假设及解释研究结果。简单来说,就是构建理论、选择案例、准备材料与分析总结。应当注意的是,案例研究使用的是"分析归纳",而不是"统计归纳";多案例研究遵循的是"复制发展",而不是"抽样法则"[①]。

本书通过国内外生态城市与弹性城市的案例,分析了生态城市设计的技术与程序。

第三,本书同时使用了文献分析法。文献分析可以为研究提供观点及方法。[②] 文献分析法收集、分析文献,从而获取资料信息,是应用广泛的资料分析方法,注重分析角度的差异性,具有系统性、可靠性和有效性的特点,方法包括随机抽样、决定类别和分析单元以及可靠性与正确性分析。[③] 文献分析法是"系统客观的界定,评价综合证明的方法,主要目的在于了解过去、洞察现在和预测未来",其步骤包括:阅读与整理、描述、分析及诠释。[④]

本书通过国内外文献资料的收集与查阅,分析总结了弹性理论、城市设计的原理与方法。

第六节　创新点

一、视角创新——弹性理念的视角

本书的出发点为解决生态城市建设和发展过程中的阶段性、复杂性与不确定性所产生的问题,需要选择适宜的切入点才能更好地探讨解决方法。弹性理念是应用广泛的基本理论,以适应与变化的视角去理解复杂系统的变化规律。虽然弹性理念在生态学、经济学、物理学等领域已经不是那么"新鲜"的理论,但是在城市设计乃至城乡规划学科中基于弹性理念的研究相对较少,目前主要集中在应对气候变化和洪水灾害的弹性城市研究方向。正因为弹性理念的适应性、灵活性等核心特征,本书选择这一理论作为研究视角,讨论其在理解和解决生态城市

---

① 罗伯特·K.殷.案例研究:设计与方法(第3版)[M].周海涛,李永贤,张蘅,译.重庆:重庆大学出版社,2004: 16+24-56.
② R.E.帕克, E.N.伯吉斯, R.D.麦肯齐.城市社会学:芝加哥学派城市研究[M].宋俊岭,郑也夫,译.北京:商务印书馆,2012: 148.
③ 杨国枢,文崇一,吴聪贤,等.社会及行为科学研究法(下册)[M].重庆:重庆大学出版社,2006: 650-667.
④ 叶至诚,叶立诚.研究方法与论文写作(3版)[M].台北:高鼎文化,2011: 138-156.

建设发展问题中的作用，以及如何以弹性理念的特征构建可持续的生态城市设计策略。

二、理论创新——灵活的设计策略组合

本书阐述的柔性设计是一种具有灵活性的策略组合，是生态城市设计理论的新思维。柔性设计理念不拘泥于传统生态城市设计的流程或形式，将弹性特征与可持续设计行为相结合。其特点如下：一是具有针对性，针对的是生态城市发展所面临的压力与冲击，因为生态城市是在城市建设领域相对较新的尝试，如果以传统的目标为导向，则很难体现出生态城市的本质。二是具有灵活性，因为柔性设计是问题导向，所以可以与现有的城市设计或规划并行不悖。三是具有适用性，柔性设计可以适用于城市更新的生态化、生态新城与生态街区等不同的城市尺度。

三、内容创新——弹性理念与生态城市设计两条主线

因为柔性设计是弹性理念与可持续城市设计行为的整合，所以本书有两条主线，弹性理念的完整论述集中在第三章和第七章，生态城市设计相关内容集中在第四章到第六章，每部分内容都指向研究的题设——生态城市发展问题的城市设计对策，每个章节都有独立的本章结论。

四、基础研究创新——理论信息的归纳与整理

本书行文基于大量书籍、论文及报告的整理与归纳。这其中有许多国内尚未引进或未引起广泛关注的著作，本书在行文中多处对其进行翻译整理并标注，以期为后续研究提供帮助。比如，校对名词的多重含义，有一些专业词汇在国内没有统一的译法，本书一般选取国内较为通用的译本或广泛认可的说法，如legibility（可识别性，基于《城市意象》）等。

第二章 柔性设计的题设：生态城市发展问题及对策分析

本章主要内容为柔性设计的题设：生态城市发展问题及对策分析，主要从三个方面进行叙述，分别是生态城市发展问题的综述，生态城市的阶段性、复杂性与不确定性，生态城市发展问题的城市设计层面对策。

第一节 生态城市发展问题的综述

一、现阶段生态城市发展的瓶颈

"生态城市（Eco-city）"作为一个术语词汇被提出已经有40余年的历史[1]，基于生态观点的城市思想更是由来已久（Mark Roseland, 1997）[2]。从前卫的理念到大众心中广泛的认知，虽然生态城市的概念已经相当普及，但迄今为止，依然没有（国际上）统一的标准定义（与绿色建筑相比）。

究其原因，有以下三点：首先，城市本来就是一个复杂的适应性系统，那么以生态学的观点来解决城市问题，更增加了系统整体的复杂程度。其次，不少城市在建设和发展过程中将"生态城市"当作一种城市类型，并以此为噱头，无节制地开发土地，更加混淆了生态城市的理念。最后，新建生态城市和旧城区的生态化，虽然基于相同的理念，但实际设计与事实操作是截然不同的，使得"生态城市"这一看似明晰的概念有着不同的理解方式。

本书所述生态城市的定义更倾向于生态城市建设者和国际生态城市标准顾问组的工作定义（2011），认为"生态城市是模仿自给自足的弹性结构和自然生

---

[1] 自美国学者理查德·瑞吉斯特1975年建立城市生态学组织算起。
[2] Mark Roseland. Dimensions of the eco-city[J]. Cities, 1997（4）: 197-202.

态系统的人类聚居地"。生态城市的居民健康富足，且没有消耗的资源超过其生产，没有生产的废物超过其消耗，没有毒害自身及邻近的生态系统。其居民的生态冲击反映了地球支持的生活方式，其社会秩序反映了公平、公正的基本原则和适度平等。[1]值得强调的是，生态城市是城市发展的一个过程，在现阶段来看具有城市状态转变的特征。

生态城市理念在发展过程中出现许多相关的城市概念，使它的内涵和相关要素朝向不同的方向单独发展，如低碳城市、可持续城市、绿色城市、共生城市、智慧城市、弹性城市等相似又不同的概念，"冲淡"了生态城市基础理论的发展。这些城市概念是基于对城市发展问题的回应，由国际组织、科研机构或企业基金来推动，主要目的是解决和评估气候问题、发展中国家城市问题以及技术推广。

低碳、可持续、绿色、共生、智能、弹性等概念是生态城市理念得以实现的重要基础，共同指导着生态城市发展，也是生态城市设计策略涉及的主要内容。

如表2-1-1所示，可以看出生态城市与其他相关城市概念——在内容上包括可持续发展、低碳经济、城市环境等方面，在理论（方法论）上包括共生、弹性等方面——具有一定的联系。在各个相关领域（也包括城市设计方面）都有发展和深入研究的条件下，生态城市需要在一个新的视角下将这些内容进行整合。

表2-1-1　生态城市相关城市概念比较

名称	概念	关联
低碳城市	低碳城市发展重点在于需求侧低碳[2]（潘家华，2011），是在保证城市经济发展的前提下，保持能源消耗和二氧化碳排放处于（相对或绝对）较低水平的城市[3]	低碳经济/清洁能源
可持续城市	可持续城市建立在社会和物质平衡的基础之上。这种平衡一方面取决于城市和生态系统的有机结合，另一方面取决于生态、经济、社会三方的协作。在设计中讲究灵活性及未来的可逆性[4]（AFEX，2013）	可持续发展/环境、社会、经济协调发展

---

[1] Ecocity Builders.What is an Ecocity?[EB/OL].http://www.ecocitystandards.org/ecocity/.
[2] 雷红鹏，庄贵阳，张楚.把脉中国低碳城市发展——策略与方法[M].北京：中国环境科学出版社，2011.
[3] 潘海啸，汤锡，吴锦瑜，等.中国"低碳城市"的空间规划策略[J].城市规划学刊，2008（6）：57.
[4] 法国建筑师对外交流协会（AFEX）.展望城市可持续性——法国式绿色城市主义[Z].巴黎：AFEX，2013：21.

续表

名称	概念	关联
绿色城市	绿色城市主观强调直觉上拥有清洁的空气和水、干净的街道和公园，鼓励绿色行为[1]；客观强调经济与环境和谐统一，追求以人为本与可持续发展[2]，提高环境质量	空气质量/水环境/清洁能源
共生城市	"共生城市"是基于"生命原理（从机械原理走向生命原理）"的城市观和建筑观，生命原理的重要概念有新陈代谢、循环、信息、生态学、可持续发展、共生和遗传基因[3]（黑川纪章，1960）。城市的自发机制是共生城市的基础[4]（仇保兴，2013）	新陈代谢/生态学/可持续发展/自组织。黑川纪章将生命时代的城市命名为生态城市[5]
智慧城市	智慧城市是城市信息化高级形态，在城市的各行各业中运用信息技术，实现信息化、工业化与城镇化深度融合，缓解"大城市病"，提高城市质量，实现精细化和动态管理[6]	低碳经济/城市效率/可持续发展
弹性城市	弹性城市是指城市系统具有可以准备和响应特定的多重威胁，将其对公共安全和经济的影响降至最低，并从中恢复的能力[7]	城市系统

资料来源：作者整理。

基于上述理念，目前国内外有很多已经建成（或初具规模）的低碳、绿色城市街区（社区），但是依旧没有公认的具有完整城市系统的生态城市。生态城市发展的难点等同于在可持续城市化的过程中建设一个生态型新城。新城建设的直接推动力是社会和经济发展，需要有城市空间和基础设施建设的基础。如果仅把政绩作为出发点，违背城市发展需求，缺失推动力和基础，新城发展就很难成型，对于新建的生态城市是同样的道理。生态城市发展分为三种类型：新建（new development）、扩展（expansion of urban area）和改造（retro-fit development）。[8] 新建型生态城市是我国生态城市（新城）发展的主要类型，占建设总数的57.4%（中

---

[1] 马修·卡恩. 绿色城市：城市发展与环境的动态关系 [J]. 城市发展研究，2011（10）：1-2.
[2] 赵峰，张亮亮. 绿色城市：研究进展与经验借鉴 [J]. 城市观察，2013（4）：164-165.
[3] 黑川纪章. 共生城市 [J]. 建筑学报，2001（4）：7.
[4] 仇保兴. "共生"理念与生态城市 [J]. 城市发展研究，2013（8）：1.
[5] 1971年，黑川纪章以生态系统（Eco-systems）的设想为基础，将生命时代的城市命名为生态城市，希望在生态城市中采用各种各样的生态技术（Eco-technology）。
[6] 维基百科. 智慧城市 [EB/OL]. https://zh.wikipedia.org/zh/智慧城市.
[7] 李彤玥，牛品一，顾朝林. 弹性城市研究框架综述 [J]. 城市规划学刊，2014（5）：23.
[8] Simon Joss, Daniel Tomozeiu, Robert Cowley. Eco-Cities – a global survey: eco-city profiles[R]. University of Westminster, 2011: 2-3.

国城市科学研究会，2015）。不同生态城市发展类型的空间关系如图 2-1-1 所示。

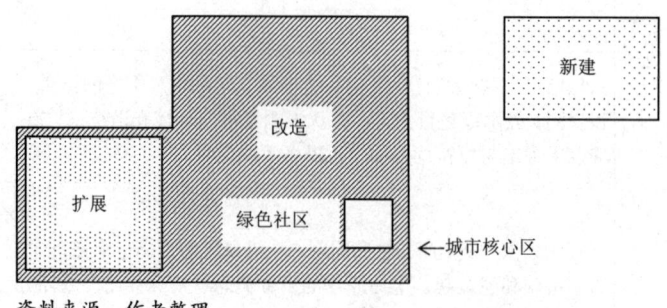

图 2-1-1 不同生态城市发展类型的空间关系

资料来源：作者整理。

如果生态城市发展忽略了城市化的阶段性问题及城乡协调规律，就很容易造成居住人口和建设成本的缺失，使得原本的城市定位和目标偏离，变成远离城市核心区的"生态住宅区"。

目前，生态城市在规划设计以及建设管理者眼中——基于社会环境——是一个趋向于"最佳状态"的概念。社会关注的是生态城市在现阶段可以达到什么样的状态，以及这种状态可以带来怎样的持续利益。然而，单纯追求生态城市某一方面的效率，认为城市发展状态应呈线性递增，缺少对城市发展的阶段性、复杂性的考量，会削弱城市系统的"弹性"。缺少弹性的生态城市在面对各种不利因素的"挑战"时，会出现功能或结构上的问题。

综上所述，现阶段生态城市发展的瓶颈在于：生态城市的系统和关联要素庞杂，理念的简单堆叠与固化的城市发展框架难以推动新阶段的生态城市发展。在现有生态城市（理论与实践）发展的条件下，需要一种统一且具灵活性的框架进行有益的尝试与探索。

第二节 生态城市的阶段性、复杂性与不确定性

一、生态城市发展的阶段性及其特征

生态城市是符合生态学原理的可持续城镇化发展过程，其发展具有一定的阶

段性。基于不同的理论角度或时间维度,可以将生态城市发展划分为不同的阶段。

(一)生态城市发展阶段划分方法

从城市经济发展水平对生态环境的影响上,可以将生态城市发展划分为五个阶段,分别是萌芽城市、初级城市、生产城市、消费城市和生态城市(文宗川等,2013)。萌芽城市阶段,经济和城市化水平较低,城市发展对生态环境影响较小;初级城市阶段,经济和城市化水平依旧较低,但是城市产业随着人们需求的增加而有了一定的发展,开始对生态环境有所依赖;生产城市阶段,城市过渡到工业化时代,无节制的生产扩张及对资源的需求使自然生态环境遭到严重破坏;消费城市阶段,经济和城市化水平已经发展到较高水平,不健康的生活方式是影响生态环境的主要因素;生态城市阶段,城市经济水平高,人们习惯健康的生活方式并具有很强的环保意识,城市生产活动基本不会对生态环境造成影响。良好的城市发展阶段演化是尽可能地减少城市发展的阶段步骤,尽快地过渡到生态城市阶段的发展模式,避免"先污染再治理"的情况发生。[1]

国际生态城市框架标准(the International Ecocities Framework and Standards,简称 IEFS)从城市现状条件到(达到或超越)生态城市阈值的角度提出城市发展的步骤,通过这一步骤可以看出城市从不健康的状态逐步发展到绿色城市再到生态城市所需要的一系列措施。国际生态城市框架标准将城市发展阶段分为不健康城市、偏绿色城市(三个等级)、生态城市(三个等级)和盖亚状态(Gaia level)。盖亚状态是指一个城市与周边区域甚至全球范围内的城市达到社会和生物物理层面的和谐状态。国际生态城市框架标准认为城市发展的阶段是由其最弱的一项状态条件决定的。为了达到较高的城市发展阶段,发展较强的状态条件可以带动具有关联的最弱的状态条件改进。最弱的状态条件改进后,可以带动城市系统整体发展,最终达到生态城市的条件水平。[2]

两种生态城市发展阶段划分方法比较如表 2-2-1 所示。

---

[1] 文宗川,文竹,侯剑. 生态城市的发展机理 [M]. 北京:科学出版社,2013:97-99.
[2] Ecocity Builders.International Ecocities Framework and Standards[R/OL].http://www.ecocitybuilders.org/wp-content/uploads/2010/08/INTERNATIONAL-ECOCITY-FRAMEWORK-AND-STANDARDS-LR.pdf.

表 2-2-1 生态城市发展阶段划分方法比较

名称	核心思想	阶段（→）
生态城市发展阶段（文宗川等，2013）	城市经济发展对生态环境的影响	萌芽城市→初级城市→生产城市→消费城市→生态城市
国际生态城市框架标准（Ecocity Builders，2011）	城市社会、生物物理状态和生态环境的和谐程度	不健康城市→偏绿色城市（1—3）→生态城市（1—3）→盖亚状态

资料来源：作者整理。

我国生态城市发展目前可以分为三个阶段：2007 年以前的探索尝试阶段、2007 年到 2011 年的集中建设阶段、2011 年以后的理性反思阶段。在探索尝试阶段，生态城市发展主要集中在概念的提出及城市环境建设方面。到了 2007 年，以中新天津生态城的建设为起点，开启了国家间的生态城市开发合作及生态城市理念的全面推广，生态城市发展进入集中建设阶段。至 2011 年，国家住房和城乡建设部出台《低碳生态试点城（镇）申报管理暂行办法》，并通过了一系列国家级生态城市示范项目，标志着国家层面生态城市正规化管理与审核的开始（图 2-2-1）。

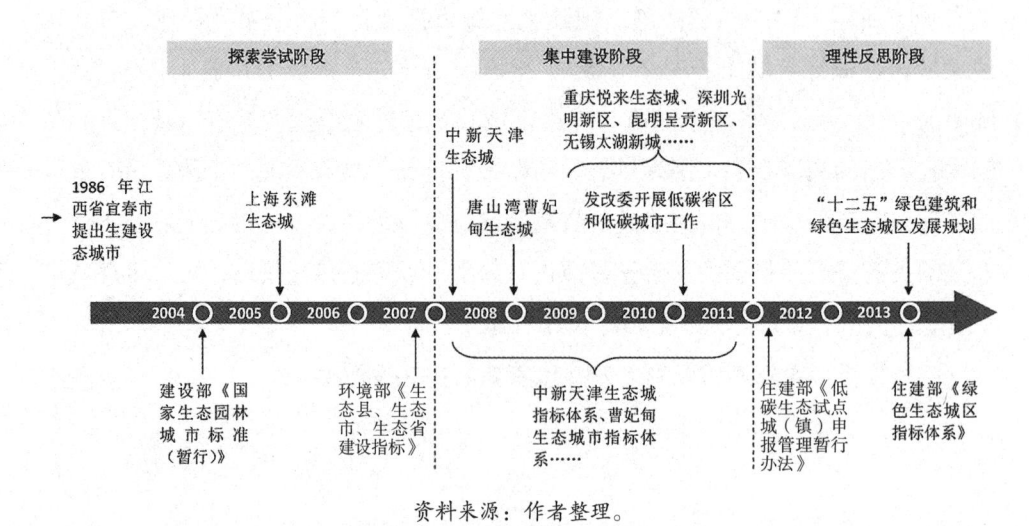

资料来源：作者整理。

图 2-2-1 目前我国生态城市发展的阶段

（二）生态城市相关理论发展的阶段性

生态城市理论发展可以分为原点阶段、萌发阶段、成长阶段和繁盛阶段。理论往往来源于对事实或经验的认知和验证，是具有逻辑规律的推论性总结。生态城市理论发展也不例外，体现了在不同的城市发展阶段对于其阶段性城市问题的深刻反思。

生态城市的原点阶段主要理念表现在人类对乌有之乡的向往。比如，《管子》中强调的"象天法地"的城市与自然环境的关系；柏拉图在《理想国》中描绘的具有政治、社会结构理想的完美城市；以及在16—18世纪产生的许多有关乌有之乡的思想，希望通过城市社会结构的改变实现公平正义，表达了对未来美好城市生活的憧憬。[1]在萌发阶段，世界范围内开始了对城市与生态环境的关注。开始于1898年埃比尼泽·霍华德爵士在其著作《明日的田园城市》中提出的田园城市的概念，产生了改善工人生活环境的社会城市思想，并用于城市规划实践。美国芝加哥学派的罗伯特·E.帕克（Robert Ezra Park）在城市社会学的基础上提出了城市生态学的理论，提出了人的行为对城市影响的看法。[2]1962年雷切尔·卡森（Rachel Carson）的《寂静的春天》开启了世界范围的环保运动。在成长阶段，生态城市的概念首次被提出，与其相关的理论也随之蓬勃发展。理查德·瑞吉斯特（Richard Register）和城市生态组织（Urban Ecology）在1975年首次提出了生态城市的概念。在繁盛阶段，生态城市理念被广泛认同，开始产生大量与之相关的理论和研究。美国学者理查德·瑞吉斯特、澳大利亚建筑师保罗·弗朗西斯·道顿（Paul Francis Downton）、加拿大罗德尼·怀特教授（Rodney R.White）、芬兰学者艾洛·帕罗海墨（Eero Paloheimo）等都提出了基于不同视角的生态城市发展愿景。

---

[1] 乌有之乡的思想包括通过对上帝的信仰来表达对美好城市向往的托马斯·闵采尔（Thomas Müntzer）的"千年天国"、约翰·凡·安德里亚（Johann Valentin Andreae）的《基督城》等，以及探讨城市社会结构平等的托马斯·霍布斯（Thomas Hobbes）的《利维坦》、托马索·康帕内拉（Giovanni Domenico Campanella）的《太阳城》、托马斯·莫尔爵士（Sir Thomas More）的《乌托邦》，以及表达了对未来城市憧憬的弗朗西斯·培根（Francis Bacon）的《新大西岛》、詹姆士·哈林顿（James Harrington）的《大洋国》等。

[2] 在《城市：对于开展城市环境中人类行为研究的几点意见》一书中，帕克提出"城市决非是简单的物质现象，决非简单的人的构筑物"，城市是"一种心理状态，是各种礼俗和传统构成的整体，是这些礼俗中所包含并随传统而流传的那些统一思想和感情所构成的整体"，城市并不是杂乱无章、一团混乱的；相反，城市有其秩序性，它总是要把它的人口和机构安排成一种秩序井然、堪称典范的和谐构图。这种"从动物和植物中分化出来的人类的生态学，也就是我们现在所说的城市生态学"。

通过上述整理与比较，可以将生态城市发展阶段性的特征总结如下：一是生态城市的发展是由一种非生态非健康的状态朝向生态的健康状态转变，这种转变伴随着城市系统中的环境、经济、社会等子系统之间的平衡与协调，也需要一定的时间过程。二是不论生态城市发展的阶段是直线还是螺旋演进，都需要一个从低级到高级的变化，即使是新建"生态"城市，缺乏与周边区域的协调，也不能从一开始就达到生态城市的理想状态。三是在达到生态城市理想状态时，需要从一个状态跨越到另一个状态，这种状态的转变可以由多个指标来衡量，并且最弱的指标决定了生态城市所处的阶段。当最弱的指标达到"阈值"时，生态城市的状态发生阶段性跨越。

二、生态城市系统的复杂性及其规律

复杂性是系统论的核心，生态城市系统的复杂性是将城市整体分解为个体来研究的，强调城市中个体的联系及其演化趋势。生态城市系统中包含的环境、社会和经济子系统中发生的局部变化都会影响城市整体，这种变化的相互作用并非简单的单向线性关系。生态城市系统的动态性（阶段性）、开放性及子系统间的非线性联系，表明了生态城市具有复杂适应系统（complex adaptive systems，简称 CAS）的特点。

生态城市的复杂性可以从两对维度上来研究，即人与事物的维度，系统元素与元素之间关系的维度。[①] 人与事物的维度是人对城市这个自然—人工系统的认知，而系统元素与元素之间关系的维度可以认为元素种类越多、数量越大则系统越复杂，元素之间关系越紧密、越广泛则系统越复杂。

生态城市的空间与环境具有有秩序的复杂性。复杂的真正意义必须在整体中或蕴含整体的意义，它需要兼容矛盾的统一，而不是将其排斥，有效的法则可以适应复杂中出现的矛盾[②]（罗伯特·文丘里，1966）。城市具有"有序的复杂性"，是一个"互为关联的有机整体"。城市发展已经到达一个新的复杂层次，如果规划设计手段不能维持这种层次，城市就会"停滞建设"。从有序的复杂性角度来

---

① 颜泽贤, 范冬萍, 张华夏. 系统科学导论——复杂性探索 [M]. 北京: 人民出版社, 2006: 199-202.
② 罗伯特·文丘里. 建筑的复杂性与矛盾性 [M]. 周卜颐, 译. 北京: 中国建筑工业出版社, 1991: 3-7.

理解城市，包括对城市发展过程的考虑、从局部到整体的归纳推导以及局部的变化会对整体造成影响[①]（简·雅各布斯，1961）。"有序的复杂性"是城市空间框架的秩序，在适应环境变化时产生多样性。有序复杂的生态城市系统由于元素的数量的庞杂和随机变数，在研究中只能从关键的控制性元素入手来观察系统的变化过程。[②] 生态城市系统复杂性的组成如表 2-2-2 所示：

表 2-2-2　生态城市系统复杂性的组成

名称	秩序
系统整体	阶段性（动态性）
系统外部	不确定性
系统内部	关联性
子系统	自发性（自组织）
发展	适应性
演化	突现性

资料来源：作者整理。

复杂性理论下生态城市系统发展的螺旋演进是弹性思维研究视角的基础。圣达菲研究所（the Santa Fe Institute）是复杂性研究科学领域的著名团队，其提出的复杂性系统概念包括复杂适应系统、混沌理论、突现理论及鲁棒性等，这些理论一脉相承。值得一提的是，这些理论也是弹性思维核心思想的基础部分。耗散结构理论是物理学中的概念，由比利时的统计物理学家普利高津（Ilya Prigogine）提出，用来描述系统接近或远离平衡的状态。

突现是复杂系统的首要特征，理清突现的概念是研究复杂系统科学哲学的首

[①] 简·雅各布斯. 美国大城市的死与生 [M]. 金衡山, 译. 南京：译林出版社, 2006：52-485.
[②] 杨沛儒. 生态城市主义：5 种设计维度 [J]. 世界建筑, 2010（1）：26.

要问题之一，它用来描述"多个子系统相互聚集形成一个新的高级系统，这个新的高级系统具备其子系统不具备的新的属性"的系统状态。基于涌现理论，生态城市系统就是新的高级系统，具备环境、社会和经济子系统所不具备的新属性。涌现需要系统由相互适应的子系统构成，而且它们存在非线性关系，且存在动态的非平衡关系。[①]生态城市的复杂适应系统是通过自组织形式——在系统间不断复制与涌现——来实现的。新的高级系统的涌现既受内部子系统关联的相互作用，也受外部不确定的环境因素影响。

基于以上理论，生态城市系统发展的复杂性，使其子系统和其元素存在涨落现象。这种涨落（社会、经济波动）广泛存在于城市发展的各个阶段，不同的子系统涨落有强有弱，使生态城市发展存在不确定性，形成非线性的螺旋演进状态[②]（文宗川等，2013）。当涨落突破一定的临界值（阈值），系统远离平衡，诱发耗散结构，会在时间——空间结构上从无序变为有序。[③]这种不断变化的自组织过程就是生态城市发展的机理，而从时间—空间结构秩序的螺旋演进中产生了生态城市系统的弹性。生态城市系统的螺旋演进与弹性的产生如图2-2-2所示：

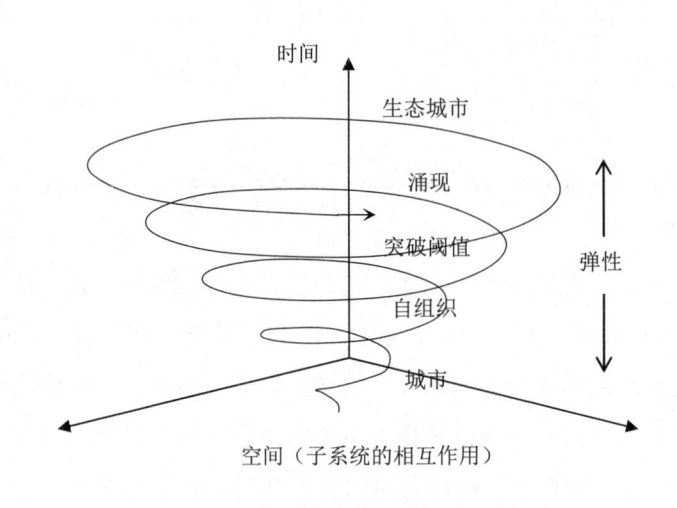

资料来源：作者整理。

图 2-2-2 生态城市系统的螺旋演进与弹性的产生（一种对弹性的理解）

[①] 周润然.城市化中的涌现及城市规模研究[D].重庆：重庆大学，2013：24-25.
[②] 文宗川，文竹，侯剑.生态城市的发展机理[M].北京：科学出版社，2013：55-56.
[③] 孙永正.管理学[M].北京：清华大学出版社，2003：63-64.

三、生态城市设计结果的不确定性及其认识

生态城市发展的阶段性及系统的复杂性使城市空间呈现出不确定的因素，进而产生了"筛选有序性和确定性因素"的需要。[①]一般城市规划与设计中的单一且肯定的定性与定量手段难以完全描述生态城市系统的复杂性。

不确定性需要多种"策略来适应复杂的社会和生态系统"[②]，所以对于生态城市的空间，城市设计也需要灵活、弹性的策略来适应生态城市系统的复杂性。

对于生态城市设计结果的不确定性认识如下：

不确定性与风险有所不同，概率是描述不确定性的方法，一般认为事物总体概率不明确、不可知、不可度量为不确定性，总体概率明确、可知、可度量为风险，不确定性的经验数量要大于风险。[③]风险对事物的发展具有规律性的认知，是可以预见的，不确定性则对事物发展的结果缺少经验。[④]由前面的阐述可知，生态城市——由于其发展的阶段性和系统的复杂性——建成的状态具有不确定性。因此，以城市空间为对象的生态城市设计的结果同样具有不确定性（图 2-2-3）。

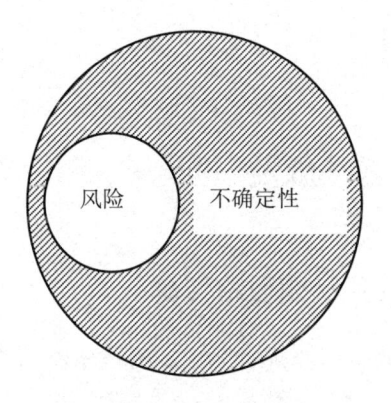

资料来源：作者整理
图 2-2-3 不确定性与风险的关系

影响生态城市设计结果不确定性的因素一般是来自系统外部的干扰，诸如自然灾害、人为决策等。生态城市规划（与设计）的不确定性包括自然现象和灾害

---

① 埃德加·莫兰.复杂性思想导论[M].陈一壮，译.上海：华东师范大学出版社，2008：7-10.
② 杨沛儒，权纪戈.生态容积率（EAR）：高密度环境下城市再开发的能耗评估与减碳方法[J].城市规划学刊，2014（3）：69-70.
③ 格来哲·摩根，麦克斯·亨利昂，米切尔·斯莫.不确定性[M].王红漫，译.北京：北京大学出版社，2011：66-68.
④ 富兰克·H.奈特.风险、不确定性和利润[M].王宇，王文玉，译.北京：中国人民大学出版社，2005：6-8.

的不确定性带来的城市发展受阻、城市功能遭受破坏；人类社会、经济活动带来的对环境影响的不确定性；城市规划与设计的过程中信息获取、统计误差、主观判断、描述不精确、决策因素带来的设计结果的不确定性等[①]（焦胜，2005）。

生态城市系统中的环境、社会与经济子系统在发展过程中虽然存在风险，但其影响结果的概率基本是可以明确和度量的，如人口数量、经济增长、温室气体排放等。

通过减少非预期结果的概率来减少不确定性。一是集中。总结现阶段生态城市发展可以反映到城市空间上的问题，以问题为导向，将环境、社会与经济子系统中的因素条件集中，打破壁垒，分析它们的关联性与互补性，形成协同机制，从而降低偏离设计结果的概率，减少不确定性。二是范围。不确定性的表达需要与主体范围相一致，根据生态城市发展的阶段性，将生态城市设计的结果预期分为几个阶段，循序渐进，减小时间和空间上的跨度，减小外部影响因素出现的概率，从而减少不确定性。三是增加。在研究过程中，与生态城市空间有关的同质的样本（案例）越多，同时在时间和空间维度上多次取样，其结果出现问题的概率越小，说明不确定性越少。

第三节 生态城市发展问题的城市设计层面对策

一、生态城市设计策略的思路转变

面对生态城市发展的阶段性现状和生态城市系统自身的特征及规律，除了从宏观的政策加以引导和干预（避免将生态城市建设作为一项政绩工程）外，作为与城市居民最直接接触的城市空间，还需要一种自下而上的自发性调整，从设计策略的思路开始转变，区别于传统的城市设计。

（一）研究跟进

生态城市设计的理论研究易于先行。生态城市规划工作得以落实的重要基础在于与现有城市规划体系紧密结合，若将生态城市规划游离于城乡规划体系

[①] 焦胜. 基于复杂性理论的城市生态规划研究的理论与方法[D]. 长沙：湖南大学，2005.

之外，则缺少法律意义的规划是难以保障的。① 同时，需要认识到改造现有城市规划编制工作、统一对于生态理念的认同需要一定的时间和过程。城市设计作为城市规划体系末端与建筑设计之间的衔接，易于体现"自下而上"的思路转变需要。相较于城市层面，绿色建筑的设计、建造技术、评估方法目前发展态势良好，并且有着比较完善的工作体系。生态绿色街区设计的研究也是现在相关学科领域的一个重要方向。此外，由于城市系统具有复杂性，很难像其他学科一样进行实验性验证，目前普遍的研究仅是从建筑物理的角度对室外空间的环境效率进行模拟，所以，指导性的生态城市设计方法研究至关重要。生态城市设计无论是基础理论研究，还是设计方法探讨，都是需要转变思路并积极跟进的研究工作。

（二）适应策略

生态城市设计需要立足于对阶段性、复杂性及不确定性的认知，通过适应性转变，提高城市规划与设计的可操作性。城市空间是连接人与环境最紧密的空间类型，生态城市建设不可能一蹴而就，任何系统的转变都需要与周边关联的因素相适应。遵照生态城市的发展阶段特点，空间设计方面应符合人们的使用需求、生活习惯和主观感受，以适应阶段性生态城市系统要求，不贸然"跃进"（空间和设施上求新求怪），使城市利益和系统效率最大化。生态城市系统的复杂性决定了生态城市空间设计的灵活性与多样性。由于生态城市系统的非线性发展，城市要素在一定时期内起落振动，城市设计在灵活与多样化的同时，要兼顾普适性与地域文化特点。也就是为了保证城市空间在时间上的延续与连贯发展，生态城市设计需要适应城市的生态本底条件、气候特征、文化特点等，这样在城市跨越状态阈值时，才能与之相适应。正如前文所述，不确定性并不取决于技术的限制，而是需要控制系统不确定的概率。在生态城市空间设计上考虑环境、社会与经济子系统的关联与统一，在一定的时间和空间范围内给出相对较明确的指标控制，适应系统的发展规律，可以减少生态城市设计结果的不确定性。通过整体适应性策略，推动生态城市设计目标的实现。

---

① 李浩. 基于"生态城市"理念的城市规划工作改进研究 [D]. 北京：中国城市规划设计研究院，2012.

（三）弹性需要

生态城市设计的灵活性就是弹性，在控制性详细规划的约束下，适应生态城市的复杂性与不确定性。生态城市的环境、社会、尺度和空间都具有不同程度的脆弱性，这些方面易于遭受不利因素的影响，[①]也是系统的复杂性与不确定性导致的。同时，需要对影响生态城市空间状态的不利因素有明晰的认识，只有在明确不确定因素的条件下，才能有效降低系统遭受风险的概率（如社会结构、人口迁徙、自然灾害、经济动荡等）。如何应对不利因素，需要生态城市设计的思路转变，以适应性和自发性为出发点，从较为硬性的控制转为柔性的引导。

二、基于弹性理念是生态城市设计方法科学化的演进

当前，"生态"一词几乎代表了一切和环境有关的理念，变得普遍而缺少实际意义。我们需要通过特定的设计思维和实践，使"生态"一词变成具有意义的特定理念。生态的思维和研究伴随着设计实践一同前进，开辟了城市设计新的领域（克里斯·里德，尼娜－玛丽·利斯特，2014）[②]。生态城市的不断演进决定了其设计方法必须有一定的灵活性与弹性。

（一）城市设计的科学化

"城市不是艺术品"[③]（简·雅各布斯，1961）。生态城市具有环境、社会与经济相协调且平衡的城市空间形态，需要更加科学化的城市设计方法来描述。虽然城市设计一直以来都被看作艺术的一部分，但面对生态城市的复杂性与不确定性，城市设计不仅是艺术的成果，而且需要更多的知识和理解来促进城市设计的演进，使其更加科学化。科学性的关键是"是否能够被发展"，城市设计的实质性科学研究是有效且可取的，是能够被发展的社会相关学科。城市是一个十分复杂的体系，将科学知识融入城市设计中，创立一套科学体系是十分明确的[④]（克拉申，2003）。生态城市规划设计具有科学化演进趋势如图2-3-1所示：

[①] 黄晓军，黄馨.弹性城市及其规划框架初探[J].城市规划，2015（2）：53-54.
[②] Chris Reed, Nina-Marie Lister.Ecology and Design: Parallel Genealogies [EB/OL].https://placesjournal.org/article/ecology-and-design-parallel-genealogies/.
[③] 简·雅各布斯.美国大城市的死与生[M].金衡山，译.南京：译林出版社，2006：416.
[④] Ina Trix Klaasen.Knowledge-based Design: Developing Urban & Regional Design into a Science[D].Delft: University of Technology, 2003.

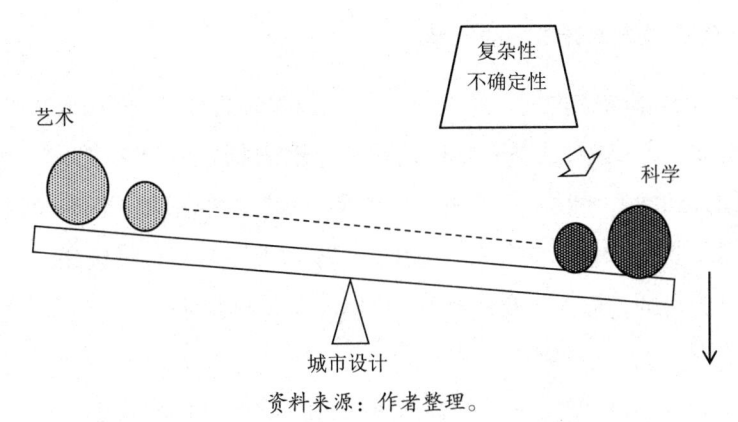

第二章 柔性设计的题设：生态城市发展问题及对策分析

资料来源：作者整理。
图 2-3-1 生态城市规划设计具有科学化演进趋势

城市设计的主要目标对象是城市系统。城市系统是一个开放系统，可以简化表达为城市自然系统和城市物理系统。城市物理系统可以很直观地展现社会进程；相反的，社会进程改变和扩展了整个城市物理系统，并参与了控制其发展方向的过程。所以也可以说，城市物理系统是城市设计最核心的研究对象。基于未来城市可持续发展的需要，城市设计的研究对象正由单一的城市物理系统向复合的城市生态系统转变。城市生态系统是"在城市范围内，人类活动与周围环境相互作用，具有动态平衡特性的统一体"[①]。

综上所述，城市设计由于科学化，使其关注的研究对象由单一的城市空间扩展到城市的人类活动与周边环境，由城市物理环境转变为城市生态环境（图2-3-2）。

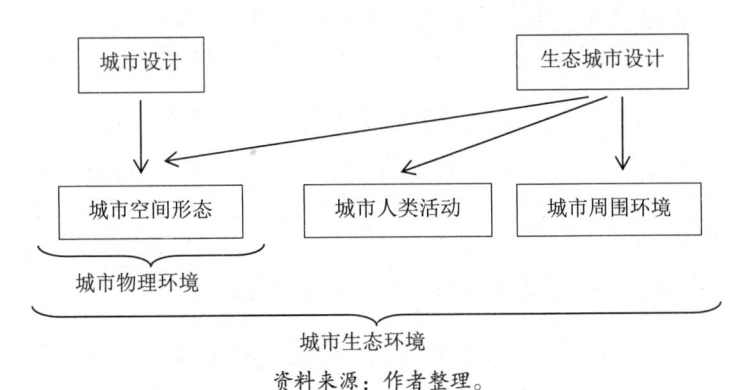

资料来源：作者整理。
图 2-3-2 生态城市设计对象的扩展

---

① 基于《中国大百科全书（地理学卷）》和《环境科学大辞典》的"城市生态系统"词条整理。

（二）传统城市设计方法的积累

城市设计介于城市规划、景观设计和建筑设计之间，"相对于城市规划的抽象性和数据化，城市设计更具有具体性和图形化"的特征。[①] 在《城市规划基本术语标准（GBT50280—98）》中，城市设计是"对城市体型和空间环境所做的整体构思和安排，贯穿于城市规划的全过程"。城市设计是"以城镇建筑环境中的空间组织优化为目的，对人、自然和社会因素在内的城市形体空间和环境对象所进行的设计工作"[②]。

一般认为在20世纪中叶已降，城市设计为景观设计和建筑设计提供指导和参考架构，它们的关系日趋紧密，也与城市经济学、城市社会学、城市生态学、环境心理学等知识与实践产生密切关联，逐渐成为综合性跨领域的工作。

（三）生态城市设计方法的演进

最初的生态城市设计与可持续发展的概念是分不开的，有学者认为生态城市旨在实现城市可持续发展。因为可持续发展同样反映了环境、社会和经济之间的联系。

容量、适应、弹性、多元和平衡的普遍存在是目前我们对于城市生态可持续性的认知。容量是指一个地方的生物种群的承载容量。适应是指物种和环境之间的相互作用的循序渐进过程。弹性是对适应理论的缺陷和复杂性做出的回应。多元可以指很多事情，如文化多元、生物多样，在城市规划设计中还可以指土地混合使用，它是城市社区、生态系统或组织结构健康与否的指标。平衡指的是自然环境和人类发展的平衡。[③]

但是，如前面所述，生态城市是有别于可持续城市的，具体反映在紧凑度、可持续交通、密度、土地混合使用、多样性、被动式太阳能利用和生态化设计等方面。

（四）弹性理念对于生态城市设计的科学化作用

生态城市有别于可持续城市，同样，弹性思维也有别于可持续性。生态城市

[①] 维基百科.城市设计 [EB/OL].https://zh.wikipedia.org/zh/城市设计.
[②] 王建国.城市设计生态理念初探[J].规划师，2002（4）：16-17.
[③] Michael Neuman.The Compact City Fallacy[J].Journal of Planning Education and Research，2005（1）：11-16.

设计不但需要运用可持续发展的原则，还要注重整体优先和生态优先的原则。[①] 如果为了追求城市系统效率而着重于某些特定目的，这样反而会削弱整个系统的弹性。"可持续性的关键是城市系统的弹性，而不是对个别子系统的单纯优化"。生态城市是复杂的自适应系统，弹性是这种系统可持续性的关键。基于弹性理念的生态城市设计不同于传统城市设计——强调稳定、最优选择和效率——的设计原则。[②]

弹性理念的核心在于对"事物持续不断的变化"的理解。生态城市设计的对象除了城市物理环境外，还包括城市生态环境，是人工环境—自然环境的复合系统（涉及政治、经济和文化的社会环境过于复杂，本书将部分社会因素归类到人工环境，以用于引导结论）。人工环境—自然环境是相互联系且不断持续变化的，弹性是保障这一系统可持续的关键。[③]

第四节　本章小结

本章提出了本书的论点，认为弹性理念是解决目前生态城市设计矛盾的重要方法。这一论点是基于目前生态城市理论和建设现状以及生态城市特性提出的，面对这些问题与矛盾，生态城市设计策略需要在一个大的框架下转变思路。

问题在于：生态城市是一个复杂的（自适应）系统，其理论经过多年的发展在不同的学科领域仍然有不同的看法与争议。出于针对特定部分优化城市系统的目的，出现了一些与生态城市相似的城市概念分支，这些概念的出现相对削弱了生态城市基础理论的发展。面对生态城市的生态技术、建设导向及规划体系等方面的挑战，简单的理念堆叠与固化的城市理论框架难以推动新阶段的生态城市发展。

矛盾在于：生态城市具有阶段性、复杂性与不确定性的特点。阶段性确定了生态城市发展是一个"态势"转变的过程，不能一蹴而就。复杂性认为生态城市

[①] 王建国.生态原则与绿色城市设计[J].建筑学报，1997（7）：9.
[②] Jianguo Wu, Tong Wu.Ecological Resilience as a Foundation for Urban Design and Sustainability[M]// S.T.A.Pickett, M.L.Cadenasso, Brian McGrath Eds.Resilience in Ecology and Urban Design: Linking Theory and Practice for Sustainable Cities.Springer Netherlands, 2013：219-220.
[③] 布莱恩·沃克，大卫·索尔克.弹性思维：不断变化的世界中社会—生态系统的可持续性[M].彭少麟，陈宝明，赵琼，等译.北京：高等教育出版社，2010：8-11.

是环境、社会和经济子系统相互联系、螺旋演进的动态平衡关系。阶段性与复杂性是生态城市不确定性产生的原因，面对不确定性需要灵活、弹性的策略来应对。

转变在于：弹性理念是生态城市设计思路转变及应对策略的关键。基于弹性理念，解决可持续性与效率的矛盾，考虑生态城市阶段性、复杂性及不确定性的特点，通过适应性研究，推动生态城市设计可持续目标的实现。同时，生态城市设计在城市规划体系中连接了生态城市规划（详细规划）与绿色建筑，需要进行理论梳理，积极跟进研究工作。

演进在于：弹性理念也促进了生态城市设计的科学化。随着理论的进步和其他学科观点的引入，城市设计越来越从一种空间的艺术工作转变为空间的科学工作。生态城市设计的对象由传统的城市空间扩展到人工环境—自然环境系统，有别于人与环境的单一"对话"，生态城市系统要素是相互作用且动态变化的，这需要用弹性理念来认知，完善系统的响应策略，维持系统整体的可持续性。

第三章 柔性设计的核心：弹性理念的理论与作用

本章主要内容为柔性设计的核心：弹性理念的理论与作用，主要介绍三方面内容：依次是弹性理念概述，弹性理念的本质与要素，柔性设计：弹性理念下的生态城市设计。

第一节 弹性理念概述

一、弹性的概念及其适用的学科范围

对于弹性，不同的学科有着不同的解释，其最初应用在物理学和经济学中，现在已经延伸到其他学科。物理学的弹性是指固体在外力作用下产生形状变化，外力消失后又恢复原状的特性；经济学的供需弹性是需求量对于价格变动的反应程度。需求弹性与供给弹性（经济学）、社会—生态系统弹性和城市弹性是目前跨学科研究领域的三个主要方向。

经济学原理中的弹性（也称作感应性）表达了"一个变量对另一个变量变动的敏感程度"。一般称作为变化原因的变量为因变量，受到其影响而产生改变（感应）的变量为自变量。两个变量具有明确的因果关系，就可以用坐标系中曲线的斜率来表达。在经济学中，使用变量变动的百分比的比值（也就是百分比的斜率）——为了衡量变量变动的关系而忽略变量的不同单位——来表达弹性。[1] 弹性 E 可以描述为自变量 x 与因变量 y 的函数（其中，Δx 为 x 的变动量，Δy 为 y 的变动量），公式如下：

---

[1] N.格里高利·曼昆.经济学原理（上册）[M].梁小民,译.北京：生活·读书·新知三联书店，北京大学出版社，1999：39-43+93.

$$E_{x,y} = \left| \frac{\Delta y}{y} \middle/ \frac{\Delta x}{x} \right|$$

若比值大于1，说明因变量 y 的变动量大于自变量 x，x 对 y 较敏感，则 E 富有弹性；若比值小于1，说明 x 对 y 不敏感，若则 E 缺乏弹性；比值等于1，x×y 为固定值，则说明 E 是单位（标准）弹性。

在生态学中，弹性是指社会—生态系统受到干扰后，恢复其基本结构和功能的能力。[1] 生态弹性作用于社会—生态系统，是"理解周围世界和管理自然资源"的可选择方式。通过阈值和适应性循环两个概念（以下章节有详细阐述），约束人的社会行为对环境造成的影响，减少因社会发展而导致的环境退化现象。[2]

城市弹性描述了城市维持正常运转的能力，即使遭受压力和冲击，也可以保证城市中居民（尤其是弱势群体）生活和工作的稳定。城市弹性概念的提出是为了应对长期的压力或突然的冲击对城市造成的大面积破坏或物理、社会系统的崩溃。通过城市弹性建立起减小城市灾害风险和适应气候变迁的桥梁，其重点在于提高整个系统面对危害事件的能力，而不是单一防止由特定事件造成的财产损失。[3] 弹性概念的适用范围比较如表 3-1-1 所示：

表 3-1-1 弹性概念的适用范围比较

名称	变量 （自变量与因变量）	特性 （参数）	适用范围
数理弹性	自变量（状态变量）、因变量（驱动变量）	数值变化、比值	数理经济学，因果关系
物理弹性	物体（或材料）、力	形状变化、复原	物理学、材料学、医学，物体或材料形变
经济弹性	需求或供给、价格	曲线变化、平衡	经济学中需求或供给与价格的关系
企业弹性	供应链、灾害或中断	供应变化、维持	供应链、企业风险管理

---

[1] 布莱恩·沃克，大卫·索尔克. 弹性思维：不断变化的世界中社会—生态系统的可持续性 [M]. 彭少麟，陈宝明，赵琼，等译. 北京：高等教育出版社，2010：2.
[2] 彭少麟. 发展的生态观：弹性思维 [J]. 生态学报，2011（10）：5434-5436.
[3] Jo da Silva, Braulio Morera. City Resilience Framework[R/OL]. http://publications.arup.com/Publications/C/City_Resilience_Framework.aspx, Arup.

续表

名称	变量 （自变量与因变量）	特性 （参数）	适用范围
生态弹性	社会—生态系统、干扰	组织变化、适应	生态学、社会—生态系统
城市弹性	城市与人、压力和冲击	功能变化、恢复	应对城市灾害风险和气候变迁

资料来源：作者整理。

综上所述，弹性概念适用广泛，将其统一归纳，可以获得特征如下：一是弹性描述的是系统中两个变量之间的关系，且这两个变量具有因果关系。二是弹性可以抽象为系统中一种变量随着另一种变量的变化而变化的特性。三是弹性在一定的条件下可以表述为敏感性或适应性，也就是在因变量处于同样的增量或减量下，自变量的响应程度。四是研究系统弹性的关键在于确定两个具有因果关系的变量，并明晰它们之间的变化特征。

二、弹性理念的广泛应用

弹性除了在物理学中作为固体物质的一种属性外，还应用于经济学的需求弹性和供给弹性、管理学中供应链管理的企业弹性，应用于生态学的社会—生态系统弹性和基于城市风险管理的城市弹性。弹性概念可以广泛应用于具有不断适应变化特性的复杂系统。

经济学中的需求弹性与供给弹性联系了需求或供给与市场价格的关系，是重要的经济学理论工具。需求弹性最早由英国经济学家阿尔弗雷德·马歇尔（Alfred Marshall）在他的著作《经济学原理》中提出，用来描述市场中的需求量随价格的上涨或下跌而减少或增加的关系（也就是需求量对价格变动反应的大小），并且讨论了影响需求弹性的原因。[1] 物品需求的广泛程度影响了需求弹性，以极端的物品为例，必需品比较缺乏弹性，奢侈品（特征是：容易获得替代品、市场受众小或有时间应对价格变化）比较富有弹性。需求弹性包括需求价格弹性、需求收入弹性。类似的，供给弹性（供给价格弹性）表达了供给量对价格变动反应的大小。需求价格弹性与供给价格弹性反映在坐标系中，弹性决定了曲线斜率的大小。

---

[1] 阿尔弗雷德·马歇尔. 经济学原理（上卷）[M]. 朱志泰，译. 北京：商务印书馆，1964：121-128.

1973年，加拿大生态学家克劳福德·斯坦利·霍林（C.S.Holling）在其论文《生态系统的弹性与稳定性》（*Resilience and stability of ecological systems*）中最早提出生态系统弹性的概念。霍林认为弹性决定了系统内部联系的持续性，是这个系统吸收状态变量、驱动变量和参数的改变仍然存在的能力的衡量。弹性是系统的特性，而持续性或者消亡的概率性则是结果。[1]

而后由弹性联盟[2]将弹性扩展为表达社会—生态系统适应性能力的重要概念。弹性适用于生态系统或人与自然资源集成系统，社会—生态系统的弹性是生态、经济和社会可持续的关键。具有弹性的系统可以承受改变的总量，并且（在相同的状态和范围内）仍然保持原有的功能和结构，可以自组织，可以构建和提升学习与适应能力。适应性能力是弹性的组成部分，是响应干扰的系统行为。需要注意的是，"弹性"是一个中性词，不良的系统也可以富有弹性，良好的弹性系统需要提升生态、社会与经济结构和过程的适应性能力。在弹性理念的实际应用中，需要明晰何时何地通过管理介入可以防止系统适应性能力的不良变化。衡量弹性往往需要依靠经验性和语境来定义。[3]

在此基础上，对系统动态性的研究中发现了决定社会—生态系统发展轨迹的三个关联特征，即弹性、适应性与可转化性（resilience, adaptability and transformability）。这是由于社会—生态系统弹性并非工程弹性，工程弹性仅用来描述单一变量的单一系统的弹性，而社会—生态系统是多个状态变量组成的状态空间，可以从一个状态跨越到另一个状态，即系统具有可转换性。可转换性是当生态、经济和社会结构难以维持时，跨过临界值创建新系统的能力，这个跨越的临界值被称为阈值。系统的弹性在此可以理解为状态空间围绕阈值变化的距离。弹性有四个"组成部分"，即宽容度、阻力、不稳定性和扰沌，前三个部分可以应用到一个完整系统中。宽容度是系统失去其恢复能力前所能承受的最大改变总量，阻力是系统改变的难易程度，不稳定性是当前状态与阈值的接近程度，扰沌描述了系统弹性取决于这种尺度转变（中间尺度上下）和动态变化的特征。基于这四个组成部分，社会—生态系统的弹性可以通过"吸引域"的模型来直观表达

---

[1] C.S.Holling.Resilience and Stability of Ecological Systems[J].Annual Review of Ecology and Systematics，1973（4）：17-18.
[2] 成立于1999年的国际多学科研究机构。
[3] C.S.Holling，Brian Walker.Resilience Defined[EB/OL].http：//isecoeco.org/pdf/resilience.pdf.

它们之间的态势关系。①

弹性思维是布莱恩·沃克与大卫·索尔克（Brian Walker and David Salt）提出的概念，探讨基于弹性理念维持社会—生态系统可持续性的途径。

斯德哥尔摩弹性中心通过案例研究，提出了实际应用弹性思维构建社会—生态系统弹性的七个原则。这些原则包括：保持多样性与冗余性、管理连接性、管理慢变量与反馈、培养复杂适应性系统思维、鼓励学习、拓宽参与性和推广多中心治理系统。

城市弹性框架是奥雅纳（Arup）受洛克菲勒基金会（The Rockefeller Foundation）支持的合作项目。目的是通过对全球多个城市的调研，构建理解城市弹性的方法和改变城市规划、实践与投资的发展状态。城市弹性框架是基于100 Resilient Cities 的理解城市复杂性与增进城市弹性的理论工具。2013年洛克菲勒基金会倡导并成立了"100 Resilient Cities"机构，用以帮助世界上一些城市在面对环境、社会与经济的挑战时可以更加弹性化地应对。100 Resilient Cities 定义的城市弹性为：城市中的个人、社区、机构、企业和系统无论经受什么类型的长期压力和剧烈冲击，都能生存、适应和成长的能力（长期压力一般指日积月累或周期性的削弱城市结构，如高失业率、低效率的城市交通系统等；剧烈冲击一般指威胁城市的突然、急剧的事件，如地震、洪水等）。②

与之相比，城市弹性框架的城市弹性概念更加关注作为城市功能的弹性和压力与冲击过后市民的生存与发展。城市弹性框架承认认知的局限性，在研究过程中为了便于理解城市复杂性和诸多不确定因素，将城市弹性归纳总结为十二项指标。这十二项指标按照人、城市场地、组织和知识等方面分为四个维度，分别对应健康与福利、城市系统与服务、经济与社会以及领导与战略。由于不同的行动对不同的城市会有不一样的结果，因此指标清晰完整地描述了通过一系列行动达到的城市弹性结果，而不是怎样去行动。与国际生态城市框架标准（the International Ecocities Framework and Standards，简称IEFS）类似，城市整体性能取决于"短板"指标，一个较弱的指标可能会危及城市整体弹性，除非这一指标借由其他要素得到强力补偿（如重新设计的城市广场以适应城市人口结构的改变）。

---

① Brian Walker, C.S.Holling, Stephen R.Carpenter, et al.Resilience, Adaptability and Transformability in Social-ecological Systems[J].Ecology and Society, 2004, 9（2）: 5.
② 100 Resilient Cities.City Resilience[EB/OL].http://www.100resilientcities.org/.

此外，城市弹性框架使用七项性质（反思性、鲁棒性、冗余性、灵活性、应变性、包容性和集成性）来区别强化城市弹性结果与简单的宜居或可持续城市不同，定性的评价城市系统弹性。这些性质描述了行动对于城市系统弹性损坏或失败的有效阻止，以及采取适当或及时的行动（比如，具有灵活性的医疗服务便于重新分配医护人员以应对突发的疾病灾害，或具有鲁棒性的基础设施在灾害过后且没有超出其使用极限的情况下仍然可以正常运转，具有反思性的城市规划可以更好地谋划布局以应对城市环境状况的改变等）。包容性和集成性建议用于提升所有指标。[①]

城市弹性的次级指标是城市弹性框架最末端层次，是基于对156个城市问题的回应得出的。可以对城市弹性进行客观评价，也可以对比最初的基准线进行进程衡量。[②]

第二节 弹性理念的本质与要素

一、本质：维持复杂系统的可持续性

通过上面弹性理念在现实世界中的实际应用，可以看出它的一些内在本质。在元素因果关系明显的系统中，弹性是两个相互关联变量的动态平衡关系，结果变量越为原因变量"所动"，也就是结果变量较容易受到原因变量的影响而产生大幅波动（这种波动往往是有益的选择），则说明这个结果变量越有弹性。比如，小尺度的街区因为有很多可以替代的通行路径可以选择，所以在可达性方面的弹性就要大于大尺度的街区。

"Resilience"一词有韧性、恢复力的含义，指在面对干扰时，系统仍能够维持自身的结构与功能完整。弹性联盟提出了弹性适用于整合人与自然系统的三个相关特征：一是承受：系统改变的总量可以接受，并且仍然保持原来的功能与结构可控。二是自组织：系统改变的程度在系统自组织能力范围内。三是学习：在

---

① Jo da Silva, Braulio Morera.City Resilience Framework[R/OL].http：//publications.arup.com/Publications/C/City_Resilience_Framework.aspx, Arup.
② Jo da Silva.City Resilience Index[R/OL].http：//publications.arup.com/Publications/C/City_Resilience_Index.aspx, Arup.

系统改变后，具有建立和提升学习与适应能力的能力。[1]

（一）自组织

生态城市具有自组织系统的特性。[2]自组织（self-organizing）即自我组织，学术界一般常引用H.哈肯的简单描述：在没有外部命令（外力）的条件下，仅靠系统内部协同合作来完成的组织过程称为自组织。[3]外力作为系统的一部分，是相互作用与动态的演化关系。[4]系统结构越趋于复杂，则系统越不稳定。这种不稳定可以放大对系统的某些干扰或自身涨落，而自组织过程是由涨落行为支配的。[5]也就是说，自组织取决于系统的复杂程度，越复杂的系统（冗余，通过不同方法实现同一功能）越容易产生自组织。比如，人的行为会对空间使用产生压力，盲道的设置应该遵循街道的连续性及视力障碍人士的使用需求，由街道系统内部来决定，而不是为了简单符合设计规范或应付强制检查。进而，当涨落跨越临界值产生态势的改变，也就是当社会上的盲道都不起作用时，街道就再也不会有视力障碍人士使用了。

（二）适应性周期循环

复杂适应性系统的周期循环阐述了系统可以跨越阈值产生态势转变的本质（不同等级的态势组成扰沌，整个扰沌即是一个复杂适应性系统）。复杂适应性系统（经济）的周期循环概念最早由美籍奥地利经济学家约瑟夫·熊彼特（Joseph Alois Schumpeter）在其著作《经济发展理论》中提出，他认为系统周期循环是来自自身内部创造性的变动，内在因素创新（新的功能关系）或新组合的出现（时断时续、时高时低地出现在时间序列上）推动周期循环发展。[6]生态系统也会根据环境变化进行适应性周期循环，生态系统的行为可以被描述为在开发、保护、

---

[1] Lars Marcus, Johan Colding.Toward an integrated theory of spatial morphology and resilient urban systems[J]. Ecology and Society, 2014, 19（4）: 55.
[2] 文宗川, 文竹, 侯剑.生态城市的发展机理 [M].北京：科学出版社, 2013：34-39.
[3] H.哈肯.协同学：引论——物理学、化学和生物学中的非平衡相变和自组织 [M].徐锡申, 陈式刚, 陈雅深, 等译.北京：原子能出版社, 1984：240-241.
[4] 吴彤.自组织方法论研究 [M].北京：清华大学出版社, 2001：8-9.
[5] G.尼科利斯, I.普里戈金.非平衡系统的自组织 [M].徐锡申, 陈式刚, 王光瑞, 等译.北京：科学出版社, 1986：511-513.
[6] 约瑟夫·熊彼特.经济发展理论——对于利润、资本、信贷、利息和经济周期的考察 [M].何畏, 易家详, 译.北京：商务印书馆, 1990：vi-xiii.

释放与重组这四个基本功能间的动态相互作用。①

　　整个循环周期分为前半段和后半段，前半段包括开发和保护阶段，后半段包括释放与重组阶段。在生态系统中，前半段是生态的演替阶段，有机体群落循序渐进地改变，系统趋向于稳定状态。在开发阶段（r），生态系统很容易获取资源（资本），进程快速发展，产生"集群"（经济周期中也有类似现象，如"创新的群聚"）；在保护阶段（K），缓慢守恒，资源继续积累，系统连接性不断加强（建立和储存复杂结构）。后半段循环是由内因与外力共同作用而发生的，当保护阶段系统结构的复杂而紧密的特性变成"过度连接"时，系统变得非常脆弱，一经外力扰动，存储的生物量就会突然释放。释放阶段（Ω）是很迅速的突然改变，释放资源和结构，用于再生和再创造，为重组创造了机会。系统经过重组阶段（α）进入到下一次开发阶段。

　　在这里，弹性即释放与重组的效率（维持循环得以持续）。值得注意的是，生态系统（或复杂适应性系统）的弹性有一个至关重要的界限——阈值，也就是系统可以缓冲或承受的扰动量。如果周期性循环的后半段条件不正确或者缺失，系统将突破阈值，进入另一个稳定状态（扰沌中的其他态势）。②此外，适应性循环并不一定严格按照绝对固定的周期进行，有些结构或功能较简单的复杂系统可以跳过一些阶段。

　　适应性周期循环的三维模型对应了复杂适应行系统的三个特性：潜能、连接度和弹性③。由于改变而获得的潜能，是资源可以获取和选择的范围。内部控制变量与进程的连接性程度，是反映这一控制的灵活性（柔性）与刚性程度的衡量。系统的弹性是对出乎意料的脆弱性和不可预见的冲击的度量。在整个适应性循环中，前半段是确定和可以预测的，后半段是不确定和不可预测的。弹性的扩张与收缩贯穿整个循环周期。弹性的收缩使循环朝向保护阶段移动，系统变得更加脆弱。④弹性的扩张使循环快速转向后半段，为一个新循环的启动重组释放出资源。⑤

---

① Lars Marcus, Johan Colding.Toward an integrated theory of spatial morphology and resilient urban systems[J]. Ecology and Society, 2014, 19（4）: 55.
② 同①.
③ 见第三章第一节，等同于适应性、可转化性与弹性。
④ 见本节的"自组织"部分，系统越复杂、越脆弱，越容易产生自组织。
⑤ Lance H.Gunderson, C.S.Holling.Panarchy: Understanding Transformations in Human and Natural Systems[M].Washington: Island Press, 2002.

（三）扰沌

"扰沌"一词作为术语最早出现在1860年比利时经济学家保罗-埃米尔·德皮特[①]（Paul-Émile de Puydt）的一篇文章标题中，[②] 用来描述其政治经济学观点。[③] 现在，"扰沌"被一些学者用来描述系统理论中非层级结构组织。[④] 扰沌是跨尺度适应性循环嵌套式的结构框架，是跨尺度、跨领域的，具有动态本质的理论，用以理解多个相关联要素不断变化的层次系统。[⑤] 简单来说，扰沌可以理解为适应性循环在不同时间—空间尺度上的演进。

扰沌的层级包含两个用以创造和维持适应性能力的关键性连接：revolt与remember（本书将其翻译为"激变"与"回溯"）。激变是低层次的循环，资本积累过慢并且弹性过低（随时间与空间推移，难以维持小且快的状态），受到关键改变的激发，进而级联[⑥]到较高层次的连接关系。回溯是依靠资本（潜能）在较大并且较慢的循环中累积和储备促进重组与更新。[⑦] 需要强调的是，扰沌的层级是空间与时间尺度上的改变，并不是系统态势的转变，是"量"变而非"质"变。

综上所述，可以认为弹性的本质是维持具有自组织特性的复杂适应性系统的可持续性。也就是维持系统在一个适宜尺度（结构连接性）与适宜速度（资本积累）的范围内进行适应性周期循环，弹性是这个尺度与速度在时间与空间上的限度（阈值）。循环的驱动力是系统内部资源的持续缓慢积累与压力或冲击作用下的快速转变。

二、要素：阈值与变量

复杂系统的要素关系是由变量之间相互依存的关系组成的。

（一）阈值

阈值就是系统或状态发生改变的临界值。

[①] 新华通讯社译名室.法语姓名译名手册[M].北京：商务印书馆，1996：477，1079-1080.
[②] 法文版1860年7月发表在 the Revue Trimestrielle 第27卷.
[③] Molinari Institute. Review of Panarchy by Paul-Émile de Puydt（1860）[EB/OL].http：//praxeology.net/CDB-PEDP-P.htm.
[④] Wikipedia.Panarchy[EB/OL].https：//en.wikipedia.org/wiki/Panarchy.
[⑤] Lance H.Gunderson，C.S.Holling.Panarchy：Understanding Transformations in Human and Natural Systems[M].Washington：Island Press，2002.
[⑥] 一般指一对多的联系。
[⑦] Lance H.Gunderson，C.S.Holling.Panarchy：Understanding Transformations in Human and Natural Systems[M].Washington：Island Press，2002：75-76.

在生态系统中，阈值是系统的质量、特性或现象突然产生改变的破坏点，这些小的改变可以驱动系统发生巨大变化。[1] 生态系统的阈值关系着系统的反馈、自组织与非线性等特征，同时具有从一个稳定状态向另一个稳定状态转变的含义。[2] 与工程弹性不同（工程弹性主要描述系统形变后的响应时间），生态系统的弹性强调系统可以承受的改变的总量，这个总量就需要阈值来表示。在生态系统中，用阈值表述的弹性更倾向于状态的改变，而不是响应的快慢。阈值限制着系统中各个变量的程度，如果超过这些程度，某些关键变量的改变对系统其他部分的影响会引起整个系统的变化。[3]

弹性联盟（基于社会—生态系统）给出的阈值定义是生态或社会—生态系统机制转变的点。内部进程的改变，定义了系统朝向不同方向的变化，进入不同的吸引域。进而，为了探索阈值与不同系统间状态改变的联系，可以从如下方面考虑：一是社会与生态系统没有联系，外部驱动导致生态或社会系统改变。二是社会与生态系统没有联系，内部因素导致生态或社会系统改变。三是社会与生态系统有联系，但是仅有一个系统通过了阈值（驱动来自生态或者社会系统）。四是社会与生态系统相互影响，但是只有一个系统发生机制转变。五是社会与生态系统相互影响，两个系统都发生了机制转变。[4]

在地球界限框架中，阈值被定义为在人类—环境系统耦合运作中的非线性转换点。地球界限由斯德哥尔摩弹性中心[5]提出，是基于调节地球系统稳定性的内在生物物理过程，界定了人类社会发展和繁荣的安全操作空间。[6] 阈值是人类—环境系统的固有特征，经常由一个或多个控制变量所处的位置来定义。这些阈值往往需要大量的实际观测来确定。在地球系统进程中，有一些变量不能与现有已知的阈值相关联，但是可以通过不断下降的关键生态功能（如土地利用与碳汇的联系）产生的衰退收集类似于阈值的反馈。地球界限类似于一个避免地球系统中某一生态功能越

---

[1] Peter M.Groffman, Jill S.Baron, Tamara Blett, et al.Ecological Thresholds: The Key to Successful Environmental Management or an Important Concept with No Practical Application?[J].Ecosystems, 2006(9): 1-2.
[2] 赵慧霞, 吴绍洪, 姜鲁光.生态阈值研究进展[J].生态学报, 2007(1): 339-340.
[3] 布莱恩·沃克, 大卫·索尔克.弹性思维：不断变化的世界中社会—生态系统的可持续性[M].彭少麟, 陈宝明, 赵琼, 等译.北京：高等教育出版社, 2010: 53.
[4] Brian Walker, Jacqueline A.Meyers.Thresholds in Ecological and Social‐Ecological Systems: a Developing Database[J].Ecology and Society, 2004, 9(2): 3.
[5] 参见第三章第一节中"弹性思维"的相关叙述。
[6] Will Steffen, Katherine Richardson, Johan Rockström, et al.Planetary boundaries: Guiding human development on a changing planet[J].Science, vol.347, 2015(2): 736.

过阈值的警戒线，这条警戒线是基于现有的研究和数据收集的"安全线"，是系统未知的不确定性地带的边缘。阈值就在这个不确定性地带中（不确定性地带是由于认识不够充分和阈值的动态性质产生的，无法确定阈值的精确位置），不越过"安全线"，系统就不会越过阈值。在这里，有阈值的地球系统进程明确了全球的阈值和地球界限，而没有阈值的地球系统进程已知了地球界限，更倾向于收集局部或地区的反馈，汇总越过地球界限所产生的显著影响。[1] 地带型阈值表达了从一个状态到另一个状态的逐步转变或者过渡，而不是在一个特殊点突然改变。[2]

综上所述，根据前面章节对于弹性本质的理解，在弹性理论中阈值（主要是社会、生态系统中的阈值）具有如下作用：一是阈值是系统状态或机制转变的临界值，是非线性的耦合系统转换点，是系统可以承受或缓冲的压力与冲击的限度。二是阈值是维持当前系统状态下弹性的界限。三是阈值根据对目标认知程度的不同，可以是一个明确的量，也可以是一个"不确定地带"。四是阈值包含系统从一个稳定状态转变到另一个稳定状态的含义。五是阈值是系统中的关键性控制变量，可以是一个或者多个，越过阈值发生转变的系统，同时会影响（但不一定影响）到这个系统的耦合系统。六是阈值的确定往往需要大量的案例分析或者数据研究。

（二）变量

变量是表示弹性的重要要素，描述了复杂系统弹性被驱动的变化特征。社会、生态系统中的相关变量大多是基于统计得出的。在统计学中，变量是从一个主体到下一个主体，或从这一次到下一次呈现出区别的某种特征。[3] 变量可以是定量的，也可以是定性的。[4] 定量变量也称为数值变量，包括离散变量和连续变量[5] 两种。[6]

基于观察与统计，我们可以通过一元或多元[7] 线性回归模型来表达与复杂系统弹性相关要素的依存关系。[8] 与经济学中的变量关系相似，社会与生态系统中

---

[1] Johan Rockström, Will Steffen, Kevin Noone, et al.Planetary Boundaries: Exploring the Safe Operating Space for Humanity[J].Ecology and Society, 2009, 14（2）: 32.
[2] Andrew J.Huggett.The concept and utility of "ecological thresholds" in biodiversity conservation[J]. Biological Conservation 124, 2005: 302-303.
[3] B.S.Everitt, A.Skrondal.The Cambridge Dictionary of Statistics（4th Edition）[M].Cambridge: Cambridge University Press, 2010: 444.
[4] 大卫·弗里曼，罗伯特·皮萨尼. 统计学（第二版）[M].魏宗舒，施锡铨，译.北京：中国统计出版社，1997：47-48.
[5] 离散的变量间以整数相差，连续的变量间相差可以无限小。
[6] 贾俊平，何晓群，金勇进. 统计学（第四版）[M].北京：中国人民大学出版社，2009：10-11.
[7] 一个解释变量或多个解释变量。
[8] 参见第三章第一节中"经济学原理中的弹性"相关叙述。

的变量关系也存在大量的（不确定性）相关关系。[①]在一元线性回归模型中，自变量 x 可以解释引起因变量 y 变化的原因。x 可以称为解释变量或控制变量，y 可以称为被解释变量或响应变量。[②]

在生态城市相关系统中（环境、社会与经济），自变量 x 可以是系统内部的组织或机制因素，因变量 y 是系统外部推力或吸引的扰动。x 是驱动变量，y 是关系变量。在社会—生态系统中，x 是系统要素的连接性，y 是系统发展潜力（资本的积累）。比如，森林中生物要素的关联日益复杂，会使得森林中动植物和能量不断积累，依存于树木和与树木有关的生物中。在地球系统中，对于海冰的研究控制变量 x 是气温，响应变量 y 是冰反照率[③]的反馈；又或者，控制变量是土地利用中的农田比例，响应变量是陆地生态系统的碳封存。[④]

（三）慢变量、快变量与驱动力

改变系统状态的驱动力往往来自比系统更高层面或更大尺度的系统。系统的内部关系与外部驱动都是组成系统的变量。所以，首先要区分开系统的内部与外部，也就是确定哪些是控制变量，哪些是响应变量。这就需要明白系统要素的构成与系统边界的位置。比如，在旱田区域，农作物产量就是控制变量，在一定程度上由降雨量——外部驱动或响应变量决定；但在水田区域，农作物灌溉水量的提供，受到不同的利害关系制约，也有可能需要作为内部变量被看待。由于人工环境与自然环境的矛盾，在涉及生态利益或以社会发展为主体时，人类在系统（社会—生态系统）中的作用经常被视为外部驱动。人类是生态系统的使用者，他们使用生态系统的方式是由权力决定的。但是，如果将人类视为生态系统的一部分，就需要明确哪些人类使用的权力规则决定了控制变量。传统的处理人类对系统的影响是找出人类可以修复（或可操作）的变量，也就是控制变量。比如，渔场中的控制变量是渔获量[⑤]、船只数量或渔网的网目尺寸等。

在复杂系统中，慢变量引发了快变量。快变量通常是那些生态系统使用者主要关注的，如害虫或者诸如农作物、水与受青睐的物种等生态系统的产品与服务。

---

① 两个变量（x 和 y）之间的相对（相互依存的不确定性）关系。
② 孙敬水. 计量经济学教程 [M]. 北京：清华大学出版社，北京交通大学出版社，2005：23-25.
③ 冰反照率是单位时间上，海冰单位表面积上，辐射能量射出与射入的比值。
④ 碳封存是不向大气中排放二氧化碳，取而代之的是碳的捕获和安全存储。
⑤ 在渔场中捕获水产品的数量或重量。

快变量与慢变量（控制变量）不同，这些快变量常常被其他一些变化缓慢的变量引发。比如，土壤有机质的含量可以引发农作物产量这一快变量，同时被生长季节的降雨量这一外部驱动影响。慢变量与快变量通过外部驱动的相互作用达到平衡水平。大多数情况下，慢变量与快变量的关系是单调性的，但有时也会产生分歧。这个分歧是慢变量因为备用转换机制，退回到以前水平产生的，快变量也会随之改变。这个分歧点就是阈值。外部驱动导致慢变量（控制变量）的改变，当慢变量接近阈值时，系统中的快变量产生波动以响应环境的冲击，这些波动与改变将推动系统越过阈值进入到一个转变后的平衡状态，操作控制变量以引导系统朝向预定方向转变。同时，为了避免不可预料的影响，不仅需要将快变量的动态考虑进去，还要考虑与之紧密相关的慢变量的动态、可能的阈值影响，以及慢变量对外部驱动的响应。[①]

因此，为了通过相关要素的依存关系来研究和理解复杂系统（生态城市空间结构）的弹性，需要分析整理与生态城市系统相关的控制变量（慢变量）与响应变量（快变量）。而阈值可以看作一个重要的、特殊的控制变量数值，决定了生态城市系统是否具有弹性和良好的可持续性。

第三节　柔性设计：弹性理念下的生态城市设计

适应是弹性系统的特征，由于理念相似，可以从一些学者提出的适应性规划的相关问题和变量中得出柔性设计的解读方式。适应性规划的相关问题包括：适应的来源（压力与冲击）、适应的对象、适应产生的本质原因与适应的程度等。通过这些问题建构的适应（气候变化）的城市规划，考虑了系统、社区或项目等不同层级的尺度，进而针对特定问题提出策略，如保护性策略、调整性策略与规避策略等。[②]

本书为了明晰"柔性设计"的内涵，从以下方面进行解读，包括对象、关系、驱动、理解与辨析。

[①] Brian H. Walker, Stephen R.Carpenter, Johan Rockstrom, et al.Drivers, "Slow" Variables, "Fast" Variables, Shocks, and Resilience[J].Ecology and Society, 2012, 17（3）：30.
[②] 希尔达·布兰科，玛丽娜·阿尔贝蒂.通过城市规划建构适应气候变化的能力[C]// 袁晓辉，王旭，译.顾朝林，谭纵波.城市与区域规划研究：低碳城市.北京：商务印书馆，2010：1-13.

一、对象：人工环境—自然环境系统

生态城市设计的对象是人工环境与自然环境组成的复合系统，是"人与自然对话的空间途径"[①]。理查德·瑞吉斯特在伯克利建立城市生态组织时也曾提出"重建城市与自然的平衡"的口号。依据前面的阐述，研究复杂系统的弹性需要了解系统在驱动因素下的自变量与因变量，研究人类与自然生态复杂系统的弹性需要将其放在社会—生态系统下考虑，研究生态城市空间复合系统的弹性则需要将其放在人工环境—自然环境系统中来考虑，这也包含城市空间的生态隐喻。

城市设计的工作对象是城市空间，狭义上的城市空间是指城市建成环境，广义上的城市空间更接近于城市环境，城市环境由人工环境与自然环境两部分构成。生态城市设计的对象应包括人工环境与自然环境，并且需要解决两者之间对立统一的问题与不平衡的状态，不能单一地将重点放在对自然环境的处理上。这是因为生态城市设计需要解决的现代城市问题之一便是人工环境的集聚性与自然环境的稀缺性，其表现在城市人口、建筑、能源与消费高度集中上，而与之相对的是自然植被、河流、阳光与土地的稀缺状态，在封闭的城市系统下很难实现真正的能量与物质循环。[②]

自然环境是指城市中的自然因素，而人工环境是人类依据自身的生产生活需求对自然环境改造后形成的，会随着时间不断演进。人工环境与自然环境相互联系与作用，自然环境为人类提供生存发展空间，而人工环境改造自然环境，自然环境支撑人工环境。[③]人工环境可以分为城市中供人类生产生活的建成环境与在建环境，自然环境包括城市中与城市周边的自然资源和地理环境。

柔性设计的对象是城市人工环境与自然环境整体以及两者之间的相互作用关系。传统城市设计关注的是人与城市空间的相互作用，柔性设计更加关注的是城市空间中人工环境与自然环境之间的相互联系，以及这种联系在面对压力与冲击时的适应能力。且基于弹性理念，社会环境、经济环境的涨落都是导致城市空间改变的因素，是对人工环境—自然环境系统的压力与冲击。柔性设计与传统城市设计工作对象的差异如图 3-3-1 所示：

[①] 林姚宇，陈国生.FRP 论结合生态的城市设计：概念、价值、方法和成果 [J]. 东南大学学报（自然科学版），2005（7）：207.
[②] 孙国强.循环经济的新范式：循环经济生态城市的理论与实践 [M]. 北京：清华大学出版社，2005：91–92.
[③] 鲁传一.资源与环境经济学 [M]. 北京：清华大学出版社，2004：1–2.

第三章 柔性设计的核心：弹性理念的理论与作用

传统城市设计：人 ↔ 城市空间

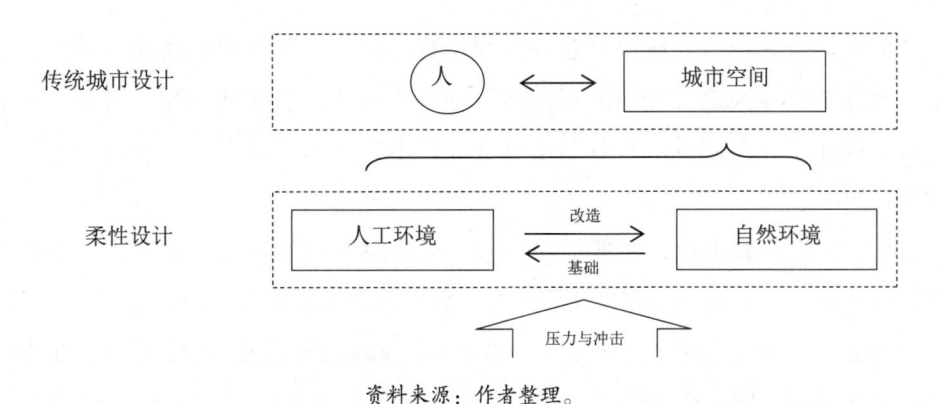

柔性设计：人工环境 ⇄（改造/基础）自然环境 ← 压力与冲击

资料来源：作者整理。
图 3-3-1 柔性设计与传统城市设计工作对象的差异

人工环境—自然环境系统与社会—生态系统相似。生态城市设计面对的是一个"复杂且不确定"的世界，经典机械化的世界观已逐渐表现出"力不从心"。人工环境—自然环境系统与社会—生态系统一样是复杂的自适应系统。生态城市既具有社会系统特征，也具有生态系统特征，是社会与生态系统的协调统一。在生态城市发展建设过程中，将人类生存和活动意愿叠加在城市空间上产生了人工环境，但自然环境是生态城市发展的基础（提供资源），因此人工环境和自然环境系统是对立统一的。人工环境和自然环境系统是社会—生态系统在城市空间上的映射。

基于弹性理论，通过自然环境变量与人工环境变量在驱动因素下的动态关系来表述生态城市设计复合系统的弹性，将自然环境作为自变量 x，人工环境作为因变量 y。

二、关系：弹性理论与生态城市设计相关理念的对应

（一）生态城市设计概述

首先，生态城市设计是生态理念在城市空间上的表征，具有科学性和艺术性。奥列格·亚尼茨基[①]（Oleg Yanitsky，1982）认为生态城市设计承载了科学与实践的联系，设计的主要功能包括：其一，设计是生态城市模型的空间表现；其二，设计的目的永远是达到一个明确的目标，一个具体的社会需求；其三，

---

① 辛华．俄语姓名译名手册[M]．北京：商务印书馆，1997：336，534．

迄今为止，设计是所有城市概念表征与诠释的主要代表方式；其四，城市设计是一种除了公众舆论之外不断对决策者施加影响的社会文化现象；其五，最根本的，设计是一门艺术。只有基于科学、艺术和技术的融合，才能基于理念构建生态城市。①

其次，生态城市设计不能简单地将人工环境与自然环境对立起来，需要突破时间的限制与功能空间的边界，将信息的流动纳入设计的范围，包括人工环境的信息输入对自然资源的消耗和人工环境的信息输出对自然环境的破坏。生态城市建设需要顺应城市中的信息流动（狭义上也包括能量流与物质流），这些信息可以是具象的，也可以是抽象的，如太阳能、河流水系、人口等，也包括文化的传播与交流、人的活动等。信息在各种形式的通道中流动，对城市空间产生影响与改变，如道路、生态廊道、社会活力等。② 比如，伯纳德·屈米（Bernard Tschumi）的多伦多唐士维公园方案"指状溪流与郊狼"表达了指状溪流与荒野情感的流动，文化与野生动物的交汇在景观廊道中渗透与传播。③

（二）生态城市的维度——多角度的认识与理解

生态城市的维度可以帮助我们更好地理解在城市系统中人工环境与自然环境的复杂联系。这种复杂联系是城市形态上的，也隐含了经济发展和社会公平的背景。

马世骏与王如松（1984）认为城市是社会—经济—自然（生态、环境）的复合生态系统。在经济效益的驱使下，自然与人类社会互为因果，互为补充。通过制定社会目标、经济目标和生态目标，可以使复合生态系统的综合效益最大化。用如下公式表示：

$$Max\{B(X,Y,Z),-R(X,Y,Z),O(X,Y,Z)\}$$
$$s.t. G(X,Y,Z) \leqslant 0$$

---

① Oleg Yanitsky.Towards an eco-city：problems of integrating knowledge with practice [J].International Social Science Journal，Vol.XXXIV，No.3，1982：476-477.
② 杨沛儒.从"台北生态城市规划"到"第三生态"命题及其设计方法 [J].建筑与城乡研究学报，2011（18）：1-18.
③ Michael Flynn.GSD 2241：Landscape Representation III，Representing Biotic Ephemera：Floral and Faunal Networks[R/OL].Harvard University，Graduate School of Design，2011，fall.http：//isites.harvard.edu/fs/docs/icb.topic939539.files/Week%208/111019_GSD%202241_PLANTING%20SYSTEMS%20LECTURE_MICHAEL%20FLYNN.pdf.

其中，X 为社会变量，Y 为经济变量，Z 为环境变量，约束条件集 G 受系统的本底条件和规划目标制约。[1]

马克·罗斯兰德（Mark Roseland，1997）通过对近几十年的生态城市活动与范例的调查，从生态学、社会学、政治学和伦理学等视角出发，总结了生态城市的维度，如适用性技术、社区经济发展计划、社会生态学、绿色行动、生物区域主义、可持续发展。适用性技术类似于中间技术，[2] 是与本地配置相容的技术（本地化），如主动或被动的太阳能使用、风力发电、屋顶绿化等，在这里，适用的技术还包含本地居民生产生活可以自给自足的意思；社区经济发展计划是自下而上的自组织，是指社区可以生成并开始自己解决自己的经济问题，从而建立长期的社会能力和促进一体化的经济、社会和环境目标；社会生态学认为社会关系是影响人与自然生态系统的全部要素，维持人与自然和谐的最基本社会单元是"生态社区"，城市可持续发展基于社区居民积极的合作与参与；绿色[3] 运动的原则是指社区的自力更生、生活质量的提高、与自然和谐相处、权力下放和多样化；生物区域主义是环境伦理学的概念，核心是地域观念，认为"居民需要认同自己生活在其间的环境，关心身边的环境问题"[4]，生物区域是"生命领土，是由生命形态、地形和生物群定义的区域"；可持续发展的定义为"既要满足当代人的需要，又不会对子孙后代满足其需要的能力构成危害的发展（布伦特兰委员会）"[5]。

黄光宇和陈勇（2002）提出生态城市整体规划设计方法基于社会、经济和自然要素与复合生态原则，包括城—乡空间、土地利用、生产与生活功能区、生态支持系统、市政设施和建筑及其环境等方面的生态整体设计。[6]

理查德·瑞吉斯特（2006）认为最重要的生态城市原则有：将城市当作生命系统去建设，基于三维的、整体的、复杂的模型，而不是扁平的、随机的及简化的千篇一律；改进城市功能以契合演化趋势，也就是城市的可持续发展；从土地

---

[1] 马世骏，王如松．社会—经济—自然复合生态系统 [J]．生态学报，1984（1）：2-4.
[2] 中间技术（intermediate technology）由英籍德国经济学家舒马赫提出，原因是成本低廉、简便以及可使用当地原料而适用于发展中国家的技术手段。（必应词典）
[3] 这里的绿色（Greens）指的是绿党，是以绿色政治为诉求的国际政党，绿党的"四大支柱"包括：生态保护、社会责任感、基层民主和非暴力主义。（Wikipedia）
[4] 爱蜜莉·贝克，麦可·李察森．生物区域主义 [EB/OL]．吴育璘，译．http://e-info.org.tw/column/ethics/2004/et04060701.htm.
[5] Mark Roseland.Dimensions of the eco-city[J].Cities, Volume 14, Issue 4, 1997（8）：198-201.
[6] 黄光宇，陈勇．生态城市理论与规划设计方法 [M]．北京：科学出版社，2002：82-148.

利用和基础设施开始遵循建设顺序；彻底转变交通出行的层次结构，步行优先；最大限度地减少对自然的间接伤害，提升生物多样性。①

林姚宇等（2008）将生态城市设计分解为自然生态导向、人工生态导向、环境舒适性导向和能源节约导向四个方面。他们认为这个四个方面具有由信息流动串联起来的内在逻辑，即自然环境影响城市形态和功能，进一步影响了人的感受与微观空间的舒适度，再进一步（人的行为）影响了资源与能源的利用与消耗。基于自然生态导向的生态城市设计强调了对自然环境变化的适应、保护与补偿；人工生态导向的生态城市设计包括城乡统筹、城市农业、紧凑城市、绿色出行及环境与社会均衡等方面；环境舒适性导向的生态城市设计重视系统响应与反馈的作用，主要是对城市物理环境（声、热、风等）的优化；能源节约导向的生态城市设计包括对建筑能耗和交通能耗两部分的优化与控制。②

杨沛儒（2011）认为从社会需求、生态效率和系统兼容三个导向出发，生态城市设计包括形式、物质、流动、尺度及时间五个维度，希望通过这些设计维度从大尺度的景观环境入手去引导城市改变。这些维度类似于设计策略：形式指的是人们对于空间形式的感觉，即可感知的视域范围内的空间与生态结合，城市空间的塑造要兼顾其背后的地形、径流和微气候；物质指的是生态城市的地表物质，物质应该是城市功能与自然生态的嵌合体，以保障生态系统循环；流动的模式是由形式和物质决定的，流动包括物质流动和能量流动等，生态城市设计应减少"几何形式的隔断"去顺应生态的流动；为了适应生态城市系统的复杂性与不确定性，生态城市的空间设计需要"穿透尺度"，既考虑政策等宏观的背景格局，也要联系微观空间使用者的感受；生态城市设计需要注意系统要素在时间轴向上的演化，如城市化的进程、生态环境的演替等，由时间产生的变化决定了生态城市稳定状态的走向。③

生态城市维度与原则的比较如表 3-3-1 所示：

---

① Richard Register.EcoCities：Rebuilding Cities in Balance with Nature（Revised edition）[M].Gabriola：New Society Publishers，2006：182–184.
② 林姚宇，陈旸，张昊哲."4E"模式：以生态健康为导向的城市设计策略与方法[M]// 生态文明视角下的城乡规划——2008 中国城市规划年会论文集.2008：1–8.
③ 杨沛儒.从"台北生态城市规划"到"第三生态"命题及其设计方法[J].台湾大学建筑与城乡研究学报，2011（18）：1–18.

表 3-3-1　生态城市维度与原则的比较

名称	出发点	内容	本质
社会—经济—自然复合生态系统	经济生态学	社会变量、经济变量、自然变量	系统条件制约下的综合效益最大化
马克·罗斯兰德的生态城市维度	生态学、社会学、政治学、伦理学等	应用性技术、社区经济发展计划、社会生态学、绿色运动、生物区域主义、可持续发展	重视生态城市设计与建设过程中的社会作用
生态城市整体规划设计	城市规划理论	城—乡空间、土地利用、生产与生活功能区、生态支持系统、市政设施、建筑及其环境	将空间、功能、时间、地域和部门有关要素结合成整体来考虑
理查德·瑞吉斯特的生态城市原则	城市重建	将城市视为生命系统、可持续发展、土地利用和基础设施建设先行、步行优先、提升物种多样性	重建城市与自然的平衡
生态城市设计的"4E"模式	生态健康导向的城市设计	自然生态导向、人工生态导向、环境舒适性导向、能源节约导向	人工环境与自然环境的和谐高效
"第三生态"的五个设计维度	景观生态学	形式、物质、流动、尺度、时间	城市空间结构中的生态价值观的渗入

资料来源：作者整理。

（三）弹性理论与生态城市设计的本质联系——自组织与适应性循环

通过上面的归纳整理，可以得出生态城市与生态城市设计的四个方面本质要素：一是生态城市设计的首要任务是在区域背景下，维持城市中经济、社会与自然子系统的可持续（这里的可持续是指良性的循环发展）。二是生态城市要实现人工环境与自然环境的互补相容，生态城市设计是建立起这种平衡秩序的方法手段。三是经济、社会与自然条件是改变城市空间结构的重要因素，也是影响人工环境与自然环境平衡的主要驱动力。四是生态城市具有时间维度（与绿色建筑建成即可评价、即可使用的特点有所不同），城市是持续发展的，生态城市中人工要素与自然要素的积累应该是趋于平衡的。

显然，生态城市的发展机制是基于这种人工环境与自然环境的动态联系而成立的。也就是人工环境对自然环境的改造与自然环境对人工环境的支持推动了生态城市在时间轴向上的演进，这种内部要素的竞争与协同促进了生态城市的可持续发展。同时，生态城市的人工环境—自然环境系统具有复杂自适应系统的特性，需要平衡人工与自然要素的多样性、系统驱动因素的不确定性以及人工环境与自然环境主体之间的信息流动等方面。

弹性理论本质上是研究维持系统可持续的方法，是维持系统自组织与适应性能力的手段。因此，通过弹性理念中的适应性循环周期理论，可以维持生态城市系统在一个适宜的空间和时间范围内的平衡，应对系统内部人工与自然资本持续缓慢积累时经济、社会或自然因素遭受的压力与冲击问题。生态城市系统内部是人工要素和自然要素相互联系的自组织，外部是经济、社会、自然等驱动因素产生的适应性循环。

例如，阿姆斯特丹的阿尔梅勒2.0（Almere 2.0）方案有别于传统城市规划的发展目标与蓝图制定，刚性（缺乏弹性）的城市结构存在限制，无法适应城市发展的复杂性，无法描述城市发展的不确定性。因此，阿尔梅勒2.0方案通过一个灵活的发展框架来回应上述问题。阿尔梅勒2.0体现了"自发城市"的思想，是一种自下而上由人的选择产生的社会结构、城市空间结构和城市发展方向。在这种城市发展策略中，按照自组织原理（自组织系统内部要素通过竞争和筛选行为产生数种发展的可能趋势，最终只有在外部条件控制下使系统进入稳定状态），并给出城市地块的一系列不同的参数，如面积、大小和形状等，在这数种可能的发展状态中（由大部分居民）选择适宜的发展内容。根据选择的结果，规划内容自我更新，在上一层级规划制定的基本人口、主干道路、基础设施等城市限制和规则下，慢慢产生次级道路、居住区等结构。[①]需要注意的是，这个案例只是城市设计适应城市复杂性与不确定性的一个策略（在现实城市中不可能存在纯粹的自下而上的设计），是在既有城市框架和经济、社会与自然条件限制下的城市街区组织方式的有益尝试。

---

① 唐康硕.自发城市[J].城市建筑，2014（1）：29-30.

（四）弹性理论与生态城市设计的要素关联——生态城市的人工环境和自然环境要素

在城市生态系统中，自然环境是人工环境的基础，人工环境与自然环境具有"因果关系"（参见第三章第三节）。弹性理论可以描述这种具有自变量和因变量的因果关系，生态城市设计则是在这种理论指导下产生的技术与方法。

在城市中，人工环境包含自然成分，公园绿地与街边行道树成为城市中（人们破坏自然环境、创造人工环境中）仅存的自然环境。从这个角度来看，在更广阔的范围（生物圈）内可以同样认为是自然环境中包含人工成分。人类具有适应环境的能力，所以从严酷的自然环境中创造了人工环境，但随着科技的发展，人工环境也逐渐对人的生理和心理造成损害。这种损害虽然是潜移默化的，但具有适应环境能力的人类终究会发现，人工环境与自然环境的平衡才是未来环境的创造方向。[1] "适应"是弹性要素，人的行为和心理对环境的适应，也可以看作一种物理环境和心理环境的弹性表达。

（五）弹性理论与生态城市设计的特性对应——几何弹性的关联

"弹性"是物质结构上的特性，弹性理念中的特性可以对应到自然界中的几何弹性。这些几何弹性正是生态自然系统中普遍存在的适应性的来源，如热带雨林、草原以及动植物的形态等。正如物体的弹性来源于其自身分子结构的特性，生态城市系统的弹性是由其理解与实践的结构产生的。"我们生活在一个难以预见的时代，城市规划是公共领域中知识与行动的联系。[2]" 一个更具弹性的人类未来（城市系统、自然系统），需要新技术准确地结合这些弹性结构的特性。[3]

生态系统（自然界）充满复杂的相互作用，弹性理念在生态系统中具有如下特性：网络结构、冗余和多样性、跨尺度分布、自适应和自组织能力。对应的，延伸到城市系统，可以得出有弹性的城市的特性如下：将途径和关系相互连接成网络，而不是整齐的割裂；不同的人做不同的事，具有多样性和冗余性的活动、目标和群体；城市结构尺度分布广泛，并且多样化、网络化，从大的区域到

---

[1] 相马一郎，佐古顺彦．环境心理学[M]．周畅，李曼曼，译．北京：中国建筑工业出版社，1976：1-6．
[2] 约翰·弗里德曼著；易晓峰译．走向非欧几里得规划模型[C]// 顾朝林，谭纵波．城市与区域规划研究：低碳城市．北京：商务印书馆，2010：174-175．
[3] Michael Mehaffy, Nikos Salingaros.Toward Resilient Architectures 4：The Geometry of Resilience[EB/OL]. http：//www.metropolismag.com/Point-of-View/August-2013/Toward-Resilient-Architectures-4-The-Geometry-of-Resilience/，Metropolis．

小的城市"细枝末节",以便在城市发生变化时能够积极适应,发生改变的"地方"易于修复,而不是因为一处变化就影响到整个系统;城市和其组成部分可以适应并响应空间和时间尺度的改变等。① 在几何特性上,网络结构是因为分化的连通产生的分层结构,这些结构发展出大量冗余交叉的关系;冗余和多样性是由在结构上的小尺度适应性改变而逐步发展产生的;跨尺度分布也可以看作"几何分形",是跨尺度分布的自相似的形式;自组织的过程需要具有不同边界的空间相互作用等。② 这些几何特性广泛出现在自然生态系统中,使其具有一定的包容性和适应能力,也是有弹性的城市需要具备的特性。

三、驱动:影响生态城市空间形态演变的冲击与压力

"适应"是生态城市空间形式演变的驱动力来源,弹性是生态城市系统"固有"特性。站在城市发展的历史角度,城市是可以演变的综合体。这种演变是"适应性出现效应",通过组成部分的相互作用(几何分形),依据外部环境条件做出改变。这种演变与自然生态有所不同,它是可以"被设计"的,从而更好地适应外部环境的改变。③ 演变的驱动来源是这种适应性。"策略"的选择也是一种适应性,是对实现城市演变既定目标途径的适应。影响城市(空间结构)演变的因素有很多,包括经济因素、社会因素、技术因素、政策因素等。④ 本节将影响生态城市空间形态演变的冲击与压力归纳为:整体因素、环境驱动、经济驱动和社会驱动。

案例研究。构建生态城市的弹性是为了更好地使城市"适应"当前问题,让城市得以可持续发展,需要考虑有哪些因素可以"驱动"城市演变。

斯德哥尔摩弹性中心应用弹性思维构建的社会—生态系统弹性,以地球界限为弹性系统的阈值,目的是适应地球界限,以及如何应对已经被突破的界限,主要领域是地球科学。地球界限是2009年由28名国际知名科学家确定和量化的地

---

① Michael Mehaffy, Nikos A.Salingaros.Toward Resilient Architectures 1: Biology Lessons[EB/OL].http://www.metropolismag.com/Point-of-View/March-2013/Toward-Resilient-Architectures-1-Biology-Lessons/, Metropolis.
② Michael Mehaffy, Nikos Salingaros.Toward Resilient Architectures 4: The Geometry of Resilience[EB/OL]. http://www.metropolismag.com/Point-of-View/August-2013/Toward-Resilient-Architectures-4-The-Geometry-of-Resilience/, Metropolis.
③ 斯蒂芬·马歇尔.城市·设计与演变[M].陈燕秋,胡静,孙旭东,译.北京:中国建筑工业出版社,2014:282-283.
④ 周春山.城市空间结构与形态[M].北京:科学出版社,2007:245-250.

球环境可持续发展的 9 个界限指标。[①] 地球界限包括：气候变化、生物圈完整性的变化（如丧失生物多样性）、臭氧损耗、海洋酸化、生物化学循环（如氮和磷的循环）、土地利用的变化（如对农田和林地的破坏）、淡水使用、大气气溶胶载荷和异常实体的引入（如有机污染、放射性材料、纳米材料等）。到 2015 年人类活动已经越过四个地球界限的阈值，分别是气候变化、生物圈完整性的变化、土地利用的变化以及生物化学循环。[②] 需要理解的是，地球界限作为弹性系统的阈值，并不是为了限制人类社会的发展，而是为发展提供了一个安全的操作范围，在弹性理念下，它只是人类社会需要去适应的状态。

奥雅纳构建的城市弹性框架的目的是减少城市灾害风险和应对气候变化，强调市民在遭受压力和冲击时仍能正常生存和发展。这些压力和冲击包括：食物、水和能源的安全、气候变化、疾病传染、经济波动、城市化和社会动荡。[③]

我国城市正处在转型期，城市发展面临的问题、压力与冲击也有相应的特点（与国外注重降低犯罪率、种族平等方面有些差异），生态城市是我国建设资源节约型社会和生态文明的具体体现。在生态城市整体可持续发展的目标下，城市空间形态的压力与冲击如下。

（一）整体因素

1. 城市化压力——城市问题的根源

斯德哥尔摩弹性中心认为城市面临的人类活动所带来的最大挑战是城市化，[④] 奥雅纳提出的城市弹性框架也提到了应对城市化的压力与冲击。我国目前经历的快速城市化（城镇化）几乎是一切城市问题的根源。城市系统具有"密度悖论"，一般认为适当的城市高密度集中，可以增加基础设施的覆盖与交通的可达性，这也是瑞吉斯特等的生态城市主张。但过高的城市密度如果没有相应的技术支持，处理不当，就会导致城市新陈代谢的拥堵，密集的机动车影响了空气质量，废弃

[①] Stockholm Resilience Centre.Planetary boundaries research[EB/OL].http：//www.stockholmresilience.org/21/research/research-programmes/planetary-boundaries.html.
[②] Stockholm Resilience Centre.Planetary Boundaries 2.0 - new and improved[EB/OL].http：//www.stockholmresilience.org/21/research/research-news/1-15-2015-planetary-boundaries-2.0---new-and-improved.html.
[③] Arup.City Resilience Framework[EB/OL].http：//publications.arup.com/Publications/C/City_Resilience_Framework.aspx.
[④] Stockholm Resilience Centre.What is resilience?[EB/OL].http：//www.stockholmresilience.org/21/research/research-news/2-19-2015-what-is-resilience.html.

物的堆放导致土地荒废（产生棕地）等。①

在新的全球经济背景下，这种在时间与空间上高度"压缩"的城市化将会给城市带来更多的压力与冲击，如环境、经济、资源等。随着我国城市化进程的发展，城市碳排放和资源需求也会越来越大，生态城市建设也是从城市规划与设计角度的应对措施，但是也面临能源结构、产业转型、技术落后、生活方式、制度创新等方面的压力。②

城市化加速，导致城市圈层结构的产生，城市中心密度越来越大，城市边缘无限蔓延。过度的集中与庞大的规模使城市产生更多的问题，在遭受灾害时面临的风险也更大。但是，这为生态城市提供了"动力"，一方面，城市需要适应这些环境的改变；另一方面，需要平衡城市发展与自然资源之间的关系③，也是新城建设（疏解人口）的动力来源。"城市化地区依然受到自然的影响和约束。"④

美国绿色建筑协会基于精明增长和新城市主义，指出可持续的城市化是"整合高性能建筑和基础设施，适于步行和公共交通的城市化模式"。空间要素包括社区、片区和廊道，并且具有紧凑、宜人和功能混合的特性。⑤

2. 节能减排压力——应对气候变化和实现国际承诺

在 2015 年的巴黎气候大会上，我国承诺将尽早实现 2030 年前后二氧化碳排放峰值的目标（参见第一章第一节）。由城市化带来的城市空间结构变化和土地使用方式的改变，增加了城市的碳排放，加剧了城市环境恶化。城市化过程是影响气候变化的最重要因素，城市集中了人口、建筑、工业、交通等要素，高能耗带来了高碳排放。为了应对节能减排的目标，建设低碳城市，改变城市产业结构和发展模式，促进低碳经济，需要从城市规划与设计角度寻找解决问题的方法策略。根据低碳城市的相关研究，城市的人口增长会导致更大的碳排放压力，高密度的城市土地利用和可再生能源的使用（改变居民生活方式）可以有效地降低碳

---

① Rodney R.White. 生态城市的规划与建设 [M]. 沈清基，吴斐琼，译. 上海：同济大学出版社，2009：27.
② 张京祥，陈浩. 中国的"压缩"城市化环境与规划应对 [J]. 城市规划学刊，2010（6）：11-19.
③ Rodney R.White. 生态城市的规划与建设 [M]. 沈清基，吴斐琼，译. 上海：同济大学出版社，2009：4.
④ 乔纳森·巴奈特. 重新设计城市：原理·实践·实施 [M]. 叶齐茂，倪晓晖，译. 北京：中国建筑工业出版社，2013：70.
⑤ 道格拉斯·法尔. 可持续城市化：城市设计结合自然 [M]. 黄靖，徐燊，译. 北京：中国建筑工业出版社，2013：42.

排放。① 发展低碳城市是从城市角度应对节能减排的重要措施，针对城市建筑、交通及工业生产三个主要的碳排放来源构建实行低碳发展模式对策。②

3. 自然灾害冲击——必然的不确定因素

城市由于具有空间集中、人口密集、经济多样和社会活动广泛的特点，所以在遭受自然灾害时会造成不可估量的巨大损失。一般来说，城市自然灾害是指以城市为承灾体，由自然因素造成的，给人类生命、财产以及生存环境带来破坏性损害的现象或过程。常见的自然灾害包括地震、洪水、干旱、暴雨、台风、泥石流、沙尘暴等。自然灾害具有必然性、随机性、不规则周期性、突发性、渐变性、链发性和群发性等特征。城市在应对灾害时应该具有完整的应急关系机制。③

城市防灾工程系统规划是城市重要的防灾措施之一，通过确定城市各项防灾标准、防灾设施的规模等级及其布局、防灾管理对策等，使城市在遭受自然灾害时优先保障人的生命与财产安全。也有学者认为城市自然灾害包含自然性与社会性，需要将防灾减灾的原理与城市空间环境相结合进行城市设计。④

（二）环境驱动

1. 空气与水的质量压力——城市环境质量亟待解决的问题

我国城市普遍面临空气与水的质量压力，这主要是指空气与水的污染问题。城市环境污染包含两种含义：一是人类在城市中的生产与生活产生了过多的对环境有害的污染物，二是这些污染物超出了环境的自净能力。从经济学的角度来说，城市环境污染是由生产与消费的"外部不经济"造成的。⑤

城市对环境污染从规划角度采取的对策主要是城市环境保护规划，包括城市大气污染综合治理、城市水体污染综合治理等，措施一般包括调查城市容量和主要污染源、提出减少污染排放的技术手段等。城市环境保护研究需要理清环境质量发展变化现状及趋势，同时进行环境质量评价。环境保护最根本的目的是要恢复环境的自净能力。⑥

---

① 顾朝林，谭纵波，刘宛，等. 气候变化、碳排放与低碳城市规划研究进展 [J]. 城市规划学刊，2009（3）：38-45.
② 陈飞，诸大建. 低碳城市研究的内涵、模型与目标策略确定 [J]. 城市规划学刊，2009（4）：8-12.
③ 刘承水. 城市灾害应急管理 [M]. 北京：中国建筑工业出版社，2010：1-18.
④ 谷溢. 防灾型城市设计——城市设计的防灾化发展方向 [D]. 天津：天津大学，2006.
⑤ 谢文蕙，邓卫. 城市经济学 [M]. 北京：清华大学出版社，1996：351.
⑥ 林亚真，董黎明，周一星. 城市环境与规划 [M]. 北京：中国建筑工业出版社，1981：198-222.

2. 城市新陈代谢压力——可持续的城市物质循环

城市新陈代谢是研究城市生态系统平衡与可持续的重要课题，其定义是"发生在城市中的由于增长、生产能源和处理废弃物所产生的技术和社会经济进程的总和"[1]。城市新陈代谢关注的是物质在城市与自然界中的循环与流动，[2] 这里主要指废弃物。

城市新陈代谢由于包含能源效率、物质循环、废弃物管理及城市基础设施建设的相关信息，所以可以作为一项科学的、具有代表性的、良好的城市可持续发展指标；在城市温室气体核算方面，无论是城市边界内部产生的，还是外部进入的，都需要通过城市新陈代谢中的能源消耗、物质流和废弃物来计算；城市新陈代谢中的存量与流量可以与经济投入产出模型联动，模拟未来城市技术干预或政策的结果。在城市设计方面，滋养和恢复、清洁、居住和工作、交通和通讯这四类主要的城市活动需要通过城市新陈代谢的主要物质（水、食物、建筑材料和能源）来进行。追踪能源和材料的流向，对城市设计中实现减少环境冲击的目标有所帮助。比如，奥雅纳用于城市总体规划设计的综合资源模型（Integrated Resource Modelling，简称IRM），其本质是一个城市新陈代谢模型，用来评价不同策略下的城市建成环境可持续性表现。[3]

3. 开放空间与环境心理的需求压力——公共空间舒适度与增加城市活力的需要

从城市设计的角度来看，城市归根结底是人的城市，所谓"设计必须为人"[4]，人在城市空间中的活动大部分是公共活动，这就需要适宜的公共空间。但我国城市在快速城市化的压力下，用地结构发生改变，城市建设用地的扩张以及地块的封闭围合，使得城市公共开放空间仅剩下大型公园、体育或文化广场以及开放的高校校园等，很难满足市民的基本休憩需求。一般认为，发生在公共开放空间的公共活动分为必要性活动、自发性活动和社会性活动。当缺少开放空间或者在空间质量不好的情况下，在城市交往过程中就几乎只会发生必要性活动，没有自发

---

[1] C.Kennedy, S.Pincetl, P.Bunje.The study of urban metabolism and its applications to urban planning and design[J].Environmental Pollution, 2010, 159（8-9）：1965-1973.
[2] Rodney R.White. 生态城市的规划与建设 [M]. 沈清基，吴斐琼，译. 上海：同济大学出版社，2009：12.
[3] 同[1].
[4] 阿尔伯特·J.拉特利奇. 大众行为与公园设计 [M]. 王求是，高峰，译. 北京：中国建筑工业出版社，1990：7.

性或社会性活动，城市空间就会冷清、缺少活力。① 对于城市开放空间而言，空间质量（舒适度）与基本需求的满足同样重要。

4. 城市用地压力——控制城市蔓延，节约土地资源

城市化导致城市用地增长，在有限的土地资源下（土地的稀缺性），城市建设用地的扩张又导致生态用地的减少。这一方面使城市空间无序蔓延，破坏原有的城乡关系，产生大量城市边缘区，另一方面侵占原有农田、湿地等自然生态用地，破坏了城乡之间的生态缓冲带与自然景观。城市用地扩张与人口增长也直接导致城市环境污染的加剧。城市比乡村有着更好的生活环境和发展空间，需要更好地利用土地资源，以减轻对乡村的压力，保护城市周边自然生态环境，② 促进新陈代谢。蔓延式的城市用地发展，使城市产生更多的物质输出，如雨水、尾气、生活垃圾等，给整个生态系统带来更大负担。③

在建设生态文明和新型城镇化道路的理念下，我国在建筑的建设和使用过程中推广"四节一环保"的绿色建筑发展理念，其中就包括"节约土地使用"这一项。

我们也应当考虑城市土地与交通的关系，城市效率并非是依靠机动车的增长而提升的，而是需要紧凑合理的土地功能布局和方便快捷的公共交通。

（三）经济驱动

城市的特征之一就是聚集了多种多样的经济活动，④ 经济活动会对城市空间发展产生影响。⑤ 欧洲各国签署的《奥尔堡宪章》⑥ 认识到城市经济发展已经受限于空气、水、土地和森林等自然资源。⑦

1. 区域经济平衡压力——调整产业结构，吸引人口就业

城市产业结构一般指城市中各个产业部门的比例。⑧ 由于生态城市（特别是

---

① 扬·盖尔.交往与空间（第4版）[M].何人可，译.北京：中国建筑工业出版社，2002：2-6.
② 迈克·詹克斯，伊丽莎白·伯顿，凯蒂·威廉姆斯.紧缩城市——一种可持续发展的城市形态[M].周玉鹏，龙洋，楚先锋，译.北京：中国建筑工业出版社，2004：311-312.
③ 乔纳森·巴奈特.重新设计城市：原理·实践·实施[M].叶齐茂，倪晓晖，译.北京：中国建筑工业出版社，2013：64.
④ K.J.巴顿.城市经济学：理论和政策[M].上海社会科学院部门经济研究所城市经济研究室，译.北京：商务印书馆，1986.
⑤ 段进.城市空间发展论（第2版）[M].南京：江苏科学技术出版社，2006：67-73.
⑥ 《奥尔堡宪章》（*Aalborg Charter*）也称为《面向可持续发展的欧洲城镇宪章》（*The Charter of European Sustainable Cities and Towns Towards Sustainability*）。
⑦ Rodney R.White.生态城市的规划与建设[M].沈清基，吴斐琼，译.上海：同济大学出版社，2009：201.
⑧ 赵民，陶小马"城市发展和城市规划的经济学原理"[M].北京：高等教育出版社，2001：210.

新建生态城市）需要与区域一体化发展才能获得更好的收益，因此需要兼顾平衡区域的产业结构，同时需要兼顾城乡发展。城市区域具有开放性，这种开放性造成了区域内商品、服务的"高度流通"，人口也会随之转移。①据不完全统计，我国生态城市主要为新建生态城市（或称为新城型生态城市），这种选择除去政策因素，显然是由于地价驱使。人口（主要是劳动力人口）总会向工资率较高的城市或地区流动，而新建生态城市若想得到良好的发展，就需要大量的人口迁入。按照赖利（Reilly，1929）的"劳动力运动重力模型"，两城市或地区间的人口流动与收入水平成正比，与两者兼得距离成反比。这个模型也可以改进为机会模型，因为较多的工作机会（特别是对于具有新兴产业的生态新城）也有可能驱使人口流动。②

经济活动是无法束缚在一个行政边界内的，科学技术的进步和网络经济的普及也会为传统的城市区域经济带来改变。③也许在未来，地理位置不再是影响就业和劳动力分布的主要因素。

2. 建设成本压力——建设生态城市的成本与收益平衡

第一，生态城市的建设需要分析成本效益。城市的发展需要很大数量的"公共支出"，这些城市社会的物质利益需要通过经济技术核算，才能保证政府的收益——社会总收益大于社会总成本。由于城市规划与设计的广泛性，因此需要考虑各个部门的经济利益平衡，其中社会成本和效益尤为重要（如不能只注重单纯的经济收益，否则会造成社会风气败坏、环境破坏、城市拥挤等问题）。成本效益分析的工作内容就是把一些社会、环境因素赋予货币价值，以衡量成本与收益的平衡。④

第二，在城市经济学中，关于减少环境污染的策略研究，探讨对企业征收污染费与制定环境标准究竟哪种策略会产生更好的结果。一方面，对企业征收污染费，那么当污染程度下降到某种程度后，再继续征收会增加企业成本，降低产量；

---

① 丹尼斯·迪帕斯奎尔，威廉·C.惠顿.城市经济学与房地产市场[M].龙奋杰，译.北京：经济科学出版社，2002：154-155.
② K.J. 巴顿.城市经济学：理论和政策[M].上海社会科学院部门经济研究所城市经济研究室，译.北京：商务印书馆，1986.
③ 彼得·卡尔索普，威廉·富尔顿.区域城市：终结蔓延的规划[M].叶齐茂，倪晓晖，译.北京：中国建筑工业出版社，2007：3-6.
④ 同②.

另一方面，如果制订环境标准，那么企业对于有害环境的生产活动将全部停止，也会损害企业利益。在这种情况下，需要企业更新生产工艺或者根据不同的城市本底条件来进行选择。① 这也符合本书所探讨的弹性理念，也就是城市环境保护和可持续发展并不需要通过强制的手段损害城市正常发展，而是根据城市条件设定可行的阈值，使城市在一定的区间内进行自我调整与适应。

3. 住房价格冲击——住房的供给与需求平衡

城市不但是城市功能和经济中心，更是人口和居住的集中地。随着我国经济的发展，人们对于住房的需求日益增长，这些需求不仅限于房屋的数量，也包括居住环境、房价和房屋质量等。住房作为商品，具有耐久性，受益时间长，其价格取决于供需平衡。住房的供给由于住房的多种因素（建筑类型、面积、位置、所有成分等），存在多个相互关联的次级市场，并且具有难以在短期内增加供应量的特性。住房的需求受人口结构、家庭规模等影响，同时自购与投资的比例会给房价带来较大影响。城市更新和住房政策也是影响城市住房价格的因素。②

（四）社会驱动

可持续发展不仅涉及自然环境，也包括经济和社会资源。③

1. 人口教育程度与素质的压力——生活方式的转变

城市，特别是城市空间，其主要要素是"人"。人在城市中的主要活动包括生产与生活，生态城市需要以绿色生活方式为主导。个人与社会是相互联系、不可分割的关系，个人的行为与生活习惯受到社会意识的影响。④

城市人口素质的提高是城市社会文化建设的重要内容，是城市文化的载体。人口素质一般包括城市居民的教育水平、审美水平、思维方式、价值观及生活方式等。⑤ 生活方式可以看作物质生活本身，一般指在城市文化和自身需求下，获取物质和精神资源的活动方式。⑥ 生活方式受环境、经济和社会因素影响，同时反作用于环境、经济和社会。

---

① K.J. 巴顿. 城市经济学：理论和政策 [M]. 上海社会科学院部门经济研究所城市经济研究室，译. 北京：商务印书馆，1986.
② 同①.
③ 奥利弗·吉勒姆. 无边的城市——论战城市蔓延 [M]. 叶齐茂，倪晓晖，译. 北京：中国建筑工业出版社，2007：130.
④ 查尔斯·霍顿·库利. 人类本性与社会秩序 [M]. 包凡一，王湲，译. 北京：华夏出版社，1999：22.
⑤ 向德平. 城市社会学 [M]. 北京：高等教育出版社，2005.
⑥ 同⑤.

此外，在我国快速城市化时期，缓解城乡生活方式的冲突也是城市空间转变的驱动因素。

2. 出行方式的冲击——公共交通与绿色出行

我国经济的快速增长给城市空间和基础设施带来的冲击主要来自私家车数量的增加。为了减少城市拥堵和尾气排放，以及过多的停车场占用城市公共空间等问题，一方面，生态城市应该积极提倡以公共交通为主的出行方式。但值得注意的是，公共交通的目的是满足市民快速便捷的出行需要，满足居住、工作和休憩地点的可达性，这需要构建良好的绿色出行体系，完善步行和自行车出行体系；另一方面，需要提升公共交通的服务水平和线路制定水平，增强城市居民选择公共交通出行的意愿。

3. 城市文化冲击——地域化城市特色

芝加哥学派认为城市植根于社会之中，会受到道德影响，并非简单的物质构筑物，而是有其自身的文化。[①]城市文化包含两层含义，一是在城市范围内创造的物质和精神产物，二是城市内居民的意识、观念、思维方式、行为模式及生活方式所反映出的现象。[②]因此，城市文化具有地域性，而且会随着城市周围环境（社会和自然）的改变而变化。

城市本地化设计反映了城市的文化与自然特征，回应了本地社会与经济发展需要。本地化设计并不同于本土化，本书强调的是在全球化的文化冲击下，生态城市的风貌和空间形态需要反映现阶段的城市文化与自然特征，重视的是自身特色的营造和对气候、地理、人文等条件的尊重，并不是单纯地回归中国城市传统理念。

城市化是城市问题的根源，每个城市问题都不是孤立存在的。比如，城市蔓延侵占周边乡村与农田，影响了城市新陈代谢；粗放的土地利用方式，消除了城市交往与公共空间，影响城市活力，城市活力又是城市文化形成和生活方式转变的基础；新建生态城市与城市中心区之间的人口流动，影响了住房的供给与需求，也需要公共交通与绿色出行的支持；等等。

综上所述，影响生态城市空间形态的压力与冲击之间相互联系，如图3-3-2所示：

---

① R.E.帕克,E.N.伯吉斯,R.D.麦肯齐.城市社会学——芝加哥学派城市研究[M].宋俊岭,郑也夫,译.北京：商务印书馆，2012：4.
② 向德平.城市社会学[M].北京：高等教育出版社，2005：182.

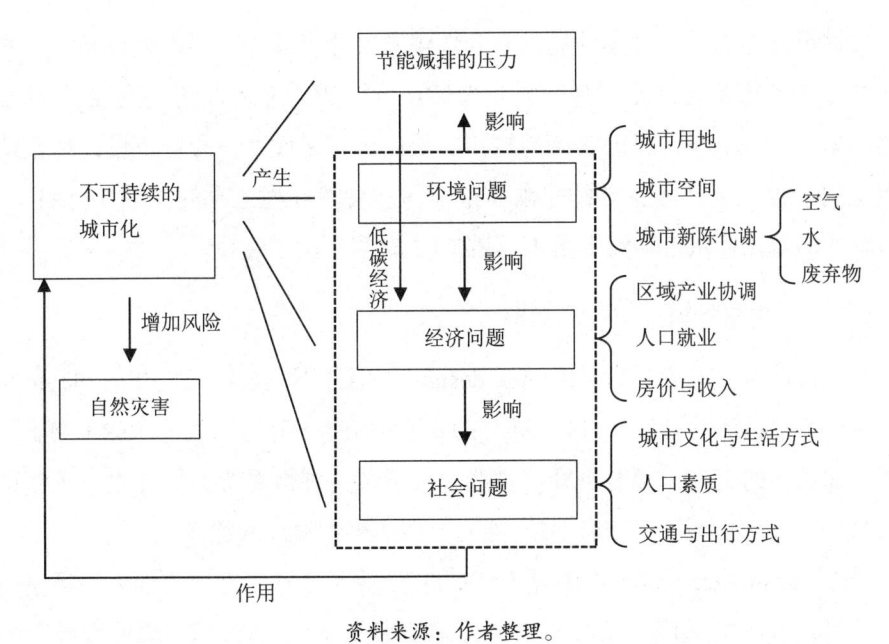

资料来源：作者整理。
图 3-3-2　影响生态城市空间形态的压力与冲击之间的关系

四、理解：柔性设计的概念

（一）柔性设计的概念与理解

柔性设计作为本书的主题，是一种精简的表达方式，其概念为：应用弹性理念，以城市可持续发展为目标的生态城市设计。柔性设计是弹性理念要素在城市设计要素上的对应。部分阐述参见第一章第三节中"柔性设计"。

在生态城市空间形态设计中，柔性设计积极结合了弹性理念，以期在生态城市的建设和发展过程中应对（并适应）不确定性因素（风险）。

柔性设计的重点是：相对于"硬性设计"消除城市发展中风险与威胁的方法手段，柔性设计不但需要消除风险与威胁，还需要使城市能够适应由风险带来的影响。

柔性设计考虑的是生态城市状态的转变，从不健康的城市跨越到生态城市，从生态城市保持状态不跌落至绿色住宅区（生态城市发展的阶段性参见第二章第二节），以及这些状态有着怎样的城市空间形态对应。虽然目前没有完全建成的（广泛认可的）生态城市作为案例样本，但至少可以确定生态城市状态转变的临界点。

柔性设计继承了一种集约化的整合性城市设计[①]观念。柔性设计是基于弹性理念的生态城市设计策略，弹性是生态城市设计的"桥梁"，连接了人工环境与自然环境的动态过程，目的是维持城市发展的可持续性。一种城市设计理论认为城市空间分为人工环境主导的"硬质空间"和自然环境主导的"柔质空间"，柔性与硬性的对比在城市功能上是不可或缺的。[②]

（二）关于柔性设计的几点说明

柔性设计对应的英文为"flexible design"，但并不完全同义。"flexible design"可以直译为"灵活性设计"，这个概念在克里斯托弗·亚历山大（1989）与若泽·贝朗（2012）的著作中都有解释与说明。灵活性是弹性系统的特性之一（参见第三章第二节），因此灵活性设计并不能完全表达柔性设计的意义。

弹性（resilience）也可以翻译为"韧性"。为了表达生态城市的人工环境—自然环境系统具有能适应冲击与压力的"柔韧度"，故本书采用"柔性设计"的概念表达。

"柔性"包含两方面含义，一是方法上的，指应用新的技术与方法设计生态城市，是非直接的城市空间形态的表现，而是确定阈值、变量和弹性能力的表征；二是目的上的，指城市设计目标是恢复生态城市的弹性，创建空间结构上的可持续性。

五、辨析：柔性设计、适应性城市设计与弹性城市的区别与联系

（一）柔性设计与适应性城市设计

相对于弹性理念下的城市设计，适应性城市设计是一种"故障安全"的城市设计，是通过生态相关知识进行研究的探索与创新的设计方法，目的是降低城市项目实践的风险。[③]可以认为适应性城市设计是在生态和弹性理念下，针对城市（环境）系统的具有适应性特性的城市设计。

---

① 陈天.城市设计的整合性思维[D].天津：天津大学，2007：23-24.
② 罗杰·特兰西克.寻找失落的空间——城市设计的理论[M].朱子瑜，张播，鹿勤，等译.北京：中国建筑工业出版社，2008：61，86.
③ Jack Aherna, Sarel Cilliersb, Jari Niemeläc.The concept of ecosystem services in adaptive urban planning and design: A framework for supporting innovation[J].Landscape and Urban Planning, Volume 125, 2014（5）：255.

也有学者从环境心理学的角度解读适应性城市设计，认为适应性城市设计关系着以人及人与环境关系的城市空间和环境品质，以环境心理和人的行为为出发点，整合生活方式与场所，协调城市社会、经济关系，使城市空间与环境更加适合人的生存与发展的设计理念。[1]

总之，适应性是弹性理念的特征之一，适应性城市设计是用城市规划与设计的方法应对气候、地理、社会、环境心理等条件的变化，使城市空间更加生态与可持续，更加适宜人的生存与发展。

相对于适应性城市设计，在本书中，柔性设计的对象是生态城市，适应性是弹性系统的能力表征之一。

（二）弹性理念下的生态城市与弹性城市

弹性城市是在任何冲击和压力下，城市都能有准备地吸收和恢复，同时保持其基本功能、结构和特征，以及适应和积极地面对不断变化的环境（ICLEI，2015）。弹性城市需要通过基础的、长远的以及包容性的战略来降低城市在灾害风险中的脆弱性，同时在可持续发展目标下提升适应性能力。[2] 弹性城市理论的综述参见第一章第四节。

柔性设计的目的是构建生态城市的弹性，而弹性是生态城市的基本特性之一。弹性城市是独立的概念，与弹性理念下的生态城市不同，弹性城市更具问题导向性，偏重于城市对自然灾害风险的应对和气候变化的适应。

第四节　本章小结

本章阐述了本书的理论核心——弹性理念，以及提出了主题概念——柔性设计。本书认为弹性理念是理解和解决生态城市在建设发展过程中遇到的问题与矛盾的关键理论。解决城市发展与自然生态保护的矛盾，就需要城市具有包容性与适应性。

弹性理念。弹性理念在不同的学科专业中都有广泛的应用，这也为本书探

---

[1] 陈纪凯. 适应性城市设计：一种实效的城市设计理论及应用[M]. 北京：中国建筑工业出版社，2004：38.
[2] Evgenia Mitroliou, Laura Kavanaugh.Resilient Cities Report 2015: Global developments in urban adaptation and resilience[R].Resilient Cities 2015 Congress Team，ICLEI，2015：5.

讨弹性理念在城市设计中的应用提供了有意义的参考。特别是生态学中的探讨社会—自然系统的弹性思维，触发了本书最初的写作动机。弹性理念的本质在于通过包容与适应来维持系统的可持续，要求其作用的对象是具有自变量与因变量的复杂适应性系统。弹性是生态城市系统的特性，是适应性能力，体现在城市结构和形态上。

阈值。阈值是弹性理念的关键概念，指的是系统状态改变的临界值，是系统可以承受冲击与压力的限度。阈值也可以看作系统中控制变量与响应变量之间耦合关系的特殊"点"，可以是一个数值或者是一个不确定的区间。本书引用阈值的概念作为弹性理念下生态城市系统的要素边界。阈值的数值确定一般需要大量的文献与案例分析。

特性。通过文献与案例分析，本书认为维持系统弹性能力的基本特征一般包括灵活性、冗余性、多样性、响应性与反馈性等。这些特性表征了系统的弹性能力。

柔性设计。柔性设计是本书的主题，是一个简化的表达概念，指的是弹性理念下的生态城市设计，包含生态城市（空间形态）状态改变的含义，关注状态改变的临界点。柔性设计的对象是人工环境和自然环境系统的复杂自适应系统，这一系统是对生态城市设计的一种理解方式。柔性设计需要应对的生态城市的冲击与压力更加广泛，不止局限于自然灾害，还包括城市化、环境、经济和社会等因素，并将其视为城市空间形态演变的驱动力。柔性设计认为弹性是维持生态城市人工环境与自然环境自组织与适应性的理论，重视系统的不确定性，是非刚性的限制与约束。

第四章　柔性设计的基础：可持续的生态城市模型

本章主要内容为柔性设计的基础：可持续的生态城市模型，主要介绍七个方面的内容：可持续的生态城市概述，紧凑性：生态城市的土地利用，流动性：步行与公共交通，生态性：开放空间与绿地系统，可持续生态城市的空间结构，案例研究，柔性设计的可持续生态城市模型。

第一节　可持续的生态城市概述

罗德尼·R.怀特（2002）认为紧凑性、可达性与多样性可以恢复和塑造健康的城市生态系统。[1]根据前面章节的阐述以及对相关案例和文献的研究分析，作为柔性设计的基准，本书认为可持续的生态城市基本目标如下：

一、紧凑性

紧凑性对应的是实际物理空间上的土地利用，在城市设计中包括建筑密度、空间分布、道路面积、绿地空间等在土地上所占的比例，它决定了使用者和城市功能的接近程度。[2]由于紧凑性代表了物理空间的压缩，所以也联系到可达性及绿地空间的量。

在《紧缩城市》一书中，作者探讨了城市密集化给城市带来的益处和弊端，以及紧凑的方式是否可以带来城市的可持续发展，这种上下限的考量可以看作一种弹性思维方式，一方面，紧缩的城市可以改善日渐衰败的城市中心；另一方面

---

[1] Rodney R.White.生态城市的规划与建设[M].沈清基,吴斐琼,译.上海：同济大学出版社,2009：126.
[2] Salvador Rueda.Ecological Urbanism[R].Urban Ecology Agency of Barcelona,2010：14.

（对于某些城市），空间和功能的集中给城市开发容量的增加带来诸多限制。①

二、流动性

流动性一直是人类生活的一部分，它是交通运输与电信技术发展过程中的相互作用。现代社会的定义性特征之一就是流动性在经济、社会和文化领域的发展。流动性将现代人类生活日益多样的活动和位置联系在一起，将生活、工作、休闲和社会交往与居住地、工作场所、娱乐设施、公园广场和商店等联系在一起。现代城市中的人与流动性是密不可分的，这不局限于交通，还包括电话和互联网，流动性已经成为人类社会和经济生活中不可或缺的一部分。②

正因为流动性带来自由（物质或信息）移动的必要性，因此它是脆弱的。流动性的损失和下降会给生活生产带来巨大的负面影响，如恶劣天气下的道路、交通拥堵、互联网的阻碍与不畅等。

尽管流动性存在悖论，本书还是试图探讨通过公共交通、步行与自行车出行等措施，增加可达性的方式，保障城市的流动性（流动性的弹性）。

三、生态性

生态性指的是城市生态系统的完整以及之间的必要联系，是城市背景下生物之间以及生物与环境之间的关系。生态性对于理解城市系统具有十分重要的作用。城市空间结构的生态性体现了人工环境与自然环境的平衡。③

在生态系统中，城市地区不是孤立的，可以想象城市核心是被城市区域（生态区域）所围绕的圈层结构，比如，国际经济和金融学会（International Economics and Finance Society，简称IEFS）认为生态城市的层级结构为：生态城市—生态都会—生物区。此外，城市地区是镶嵌在生态系统中的，城市的生态性不仅是公园与绿地，生态斑块与廊道的空间形态和布局是多样化并极具生态价值的。④

---

① 迈克·詹克斯，伊丽莎白·伯顿，凯蒂·威廉姆斯. 紧缩城市——一种可持续发展的城市形态[M]. 周玉鹏，龙洋，楚先锋，译. 北京：中国建筑工业出版社，2004：355.
② Luca Bertolini. Integrating Mobility and Urban Development Agendas: a Manifesto[J]. disP-The Planning Review, 2012, 48（1）：16-17.
③ 沈清基. 城市生态环境：原理、方法与优化[M]. 北京：中国建筑工业出版社，2011：428.
④ Richard T.T.Forman. Urban Ecology: Science of Cities[M]. Cambridge: Cambridge University Press, 2014: 2-3.

四、本地化

可持续城市并非一定要因为追求理想化的形态而"抛弃"自身原有的文化、经济和形态。[①] 本地化具有两层含义,一是与流动性有关,即是通过用地紧凑和交通可达,使市民生活需求基本在本地满足,增加本地化活动;二是城市空间形态符合本地的经济、社会、地理、气候和文化。生态城市从城市空间上对历史与文化的遵循,符合城市空间结构生态化的趋适原理。[②]

本地化与全球化是对立的,两个词语常用在一起,表达本地传统与日益增长的全球联系共同存在的动态关系。[③]

第二节 紧凑性:生态城市的土地利用

一、相关理论

(一)紧凑城市

紧凑城市是强调紧凑性的城市空间形态,其基本特征是建筑布局紧密、公共交通发达以及基础服务设施良好的可达性。[④] 紧凑城市是一种缓解城市居住和环境问题的途径,也是一种城市可持续发展形态。它是城市扩张的对立面,塞德里克·普里斯[⑤](Cedric Price)将城市发展的紧凑与蔓延形象地比喻成一个蛋。他认为古代城市有着城墙和明确的城市核心,就像一个带皮的煮蛋,紧凑而结构完整。到了工业化时期,城市像是一个煎蛋,核心虽然明确,但是城市边缘已经开始蔓延。最后,现代城市就像一个炒蛋,失去了它的紧凑性和密实度,核心与边缘已经不那么明确了。[⑥]

[①] 迈克·詹克斯,伊丽莎白·伯顿,凯蒂·威廉姆斯.紧缩城市——一种可持续发展的城市形态[M].周玉鹏,龙洋,楚先锋,译.北京:中国建筑工业出版社,2004:6.
[②] 沈清基.城市生态环境:原理、方法与优化[M].北京:中国建筑工业出版社,2011:429.
[③] Jeffrey W.Cody.Building in China: Henry K. Murphy's "Adaptive Architecture," 1914-1935[M].Hong Kong: The Chinese University Press,2002:9.
[④] 经济合作与发展组织(OECD).紧凑城市:OECD 国家实践经验的比较与评估[M].刘志林,钱云,译.北京:中国建筑工业出版社,2013:40.
[⑤] 新华通讯社译名室,编.世界人名翻译大辞典[M].北京:中国对外翻译出版公司,1993:517,2244.
[⑥] Frank Eckardt.Media and Urban Space: Understanding, Investigating and Approaching Mediacity[M]. Berlin: Frank & Timme GmbH,2008:39.

紧凑的城市空间意味着公共设施有着更好的可达性，市民更愿意使用公共交通来完成日常活动需求。紧凑城市解决城市土地利用问题的手段是增加单位土地面积上的开发强度和使用功能。[①] 由于生态城市自身的特征，需要集约利用土地资源（如"四节一环保"中的"节地"，参见第三章第三节）。紧凑城市降低基础设施的投资成本，有效促进土地资源利用，增加城乡联系和绿色需求，通过密度经济提高劳动生产效率。在经济学中相当于控制了边界土地，所以有限的生态城市土地必然是高密度开发和混合使用的，这样才能实现土地的地租价值。紧凑城市有益于实现城市可持续增长和经济效益。[②]

紧凑城市的土地利用（尤指城市内部紧凑）一般遵循以下原则：高密度的土地利用开发模式、适度混合的土地使用、优先发展公共交通等，当然，也可以通过增加土地价值的手段来提高土地的使用强度，如以本地特色提升城市活力、完善并增强公共设施的可达性等。高密度一般通过人口密度和建筑密度的提高来衡量，反映的是土地利用强度。高建筑密度也可以看作增加人口密度的载体。土地混合使用是提高土地使用强度的一种方式，也具有复兴城市活力的作用。发展公共交通，使交通与土地利用耦合，缓解交通压力。在美国，紧凑城市往往与公交导向发展（transit-oriented development，简称 TOD）相联系。

但是也有很多研究对紧凑城市持怀疑态度，认为目前紧凑城市停留在理论层面的内容较多，缺少足够的成功案例来证明紧凑城市是否比非紧凑城市更加生态、更加可持续、更加宜居。宜居性不仅是一个城市形式的问题，也是一个个人偏好的问题。许多人都向往低密度居住区提供的绿化、优质教育等，这些基础设施紧凑城市同样具备。因此，我们必须谨慎看待一种人类定居方式比另一种定居方式更宜居的说法。[③] 生态城市设计在土地利用方面不但需要顾及紧凑城市的高密度、功能混合和公共交通等方面，还应该在适应性、多样性和平衡性方面有所考量。

（二）生态城市在维系城乡二元结构中的作用

生态城市是城乡"复合体"，在自然资源上需要自给自足。生态城市在规划时，

---

① 洪敏，金凤君. 紧凑型城市土地利用理念解析及启示 [J]. 中国土地科学，2010（7）：12.
② 经济合作与发展组织（OECD）. 紧凑城市：OECD 国家实践经验的比较与评估 [M]. 刘志林，钱云，译. 北京：中国建筑工业出版社，2013：48-54.
③ Michael Neuman.The Compact City Fallacy[J].Journal of Planning Education and Research，2005（1）：11-16.

首先要安排城乡各项建设用地，合理分配生产与生活关系，形成具有城乡自律的良性循环。[1]

生态城市的土地资源承受着城市化进程和可持续发展需要的双向压力。城市土地是规划设计的基础与空间载体，在生态城市中土地是城市结构的重要环节，决定了城市生态系统的功能分布，连接了市民活动、经济发展、资源利用和自然环境等要素。一般在生态城市设计之初就要确定土地的生态适宜性[2]与承载力[3]。

由此可见，生态城市的土地问题可以认为是在结构上满足城市地区持续不断增长的人口密度，以减少自然资源有限和不规则、不健全的城市区域。但这也是伴随工业化过程的城市化所不可避免的，尤其是在工业化被认为是有建设性的发展情况下，城市自然环境的土地压力更为明显（A. Esra Cengiz, 2013）。还有一点是从经济学角度来看，由于新建生态城市一般位于城郊，就需要建立与市区广泛的经济、社会联系，将城郊与市区看作复合的生态系统，有利于增强系统自身的协调性。[4] 城市化对自然资源的需求是无止境的，特别是在密集的建设活动下，因此城市空间不断侵蚀周边地区和乡村土地。生态城市土地利用的基本目的是对自然生态资源的保护，将自然区域整合到传统的城市用地规划中并平衡组织土地利用。要实现这种平衡关系，需要在区域中现有和潜在的土地使用中尽可能的在自然环境和环境之中都保持一个最小水平的影响。[5]

生态城市带有新市镇特性，目的是疏解城市中心区的人口压力，用地类型以居住用地为主。在城市或城区层面上，不管是新建型还是扩展型生态城市（参见第二章第一节），都位于城市中心边缘，甚至远离城市中心，所以生态城市一般带有新市镇特性。新市镇是有计划的城市设计，是在大城市郊区按照周密的城市规划建设的新城市或大型社区，目的是缓解城市中心的人口压力和城市结构无序的蔓延，拓展城市居住空间，促进城乡区域协调发展。

生态城市（主要是新建型和扩展型生态城市）可以作为增长边界在城乡区域

---

[1] 黄光宇，陈勇. 生态城市理论与规划设计方法 [M]. 北京：科学出版社，2002：90-92.
[2] 生态适宜性是指在某种用途下的水文、地形、地质、生物、人文等方面特征的适宜程度。
[3] 一般是指在某种条件下，土地资源所能承受的人类活动的强度。
[4] 孙国强. 循环经济的新范式：循环经济生态城市的理论与实践 [M]. 北京：清华大学出版社，2006：106-107.
[5] A.Esra Cengiz.Chapter 2 Impacts of Improper Land Uses in Cities on the Natural Environment and Ecological Landscape Planning[EB/OL].http: //www.intechopen.com/books/advances-in-landscape-architecture/impacts-of-improper-land-uses-in-cities-on-the-natural-environment-and-ecological-landscape-planning, Open Access, InTech.

中发挥积极作用（如传播良好的生活方式，这里只讲土地利用方面），维持城乡平衡。生态城市作为郊区（乡村）与城市中心区的再次平衡，作为城市增长边界的一种类型，保护珍贵的耕地、森林和水体，使城市既可以满足发展的资源需求，又不牺牲周边的自然生态，同时保持一种景观的完整，支撑农村农业系统的正常运作。①生态城市的整体概念表达了城市区域和乡村区域之间的平衡关系。

生态城市在用地上是兼具城、乡优点的。埃比尼泽·霍华德在《明日的田园城市》一书中提出了解决城市居住问题的"三磁"理论，构想了兼具城、乡优点的"城乡磁铁"，即"田园城市"，认为建设田园城市（生态城市）是解决城乡矛盾的方法，"反映了大自然的用心与意图"②。

（三）城乡可持续与生态化的土地利用模式

1. 城乡可持续

芒福德（Lewis Mumford）认为地理学家马克·杰斐逊（Mark Jefferson，1931）在很早的时候就洞察了"城市和乡村，是一件事情"这样一个事实。③我国主要的两种生态城市类型，即扩展型生态城市和新城型生态城市，由于其处在城市边缘的位置，可以认为这两类生态城市就是城乡一体化的新型城镇。

城市地理和社会学家泰瑞·麦基（Terence Gary McGee）通过对东南亚大城市进行调查研究，认为亚洲一些发展中国家的城市化与西方不同，没有人口的大量迁移，取而代之的是形成了城市与乡村的模糊地带，提出了一种亚洲发展中国家城市城乡土地使用模式，并将这种城乡混合的用地称为 Desakota④（译为"城乡"），也有学者翻译为"城市密集带"（简博秀，2003）。泰瑞·麦基认为亚洲城市在扩张型城市区域（Extended Metropolitan Region，也有译作"城市经济区或城市连绵区"）的边缘（城市边缘区），具有与众不同的历史、文化和经济特征，在这里必须认识到历史和生态对于这些地区的影响。

Desakota 是自下而上的城市化地带，是城乡活动密集的地区。这一地带一般距离城市中心区 50~200 公里。在这个地带，美国一般是为中心城市提供必

---

① Steffen Lehmann.Green Urbanism：Formulating a Series of Holistic Principles[J].S.A.P.I.EN.S[Online]，2010，VOL.3，N° 2.
② 埃比尼泽·霍华德.明日的田园城市 [M].金经元，译.北京：商务印书馆，2000：1-10.
③ Lewis Mumford.The Natural History of Urbanization[M]//William L.Thomas, jr ed.Man's Role in the Changing the Face of the Earth. Chicago & London：University of Chicago Press, 1956：382-398.
④ Desakota 是印度尼西亚语词语，desa 意为乡村，kota 意为城市。

要的农产品，日本则是居住着与中心城市密切关联的通勤人口。而我国的这一地带可以看作介于两者之间，混合了密集的农业和非农业活动和人口，是城市与乡村间的过渡地带与灰色地带。① 因为这一地带有着相对充足并且可以使用的土地与相对易于迁移的人口，以及地价、土地利用和生态保护等，我国目前新建的生态城市（如扩展型、新城型生态城市）大多位于这块区域或是相连的城市边缘区。

在城镇化快速发展阶段，出于建设用地刚性需求增加和保护耕地与生态安全的目的，在土地利用上应该平衡发展，兼顾城乡，规划设计是具体的实施措施之一（这只是手段，城乡利益的平衡才是决定性因素，包括土地的所有权、劳动力的投入与产出等）。新建生态城市所处的土地具有城乡二元特性（景观、基础设施、生活方式上）。在用地分配上要实现"三地（建设用地、耕地、生态用地）动态平衡"。城乡可持续发展需要综合性的规划设计是基本共识。②

2. 生态化的土地利用模式

基于土地嵌合理论，通过在斑块、廊道和基质上的生态流动过程及自然动植物的迁徙来安排土地利用，可以很好地组织和整合城市区域中的自然与人工空间环境。土地利用模式是除了气候变化以外能够对生物多样性产生最大影响的因素（Sala et al., 2000），所以土地利用模式对于城市区域的生态环境是至关重要的（Ulrich Walz, 2011）。从土地总体规划考虑，理查德·T.T.福曼（1995）提出了"聚集与分散（Aggregate-with-outliers，简称 AWO）"的土地利用模式。AWO 原理认为在城市区域开发过程中，土地利用应该维持廊道及聚集小的自然栖息地斑块，人类的活动应该向空间排列上分散于边缘，以减少对自然生态的影响与干扰。原理可以归纳为以下内容：第一，保护自然植被大斑块，可以涵养蓄水层，减少径流，可以为大量的物种提供栖息地。第二，重视嵌合体的纹理大小，是指土地上所有斑块的平均直径和平均面积，创造多样化地区。纹理大小可以衡量空间模式的生态重要程度，③ 分为粗糙纹理和细致纹理（也就是斑块的大小），粗糙纹理

---

① 简博秀.Desakota 与中国新的都市区域的发展 [J]. 台湾大学建筑与城乡研究学报，2004（12）：45-68.
② Gerrit-Jan Knaap, Arnab Chakraborty.Comprehensive Planning for Sustainable Rural Development[J].Special Issue on Rural Development Policy - JRAP，2007，37（1）：18-20.
③ 王鸿楷，杨沛儒.地景生态与永续都市型态之规划：台北 2025 生态城市案例 [C]// 王鸿楷，洪启东.谁的空间，谁的地？回眸台海两岸都市发展三十年：台湾大学建筑与城乡研究所王鸿楷教授荣退论文选集. 台北：台湾大学出版中心，2007：317-320.

提供了物种多样性的可能，细致纹理提供了景观变化以及生物迁徙的"踏脚石"。第三，恢复与保护边界空间，边界是土地利用的过渡地区，这里适合安置人类活动，以保证不破坏大斑块。第四，保持生态廊道的宽度及连续性，促进自然植被的迁徙和水系流动。[①]

二、技术与方法

（一）土地适宜性评价

土地适宜性一般是指土地对某种用途的适宜程度（中国百科大辞典，2005），土地评价是土地资源的特征匹配某些用途使用的标准化技术过程，其结果可以引导土地使用者和规划者确定备选的土地用途。[②]

这一土地研究方法广泛应用于农业用地、建设用地、旅游用地和土地整理等方面。联合国粮食及农业组织（FAO，1976）提出的土地适宜性分级，将土地分为适宜和不适宜两组，适宜一组又划分为非常适宜、一般适宜和略微适宜。

在编制城乡总体规划时，需要因地制宜，结合自然环境条件，对城乡发展用地的可能性与经济性进行评定，确定建设用地适宜程度，为城乡用地规划设计提供依据。《城市规划编制办法》要求城市中心区规划应当划定禁建区、限建区、适建区和已建区，并安排建设用地、农业用地、生态用地和其他用地。在《城乡用地评定标准（CJJ132—2009）》中通过分类定级来确定，分为Ⅰ类（不可建设用地）、Ⅱ类（不宜建设用地）、Ⅲ类（可建设用地）和Ⅳ类（适宜建设用地）。城乡用地通过指标体系来评定，指标体系分为特殊指标和基本指标，均从工程地质、地形、水文气象、自然生态和人为影响五个方面来评价。特殊指标根据建设用地适宜性的影响程度分为一般影响、较重影响和严重影响；基本指标分为适宜、较适宜、适宜较差和不适宜，并利用对应的定量数值来计算，通过多因子分级指数法的计算公式来确定用地适宜性的等级。[③]

---

① Richard T.T.Forman.Land Mosaics: The Ecology of Landscapes and Regions[M].Cambridge: Cambridge University Press, 1995: 435-437.
② Sofyan Ritung, Wahyunto, Fahmuddin Agus, et al.Land suitability evaluation: with a Case Map of Aceh Barat District[M].Indonesian Soil Research Institute and World Agroforestry Centre, 2007: 1-2.
③ 中华人民共和国住房和城乡建设部.CJJ132-2009城乡用地评定标准[S].北京：建筑工业出版社, 2009: 2-4.

（二）城市承载力与环境承载力

城市承载力是指城市系统可以承受的最大负荷量（容纳量），这个负荷量一般是指人口数量，涉及土地与人口的关系。在一个可以预见的时期内，保证一定物质生活水平的前提下，本地的能源、自然资源和技术条件所能持续供给的人口数量。承载力具有极限、动态平衡的内涵，是可持续发展理论中的一个重要概念。城市承载力包括要素承载力和综合承载力。要素承载力可以视为"阈值"，如土地承载力、环境承载力、生态承载力等。综合承载力与资源、技术、社会、环境等要素密切相关，可以看作城市的具体"能力"。城市设计需要承载力计算来指导制定规划目标，这个目标的制定将会简化资源供需关系的过程。由于承载力所关联的要素非常复杂，因此在实际的规划设计中，有时需要通过经验来确定承载力的大致标准，以便在设计时不会有大的偏差。

环境承载力的一个原则是在满足每个人的平均需求下，承载力是由最不充足且最不便利的必需品所决定的，这个原则称为"最小准则"（William Catton, Jr., 1980）。资源存在差异的不同地区可以通过合作来扩大地区的承载力（刘翠溶，2011），这可以使我们想到生态城市所处的城市与乡村边缘，可以很好地利用两者所具有的迥异资源来提高自身的承载力。[①]

生态城市的承载力可以通过一些定量评价的方法进行量化，这些方法也可以帮助生态城市弹性设计确定"阈值"。这些方法包括：从需求和供给角度基于土地面积量化的生态足迹研究法，利用三维空间向量表示承载状态点的状态空间法，计算机辅助建模的模型评估，分类统计和趋势比较的研究方法等。[②]

（三）公共交通导向发展模式（TOD）

公共交通导向发展模式是以公共交通枢纽和车站为核心的高效土地利用模式。TOD 的基本理念在城市规划设计方面包括棋盘网格的道路网、混合使用的土地功能、行人友好的步行空间等。特定的交通模式对应特定的土地利用模式，两者相互平衡。

[①] Dimitrios Trakolis.Carrying Capacity - An Old Concept：Significance for the Management of Urban Forest Resources[J].NEW MEDIT N.3，2003：58-63.
[②] 高鹭，张宏业.生态承载力的国内外研究进展[J].中国人口·资源与环境，2007，17（2）：19-23.

值得注意的是公共交通导向发展与公共交通相邻发展有很大的不同,并不是只开发公交站点周边的土地,而是基于公共交通的城市整体发展来开发。公交导向发展意味着高质量的城市规划设计和建设支持,其重点是公交站点周边的开发,但不仅限于此,基本模式依托公共交通、自行车和步行。公交导向发展的理论涵盖区域、城市和街区等层面,除了注重土地与交通的联系,也包括城市空间设计模式的范畴。[1]

交通与发展政策研究所(ITDP)制定了《公交导向发展评价标准 2.0》(简称 TOD 标准,2013),作为评价、认证和引导工具用于分析评价已建成项目的步行或骑行的友好性及与公共交通的联系;评价并用以改善规划设计阶段的项目;分析已建公交站点区域的使用;引导城市规划设计、土地利用和交通等相关政策。这套标准被认为是 LEED 式的评价系统(Angie Schmitt,2013),目前在多个国家和地区进行实践。公交导向发展评价标准对项目的评价基于诸如居住密度、街区尺度等因素。[2]比如,TOD 标准认为步行距离至大容量公共交通站点在 1 公里以内,或者距离至一般公交车站在 500 米内,都符合 TOD 基本要求。

公交导向发展评价标准分为八类原则,每个原则下面分为不同的目标及评价标准。通过汇总各个评价标准的得分(满分是 100 分),获得 TOD 标准的认证等级,包括金牌(85~100 分)、银牌(70~84 分)和铜牌(55~69 分)。[3]

第三节 流动性:步行与公共交通

城市是由交通系统定型的(刘易斯·芒福德)。城市中的交通运输能源消耗巨大,生态城市应该把可持续的公共交通作为主要交通方式,并以此促进生态城市的建设。[4]生态城市的交通真正需要做的是通过基础设施的建设,使人们的工作与生活地点联系更紧密,在生活中的其他事情也更紧密,这样人们才能乐于使

---

[1] 任春洋.美国公共交通导向发展模式(TOD)的理论发展脉络分析[J].国际城市规划,2010,25(4):92-98.
[2] Angie Schmitt.ITDP Debuts a LEED-Type Rating System for Transit-Oriented Development[EB/OL]. http://usa.streetsblog.org/2013/07/15/itdp-debuts-a-leed-type-rating-system-for-transit-oriented-development/.
[3] 广州市现代快速公交和可持续交通研究所.公交导向发展评价标准 2.0[S].交通与发展政策研究所,2013:4-13.
[4] 何强,井文涌,王翊亭.环境学导论(第 3 版)[M].北京:清华大学出版社,2004:72-73.

用公共交通，因为通过步行或者自行车出行要比汽车出行更加方便（理查德·瑞吉斯特，2013）。

一、相关理论

（一）可达性

可达性是指通过交通到达目标地点的方便程度，在地理学上可以表达为空间上要素实体的位置优劣程度，由土地利用—交通系统决定。一般来说，可以通过调整城市空间结构，建立新的城市中心，改进交通系统，减小城市目的地之间的距离，从而提高城市运行效率。[①]

可达性具有两层含义，一是地点与地点之间交通的便捷程度（区位评价），具有客观属性；二是居民到某一地点的选择优先级，具有主观属性。[②] 可达性是与时间—空间密切相关的概念，包括位置、空间相互作用及规模。通过时空的观点，可以将可达性分为个人可达性和地点可达性。[③] 个人可达性侧重于时间限制，地点可达性反映了地点的"被接近"能力。[④]

在生态城市（特别是新建型生态城市）中可达性也可以分为内部可达性与外部可达性。内部可达性包括交通设施和公共空间的到达方式，外部可达性是生态城市与周边城区的连接方式，这些到达和连接方式主要是指公共交通，包括步行、自行车出行和轨道交通。生态城市中公共交通站点衔接了外部可达性与内部可达性，也就是非生态城市本地就业居民或者出行目的地在生态城市以外，需要通过公共交通完成出行目的，而到达这些站点的交通方式和便利程度需要满足出行者的使用需求。[⑤] 可达性的目的地在同一个城市可以分为城市中心、郊区和外围城市三个区域。可达性和土地利用与公共服务设施布局具有直接的相互作用关系。

可达性还有一种人文关怀和人本主义设计的含义，包含特殊人群出行的无障

[①] 同济大学建筑城规学院. 城市规划资料集（1）. 总论 [M]. 北京：中国建筑工业出版社，2003：10.
[②] 陈洁，陆锋，程昌秀. 可达性度量方法及应用研究进展评述 [J]. 地理科学进展，2007（9）：100-102.
[③] Mei-Po Kwan, Alan T.Murray, Morton E.O'Kelly, et al.Recent advances in accessibility research: Representation, methodology and applications[J].J Geograph Syst, 2003（5）: 129-138.
[④] 李平华，陆玉麒. 城市可达性研究的理论与方法评述 [J]. 城市问题，2005（1）：69-73.
[⑤] 赵淑芝，匡星，张树山，等. 基于TransCAD的城市公交网络可达性指标及其应用 [J]. 交通运输系统工程与信息，2005（4）：55-56.

碍环境理念。在生态城市中应该尽量通过通用设计①使住宅、公共设施、商业设施等能为"所有人"使用。②通用设计有七项原则,包括减少使用伤害或尴尬、涵盖广泛的人群喜好、简单易用、信息的有效传达、良好的容错率、高效省力以及适当的尺寸(Ronald L. Mace,1997)。

(二)绿色交通与非机动交通

1. 绿色交通

我国在《绿色交通示范城市考核评分标准(试行)》中强调了城市交通的组织管理、公共交通、道路环境以及道路、枢纽、停车、管理等设施的建设应该有利于环境保护,提高交通效率。在台湾,有学者(许添本,2000)认为未来交通发展的趋势包括交通智能化、"及时"取代"快速"、回归自然健康的交通工具等。绿色交通工具的使用是发展绿色交通的重要环节。通过建立绿色交通导向的城市规划与设计,鼓励非机动车的使用,加强智慧型交通及推动大众运输和步行、自行车出行,建立交通工具回收与再生的工作方式,纳入政府发展框架等措施来发展绿色交通。这两种观点基本上代表了绿色交通的两层意思,一是强调道路及基础设施的环境友好,二是推广绿色出行方式。

绿色交通(或者说可持续交通)也具有社会意义。过度建设的城市道路,宽阔的马路使得街道了无生气,商店、学校、图书馆等设施距离遥远,市民到达公共设施和服务设施的舒适度大大下降,同时减少了人们的交流,增加了"久坐不动"的情况。绿色交通可以通过"及时"的效率,在步行、自行车出行及公共交通可达的范围内构建健康的城市尺度。③

2. 非机动交通

非机动交通一般指步行交通和自行车交通,速度不大于 15 km/h。非机动交通的特点是绿色健康、低污染、低能耗,并且可以与公共交通进行接驳。

步行(或自行车出行)是市民出行最基本也是最便捷的方式。然而,因为城市人口的集聚和城市面积的不断扩张,使机动车交通成为道路主体目标,许多城

---

① Bettye Rose Connell, Mike Jones, Ron Mace, et al.The Principles of Universal Design, Version 2.0[EB/OL].https://www.ncsu.edu/ncsu/design/cud/about_ud/udprinciplestext.htm, NC State University, The Center for Universal Design.
② 曾思瑜. 从"无障碍设计"到"通用设计"——美日两国无障碍环境理念变迁与发展过程[J]. 设计学报,2003,8(2):57-76.
③ Wikipedia.Sustainable transport[EB/OL].https://en.wikipedia.org/wiki/Sustainable_transport.

市内部街道被路边停车占据，步行（或自行车出行）空间日益缩减。这样不仅牺牲了最为直接的出行方式，而且损害了城市空间及街道的环境。在以绿色交通为主导的生态城市中，非机动交通应该是市民日常出行的主要交通方式。良好的步行和自行车出行环境可以增强市民使用步行和自行车出行的意愿。在新建型生态城市中，可以通过城市或社区设计、基础设施、方案推广等方法发掘非机动交通潜力。

（1）步行交通和立体步行系统

步行交通的空间及环境设计包含五个方面，分别是步行环境、距离、路径、畅通和效益（扬·盖尔，2009，2010）。步行环境的首要标准就是行人的宽松度，要使人在步行时感到舒适而不拥挤，同时保证人行过程中个人的隐私及安全。可以被人们所接受的步行距离一般认为是300～500米，这是实际距离。根据步行环境的不同，"感知距离"可能会大于或小于实际距离。步行路径需要满足人们的心理需求，而不是强加控制。人们步行往往会选择最短（或者视野通达）的路径，如果这些路径受到阻碍，设计好的步行道路就可能会"有同于无"。步行畅通即保证步行体系的连贯以及与目的地或公共交通的衔接。步行交通除了会减少机动车的使用外，还会促进沿街商业的发展，有益于人们身体健康。除了以上几点之外，还可以看出步行空间环境的设计要素与"城市意象"是部分吻合的。步行可以增加人们对于城市生活的观察与认知，有益于提升城市活力与形象。[①]

住建部发布的《城市步行和自行车交通系统规划设计导则》中按照步行活动的密集程度由强到弱，将步行分区划分为三类：步行Ⅰ类区（如大型医院、剧场、火车站、中心商务区、滨水区和公园等）、Ⅱ类区（如中小型医院、一般商务区、政服区、大型居住区等）和Ⅲ类区，并对应不同的步行道路密度[②]和间距（表4-3-2）。根据人流量大小和所处的道路等级不同，步行道分为一级步行道、二级步行道和三级步行道（表4-3-3）。《深圳市步行和自行车交通系统规划设计导则》中将城市步行区域划分为一般步行片区、重要步行片区和核心步行片区，其中一般步行片区步行路网密度不小于10km/km²，间距不大于250m；重要步行片区步

---

① 赵春丽，杨滨章.步行空间设计与步行交通方式的选择——扬·盖尔城市公共空间设计理论探析（1）[J]. 中国园林，2012（6）：39-42.
② 按照《城市道路交通规划设计规范（GB50220-95）》中相关规定，步行道路密度包括步行专用道和城市道路两侧的步行道的密度。

行路网密度为12～22km/km²，间距为100～200m；核心步行片区步行路网密度为14～28km/km²，间距为75～150m。①

立体步行是尽量减少行人对路面交通的干扰，将带有不同活动目的的步行人流在垂直维度上进行分流，进而组织到不同平面（地上、地面和地下）的做法。由于车辆交通在城市中居于主导地位，在交通过于繁忙的地段可以通过立体步行系统使行人与车辆分离，保证通行的安全与顺畅。立体步行系统一般由通道、节点和配套设施组成，其中通道包括过街天桥、人行横道和地下通道等空间方式。在过于紧凑的城市结构、狭小的街道和密集的街区、人流较大的条件下，可以通过立体步行系统缓解车辆通行问题，增加商业活动（如日本东京新宿站、六本木新城森大厦等），处理拥挤的人群、车站和商业布局等之间的种种关系。但需要注意的是，通过立体步行系统解决交通问题等于是规避了行人用路权的问题，因此在许多城市过街天桥和地下通道得不到很好的使用。从生态城市设计的角度来看，保障步行优先固然重要，但也不能牺牲城市的效率和机动性。所以，在城市设计中需要做的是，利用立体步行系统（过街天桥与地下通道）将具有功能关联的建筑或者是综合车站和交通枢纽联系起来，需要构建的是公共活动密集的开放空间或联系各类交通枢纽的设施。生态城市的立体步行系统需要考虑城市各方面的整体性，使不同功能的建筑更好地融入地块功能中去，增加城市的连通性，同时平衡不同群体之间的利益。②③

（2）自行车出行

自行车出行与步行虽然在交通目标上一致，但是应该根据自身特点分开来研究，因为在出行者数量、距离、基础设施等方面两者都有很大的不同。④自行车交通系统的规划设计，首先应该建立完善的自行车出行基础设施。自行车出行基础设施指所有可以被骑车人使用的设施，包括自行车道、自行车专用道、停车设施和专门的交通标志和信号。世界上许多国家和地区都致力于自行车道系统的完善。

住建部发布的《城市步行和自行车交通系统规划设计导则》中将自行车出行

---

① 深圳市规划和国土资源委员会.深圳市步行和自行车交通系统规划设计导则[S].2013：3-7.
② 郭海娟，王玉瑶.基于生态城市理念下的城市中心区立体步行体系构建[J].四川建筑，2013（8）：9-11.
③ 罗小虹.国内外城市中心区立体步行交通系统建设研究[J].华中建筑，2014（8）：127-131.
④ 安·福塞斯，凯文·克里泽克.促进步行与骑车出行：评估文献证据献计规划人员[J].刘晓曼，许煲，包蓉，译.国际城市规划，2012（5）：6-14.

基础设施分为自行车交通分区、自行车道路、自行车停车设施、隔离带、过街带和自行车租赁设施等，其中自行车道路又分为自行车道和自行车专用道。按照自行车出行优先等级、路网密度等条件，自行车交通（优先）分区分为三类：自行车Ⅰ类区、Ⅱ类区和Ⅲ类区。自行车专用道具有休闲游憩的功能，一般布置在公园、滨水区，或者与生态廊道结合设置自行车绿道。自行车道是自行车交通出行的"专用道"，布置在城市道路两侧。自行车道按照车流量与道路宽度分为三级：一级自行车道、二级自行车道和三级自行车道。自行车停车设施可以结合设施带、绿化带或建筑前区设置。公共自行车租赁点宜在重要的公共交通节点、大型公建、居民区、旅游景点和高等学校成体系布置，需要具有良好的可达性和适度的规模。①

自行车道设置的位置包括路面上和路面外两种。路面上包括自行车专用道和自行车路径，路面外包括路肩和路侧带。我国台湾的《自行车道系统规划设计参考手册（第二版）》根据自行车道的位置以及与人行道、机动车道的关系，将自行车道分为11种类型，并从隔离或共用、单向或双向给出不同的车道宽度。通过既定的流程图（内容包括是否有独立路权、是否有人行需求、人行道净宽度、有无机动车干扰等）来判断自行车道设置的类型。在参考手册中也给出了针对不同自行车道类型所对应的交叉口形式。②

2009年，美国国家城市交通官员协会（National Association of City Transportation Officials，简称NACTO）提出了城市自行车项目，通过研究和案例分析，提出了"NACTO城市自行车道设计导则"（The NACTO Urban Bikeway Design Guide）。导则提供了一个创建"完整街道"的适用方案，包括自行车专用道、自行车路径、交叉口、信号灯、标志和涂装及自行车大道的设计等，并给出了四种自行车专用道、三种受保护的自行车路径的设计方式及各种交叉口、标志和信号灯的设计。导则将每一项设计内容分为必要、推荐和可选三类。传统的自行车道通过标记与信号标示出供骑车人使用的路面空间，自行车流方向与机动车流方向相同，一般临近路侧带或路边停车位。有隔离带的自行车道通过缓冲地带或隔离物将自行车道与机动车道分割开。逆向自行车道提供了与机动车流方向相反的自行车骑行方

---

① 住房和城乡建设部. 城市步行和自行车交通系统规划设计导则 [S].2013：28-29.
② 交通部运输研究所. 自行车道系统规划设计参考手册（第二版）[S].2010：8-16.

向，并通过标识与机动车道隔开。自行车框在道路交叉口位置，为骑自行车的人在等红灯时提供安全、可视的转弯区域。两步转向等待框是在多信号灯的交叉口，为骑自行车的人提供等待和转向的区域。在自行车道位于机动车道和路边停车位之间时，需要通过有颜色的热感地面涂装标识出机动车的入口与自行车的冲突区域，保障自行车骑行者的安全。

在城市中，一方面，自行车盗窃也是不容忽视的影响自行车出行发展的问题，所以在建立自行车交通系统时，考虑如何减少失窃事件的发生也是有必要的。具体措施包括：一方面，自行车登记、远程定位、安装防盗设备，折叠自行车的使用和安全的自行车停放设施；另一方面，允许在轻轨或公共汽车上携带自行车，整合自行车交通与公共交通，也是有效促进自行车交通发展的手段。

二、技术与方法

（一）交通稳静化

交通稳静化[1]指通过适当的道路物理设计或其他措施（包括缩小道路宽度、放置减速带），达到减缓或消除机动车流量的目的，改善行人或骑自行车人的安全问题，降低机动车对生活质量及环境的负面影响。

交通稳静化通过主动或被动的阻碍交通，增加驾驶者的认知负荷，迫使机动车分流或减速，改善行人或骑自行车人的用路质量，鼓励非机动车交通。需要注意的是，在城市（或生态城市）中划定交通稳静区的范围并不会降低城市的通行效率，而是可以配合停车设施和公共交通，调节道路景观和居民出行弹性。[2] 交通稳静化可以归纳为以下几类措施：缩小机动车通道（车道窄化）、竖向上减速阻挠（路拱、速度缓冲带、窄点等）、平面上减速阻挠（减速弯道）及设置交通稳静区。[3] 在一些欧美国家，交通稳静区内的一般限定车速为30公里/小时，这一单位被称作30公里每小时区，其中在美国为20英里每小时区。

---

[1] 又翻译为：交通宁静化、交通减速、交通舒缓、交通平息等。
[2] 张萌.城市居住区交通静化设计研究[D].西安：长安大学，2010：12-14.
[3] Carmen Hass-Klau.Civilised streets：a guide to traffic calming[M].Environmental & Transport Planning，1992：29-55.

（二）融合型路网布局模式

融合型路网是一种街区路网布局模式，结合了棋盘式路网和雷德朋体系的核心特征。这种模式是基于对不断增长的机动车交通带来的环境、拥堵、安全、路权、步行便利等方面的问题提出的路网概念（加拿大，2002），并在一些城市进行了应用实践。

棋盘式路网是最早出现的路网形式，路径明确，可以很好地满足步行出行需要；而雷德朋体系针对的是对机动车的依赖问题，具有道路分级和人车分流的特点。融合型路网具有两者（棋盘式路网和雷德朋体系）的优点，提高了区域交通的运作和环境质量。融合型路网的街区具有一套几何结构，这个结构包括用于机动车交通的栅格路网，将居住区分为几个边长400米的街区（易于步行和公交站点的分配），每个街区再采用尽端路或者月牙形街道来消除车辆的穿行，同时保证5分钟步行的公共服务设施可达性。每个街区有集中的开放空间，内部可以通过步行或自行车连接。融合型路网具有以下特点：优化了街道的土地利用，创造安全宁静的社区，增加社会交往潜力，增加透水地表，优化基础设施配置，改善地区交通流，鼓励步行减少驾车，增加雨水利用。融合型路网可以很好地适应未来交通发展的需要，配合土地混合使用可以提升区域环境和经济效益的发展潜力。

（三）完整街道的理念与目标

完整街道是任何年龄、任何出行能力的人使用任何出行方式都十分安全的街道。天津的响螺湾商务区迎宾大道、中新生态城和旭路、小白楼商务区泰安道等道路设计时采用了完整街道的理念。完整街道的概念于2003年在美国被提出，具有强烈的人本主义思想，可以认为其是精明增长理念的延伸。完整街道理念强调通过设计和运作，使所有人都可以平等地享有道路使用权，并且保证有效率的、安全的出行。[1]一条完整街道由以下要素组成：人行道、自行车道（或可以骑行的路肩）、路边停车、公交专用道、具有可达性的车站、安全的交叉路口、隔离带、机动车道画具有无障碍和交通稳静化设计的通道。[2]

完整街道可以提高城市或街区的安全、健康、经济和环境效益水平，包括：

---

[1] Smart Growth America.National Complete Streets Coalition[EB/OL].http://www.smartgrowthamerica.org/complete-streets.
[2] John Laplante, P.E., Ptoe, et al.Complete Streets: We Can Get There from Here[J].ITE Journal, 2008（5）: 24-28.

将居住区与公共服务设施和商业设施有效连接，促进经济增长和稳定；减少交通事故的发生；缓解交通拥堵，减少空气污染；延长道路设施的生命周期；减少道路对生态环境的冲击[①]；增添街道活力[②]；还有一个很重要的作用，就是可以使中小学生通过步行或骑自行车独自安全地上下学。

第四节 生态性：开放空间与绿地系统

一、相关理论

（一）生态城市绿地系统的基本原则

绿地是城市生态系统的重要组成部分，是实现城市生态可持续的主要步骤之一。城市绿地在城市系统中具有负反馈[③]功能，也就是其对城市的不良温度、湿度、污染等方面具有净化作用，同时维持整个系统的稳定与平衡。城市绿地系统是维持生态城市的"伪生态环境系统"（人工环境系统）的主要环节。

生态城市的绿地系统除了具有净化空气、调节微气候、减弱噪声污染、提供休闲游憩场所、作为防灾应急疏散空间等作用，还具有确保城市碳氧平衡、改善城市湿度、减少热岛效应、保持生物多样性、提高城市生活质量等作用。生态城市的绿地系统不仅要能够提高城市绿地率和绿化面积，在保"量"的前提下重"质"，同时在城市规划设计上需要遵循生态学、景观生态学、可持续发展、本地生物条件、基本生活需要等原则。生态城市的绿地系统同时具有为城市生态系统服务和为市民生活服务的两大功能，前者以景观生态学为依托，后者在设计层面要考虑环境心理以及空间布局上的需要。

生态城市的绿地系统为了保持其自然生态的属性，就必须不能单一孤立地存在于城市整体结构中，否则无法保持其生态特性及物种的生存与迁徙；要注重生态廊道以及踏脚石的作用，构建出绿地生态联系网络，使城市周边的生态绿带的

---

① 顾永涛,朱枫,高捷.城市时代,协同规划——2013中国城市规划年会论文集（02-城市设计与详细规划）[C].// 美国"完整街道"的思想内涵及其启示.青岛:中国城市规划学会,2013:870-872.
② 叶朕,李瑞敏.完整街道政策发展综述[J].城市交通,2015（1）：17-24.
③ 负反馈是控制论的基本概念,指系统的输出影响输入,在输出发生变动时,其所造成的影响和原来的变动趋势相反。在生态系统中使其达到平衡或维持稳态,结果是抑制或减弱最初的变化。

物种可以流入城市中。

综上所述，生态城市中绿地系统设计的基本原则如下：绿地系统是生态城市环境系统的子系统，维持着整个系统的平衡与稳定；绿地系统在设计上除了满足城市规划的需要，还需要遵循景观生态学等原则；绿地系统要形成具有联系的网络系统，保证物种的多样性、生存与迁徙。

（二）生态斑块、廊道与基质

保罗·道顿（2008）认为野生的物种栖息地对于城市环境来说越来越重要，但是不断增加的人类空间使得野生的物种栖息地越来越少。在野生物种保护方面，即使是很小的地块也有价值，因为它可以提升地区整体的生物多样性。单纯从物种多样性方面来说，小地块形成的网络往往比一个等面积的大地块的"物种/面积"效应更好。这种小地块（生态斑块）之间的联系就是生态廊道设计的基础。

斑块—廊道—基质是景观生态学的基本原理。生态斑块与廊道是景观嵌合体的主要要素，它们直接影响城市绿地系统的空间模式，同时影响景观结构、分布与连接。

斑块是生态景观尺度下的空间单元，被基质包围并与廊道相连。斑块有四种类型，包括残余斑块、引入斑块、干扰斑块与环境资源斑块。残余斑块是更大的区域中残留下来的小块；引入斑块是大的地块中的不同类型的小地块，如林区中的小块草场；干扰斑块是大的地块中失去生态特性的小地块，如林中空地；环境资源斑块如城市中的湿地等。[①]生态城市（特别是新建生态城市）中最主要的生态斑块应该是引入斑块，也可能有环境资源斑块的存留。大小、形状和自然边界是生态斑块的主要特性。生态廊道通常是狭长的带状栖息地（王鸿楷，杨沛儒，2007），是一个斑块到另一个斑块的延伸连接。生态廊道可以归结为线、带和流三个类型，其中包括物种迁徙廊道、踏脚石、道路、防护林、河流等。生态廊道的特性有宽度、连接度和弯曲度等。斑块和廊道镶嵌在基质中，按照生态城市的理念，包括城市空间也需要镶嵌在生态基质中。

在生态城市的设计策略中，一个生态斑块附近建立了另一个生态斑块，都将会增强生态栖息地的总体作用，这些镶嵌在城市栖息地上的斑块通过城市结构，

---

① 文克·E.德拉姆施塔德，詹姆斯·D.奥尔森，理查德·T.T.福曼.景观设计学和土地利用规划中的景观生态原理[M].朱强,黄丽玲,俞孔坚,译.北京：中国建筑工业出版社,2010：19-46.

有效地连接到城市生态廊道中。城市生态廊道不仅是线性公园，或者河流、铁路、公路的绿化防护带，不能只有绿地，而是要一点点地增加这些绿地的生物多样性。生态廊道的网络需要在土地利用规划上有所体现。生态廊道需要完全包含在建设形式和人工结构中。如果有计划地实施，城市内也许不仅有可供游憩的休闲绿地，更有可能是一片具有实际效果的森林。生态廊道的重要性不断增加，使生态恢复工作更加具有弹性，以应对突如其来的变化，保证了城市绿地和生活景观的动态稳定性。[1]

在生态城市中，生态廊道可以与交通运输线路或者是市民休闲活动场所进行整合，前者可以成为城市发展廊道，后者可以成为带状公园。

（三）可持续的开放空间

城市的开放空间（或开敞空间）是城市中的非建设空间，其空间开阔、较少围合，具有公共属性，是人与人或人与建筑外界环境交流的重要场所，并且具有作为公园或游憩的使用价值（英国伦敦《开放空间法》，1877；美国房屋法，1961），一般需要有一定的自然景观做依托，使人感到舒适（C.亚历山大，1977），为市民提供安全、有品质的室外活动场所。从广义来说，城市周边的农地、林地等自然资源，城市内建筑物以外的空间，都可以看作开放空间。建筑与开放空间可以表现出城市中建设与非建设情况的"图底"关系。[2]绿地系统也是开放空间的一个组成部分。

开放空间承担了城市大部分的生态环境要素，是建设生态可持续空间环境的可行步骤，具有生态、社会和经济属性。生态城市的开放空间可以基于它的空间分布、多功能组织等特征，为城市整体空间带来有益的改变。开放空间的设计，可以提高城市居民的公众健康和生活质量；安排公园和休闲活动；分隔土地，缓解空间压力；改善城市环境，与自然相联系并且具有城市生态功能。开放空间的设计要建立生态框架，以满足城市人口的需要。[3]开放空间系统需要与自然、文化相结合，并具有地方特色，使人们获得认同感和归属感。

---

[1] Paul F Downton.Ecopolis：Architecture and Cities for a Changing Climate[M].Berlin：Springer Publishing，2008：381-383.
[2] 谭纵波.城市规划[M].北京：清华大学出版社，2005：109.
[3] Aydin Ozdemir.Urban Sustainability and Open Space Networks[J].Journal of Applied Sciences，2007（7）：3713-3720.

二、技术与方法

（一）景观生态学的方法

景观生态学是生态学在设计中应用的一个新方向，是对生态系统技术的新的认识（克里斯·里德，尼娜·玛丽·利斯特，2014）。景观生态学将城市区域空间视为"嵌合体"，通过"斑块—廊道—基质"的要素来描述自然生态的景观空间模式。绿地景观规划设计的理论以景观生态学为基础，强调空间整体性，在城市空间中引入生态流动，将绿地景观作为城市整体复杂系统的一部分。将景观生态学运用到实际的绿地系统规划设计时，需要进行动态的生态分析，可以使用不同时期的卫星或航拍图，结合人工判读的方式，观察自然生态结构的变迁，如斑块大小、廊道的宽度以及物种的数量等。我们可以发现，城市向周边蔓延对城市边缘空间、廊道空间、单核心空间、多核心空间及大尺度空间的自然生态景观结构都会造成一定程度的改变（杨沛儒，2005）。

遵循景观生态学的原则，在城市区域/地区层面生态城市绿地系统的规划设计中应该注意，一个生态效益优良的绿地应该是：保持绿地系统的物种多样性，并有效抵御外界干扰；需要保证一定的面积，在等面积下，大面积的绿地生态效果优于分散的小块绿地；尽量使绿地网络联通，连续的或者相靠近的绿地优于分散的不临近的绿地；曲线边界可以比直线边界创造更多的生物交流机会。

在城市或城区层面上对自然生态的绿地系统进行分析时，可以通过"生态策略点"理论，找出对生态建设重要的地点来构建生态廊道网络，保证生态结构的完整。生态策略点需要在城市区域内对生产力、生物多样性、土壤、水分等要素进行分析并结合景观生态学的方法，识别自然资源丰富、生态敏感和生态踏脚石的区域。[1]

（二）城市森林与城市农业

1.城市森林

城市森林是生态城市规划设计中绿色开放空间的有效载体（温全平，2008）。城市中需要有一片森林，"列树以表道"（《国语·周语》），为市民带来林荫、绿意和私密空间，城市森林同时具有环境效益和生态效益，所以在生态城市中更是

---

[1] 杨沛儒."生态城市设计"专题系列之三 景观生态学在城市规划与分析中的应用[J].现代城市研究，2005（9）：41-43.

需要这样一片林地。城市森林是在城市中生长的一片森林或树木集聚。从广义上来说，城市森林可以指人类栖息地周围任何的树木和木本植被；从狭义上来说，是指在城市建设中遗存的林地生态系统，也可以叫作森林公园。具体来说，城市森林的社会效益包括：满足市民社交、休闲、欣赏等活动需要以及与自然亲近的心理需求；经济效益包括：为建筑提供遮阴，减少空调的使用，树木维护良好、风景优美的商业区可以带来更多消费；环境效益包括：减少空气污染，去除空气中的污染物和颗粒，降低城市热岛效应，增加碳汇，散发有益的生物挥发物。

城市的自然环境本底条件决定城市森林的树种和功能结构。城市森林也要配合土地利用方式来合理配置，如教育、医疗等公共用地的绿地率较高，工业区周边的森林绿地要发挥防护功能，将生态廊道作为交通走廊等。从城市中心到边缘，城市森林的覆盖率梯度变化。在不同的城市区域（城市核心区或者近郊），城市森林的形态应该与功能相适应。城市边缘的林地形态可以"接近自然"，而城市核心区的林地需要相对不那么密集，在精心的设计和修剪维护后，根据人们的使用需求和心理感受来安排。[1]

2. 城市农业

城市农业可以认为是城市中心区范围内（内部或周边）为城市所包容的农业活动，包括生产、加工、销售和消费。发展城市农业是生态城市建设有效的措施之一。[2] 城市农业并不是一个新的概念，而是经过了上千年的认知与改变，在古波斯和二战后都有在城市中进行农业生产的例子。如今，对绿色空间及城市中供个人使用的小块菜地的向往，产生的这种新型花园式土地已经出现在世界各地。这是从食物供给角度出发，对"从土地到餐桌"理念的实现。但是值得注意的是，城市农业的发展也是有条件的，如植物生长很大程度上依赖水资源[3]（CJ Lim, Ed Liu, 2010）。城市农业可以提高社会整体的情感福祉，不但为市民提供就业和满足一定的食物需求，还可以提倡低碳生活，使人们与自然互动，缓解心理压力。在节能方面，本地的食物供给可以在一定程度上减少食品运输的能源消耗，从而减少城市的碳排放。在环境方面，除了减少空气污染和颗粒物及噪声影响外，还能有效去除土壤中水分内的有害物质，如重金属、无机或有机化合物。城市农业还可以为一部分家庭提供新鲜

---

[1] 温全平. 城市森林规划理论与方法 [D]. 上海：同济大学，2008.
[2] 刘长安，赵继龙. 基于都市农业的低碳城市发展策略研究 [J]. 山东社会科学，2013（7）：140-144.
[3] CJ Lim, Ed Liu.Smartcities and Eco-Warriors[M].London：Routledge, 2010：18-20.

的水果和蔬菜，提高市民的营养水平，减少患病风险。

城市农业因为经济、安全和健康等问题，在传统城市实际的食物生产过程中缺少一些必要的联系环节，但是在生态城市的规划设计中可以通过精明增长的设计语汇，结合土地利用、基础设施和景观设计等手段，创造出可以实行的、具有生态景观效益的都市农业。

第五节　可持续生态城市的空间结构

影响生态城市空间结构的主要要素包括土地利用、公共交通和绿地系统。

一、生态城市的空间结构

生态城市是理想的空间结构模式（顾朝林，甄峰，张京祥，2000）。生态城市的空间结构可以从环境容量、经济负荷等方面确定城市可持续的活动规模，保证城市正常的生产生活的补给平衡。[①]城市空间结构是城市各个要素之间关系的空间表达方式，包含城市形态、城市结构和城市相互作用等内容。从城市功能的组织方式来看，其空间结构的要素包括节点、梯度、通道、网络以及环与面。其中，节点是城市不同功能的重点集聚区域；通过城市相互作用与流动引起了节点的集中与扩散，形成了空间梯度；梯度导致节点之间形成要素的流动通道构成网络；网络构成环与面，也就是城市功能区。所以，城市空间结构可以看作城市要素与功能区在空间上的布局与相互作用的形式。生态城市的空间结构是以生态城市理论为背景，将生态环境要素添加到城市基本要素中，并参与城市活动，进而产生的城市形态的空间表达，也是城市生态系统的空间依托（图4-5-1）。[②]

城市空间又可以分为生活空间、生产空间和生态空间，三个空间分别对应城市生态系统中的生活区、生产区和生态协调区。生活和生产是人类社会的基本活动，其所占据的空间是人类活动的主要场所。城市生态空间是城市生态系统所占据的空间。生态空间是生活空间和生产空间的潜在支持，具有生态服务功能的生态空间可以成为生活空间，具有资源和环境容量的生态空间可以成为生产空间。

[①] 黄光宇，陈勇. 生态城市理论与规划设计方法 [M]. 北京：科学出版社，2002：93-94.
[②] 孙国强. 循环经济的新范式：循环经济生态城市的理论与实践 [M]. 北京：清华大学出版社，2006：102.

生态空间与生活空间、生产空间是重叠的，是生态城市空间的"基质"。因此，生态空间既包含森林、水体、农地等动植物栖息地，也包含人类生活和生产空间。一个运行良好的生态城市，生活和生产空间应该都是生态化的空间，生态空间为生活和生产的新陈代谢和自给自足提供了支持和可能性，也增强了城市空间结构的弹性。[①] 如前面对城市空间结构要素的阐述，生态城市的节点、通道和功能区都应该是生态的，从而有利于维持生态城市整体的资源、能量的循环。

随着生产力的不断提高和城市化进程的不断推进，也包括新建生态城市在建设过程中的产业与人口集聚不能如期完成所带来的变化，使得生态城市与一般城市发展过程相似，其空间结构也不是一成不变的。而不同地区的地域特点、自然条件、资源禀赋、经济发展、人口素质也不尽相同，生态城市的空间结构也要与这些支撑要素相匹配。

二、生态城市空间结构的构成模式

生态城市空间的构成模式可以从几个不同的角度来分析。从宏观的城市空间结构来讲，可以分为扩散和集聚两种模式。扩散意味着城市功能要素的分散，在高密度的大城市核心区，这种"有机疏散"可以为城市核心带来更多的绿地和开敞空间，而疏散后的郊区也可以给居民带来更好的生活环境。集聚是指集约化的城市空间模式，城市各种功能要素相对集中。对于位于城郊或者城市边缘的新建生态城市，适度的集聚城市功能要素，也就是前面阐述的"紧凑城市"，可以提高城市效率，提升城市活力。从功能与空间要素上来说，生态城市的生产生活空间与生态空间的组合模式可以分为圈层结构和镶嵌结构。圈层结构即是围绕城市核心区、城市功能节点的向内集聚，物质与信息流动则沿着通道向外延伸取得交换，是聚居倾向与关联倾向的结果。镶嵌结构是指生态城市的各个节点形成不同单一功能的组团（如居住、工业、商业、对外交通等），这些组团在生态空间的基质上按照之间内在的联系和功能特点，按照一定的原理分布。要素组合越是合理，生态城市的空间效率就会越高。

在相对微观的角度下，人的出行舒适度成为城市空间结构的基本影响因素，即可达性。生态城市中将不同功能区联系起来的主要方式是公共交通，围绕公交

---

① 王如松，李锋，韩宝龙，等.城市复合生态及生态空间管理[J].生态学报，2014，34（1）：4-5.

站点的居住和工作场所形成了城市的基本单元（邻里）。城市是由邻里聚集形成的城区组成的，集聚模式可以分为六种，包括核心城市、星形城市、卫星城市、住区体系、线性城市和多中心网络城市。这些形式有着不同的弊端：核心城市是极端的"紧凑城市"，虽然城市向心感很强，但是存在拥挤以及安全和隐私等问题，缺少弹性；星形城市类似于"指状城市"，拥有较高密度的城市核心和沿着公交系统和道路系统放射出去的中等密度城市空间，虽然缓解了一部分核心区的压力，具有了广阔的开敞空间与绿地，但是不经济的土地利用和线性交通带来的通行效率低下也是不能回避的问题；卫星城市是在城市核心外通过农地形成的边界，将城市功能区环绕在城市周围，这种模式限制了城市规模和人口密度，但是增强了城市功能空间与生态空间的联系和城乡之间的互动；住区体系是由道路交通网络联系的小型城市单元；线性城市是沿着道路或公共交通线路所建的城市空间形式，这种形式较为紧凑，但是需要大量的基础设施投入，缺少经济性；多中心网络城市有着分散的多个城市中心，并且形成网状的空间结构，在交通站点有着很高的密度，在节点之间的通道也有相对密集的建设，这种结构模式具有良好的适应性。综合这些空间结构模式，适当地与建设地区的本地条件相适应，通过几种方式的组合，可以形成较为合适的、可持续的城市空间结构模式。尤其要确定合理的城市密度，通过自下而上、从微观的邻里到城区的有层次的空间组合，为生态城市的空间结构提供更大的弹性和可行性。

三、立体城市与垂直城市

"立体城市"更像是一个城市概念或者是"有依据的乌托邦"，是一种极端紧凑的城市空间结构。关于立体城市的定义，专家学者都有不同的看法，可以归纳为五点：第一，立体城市是在城市化进程中（特别是我国）解决人地关系的一种手段，具有区域城市的性质，可以节约空间资源，缓解基础设施压力。第二，立体城市有利于实现更多人口在本地的就业。第三，立体城市提供一种城市空间组织形式的探索，城市要素不局限于平面联系，也可以在垂直方向上发生关联，注重垂直方向的功能分区，可以缩短通道距离和连接方向，易于系统整合和创造出更高效率的城市要素关系。第四，立体城市可以为城市原有历史文化的保护留出更多的空间。第五，立体城市是一种新的城市景观，创造更多的绿化及开敞空间。[①]类似的理念还有垂直城市，这种概念更加倾向于在一栋巨型建筑里安排人们工作、生活、游憩，追求极端的容积率与建筑高度。

立体城市或可以认为起源于生态建筑学。生态建筑学是针对高密度人口的一种建设设计视角。这一概念是由保罗·索勒里（Paolo Soleri）提出的，是他的生态城市理念，他将其称为"人类的理想城市"。生态建筑学具有如下特点：首先，是一个在垂直方向多层的、可以承载人类基本城市生活的载体，可以满足人们的开放性和私密性要求。其次，城市空间是复杂的、变化的。最后，是建立在自然生态基底上的，并且具有复杂性——缩小化——持续化的特点。生态建筑学是具有多种要素关联的城市系统，通过紧凑的设计，使城市活动高效组织而不显局促，且具有时空上的延伸。

立体城市作为一种概念性的城市空间结构，被赋予可持续发展的希望，但应该注意的是，这仅是紧凑城市可能的模式之一。立体城市可以是区域城市或者城市综合体，但不应该是一味地追求容积率和建筑高度的"奇奇怪怪"的巨型建筑，并且超高层的建筑也很难融入"真实"的自然环境中。而在一些复杂的地形（如高差较大的山地）上，可以尝试在垂直方向布置城市功能，但这些要素应该具有一定的自发生长特性。另外，生态城市的空间结构在有条件的情况下可以考虑立体交通、立体绿化、立体的信息网络和基础设施等方面的设计。结合生态城市的经济、社会发展目标，应该倡导多层面的空间分层，提升空间使用效率，增加开敞空间，增添城市景观特色，减少热岛效应。

第六节 案例研究

一、新建生态城市：阿联酋阿布扎比的马斯达尔城

（一）概述

马斯达尔城（The United Arab Emirates，Abu Dhabi，Masdar City，2007）被认为是世界上第一座碳中和和零废物城市，是一座建在沙漠中的可持续城市。项

[①] 林贺佳，李娜.立体城市——紧凑集约发展在中国的实践[J].住区，2012（3）：50-55.

目建设起始于 2006 年，计划分七个阶段并在 2016 年完工，不过，受到全球经济因素影响，可能会推迟到 2020—2025 年。马斯达尔城西靠哈里发城，东临阿布扎比国际机场，距离阿布扎比市中心约 17 公里。

马斯达尔城作为生态城市，主要关注点是可再生能源的使用。它的做法主要包括：在城市内只能使用电动车，不使用石油能源，以达到零排放；通过政策法规和行为约束，减少 30% 的废物产生。另外，回收 50% 的废物，33% 转换为能源并燃烧，剩余 17% 堆肥，以实现零废物；在水资源使用方面，居民被允许使用的水资源人均最大限度为每天 180 升（远小于阿联酋的人均用水量每天 550 升），在规划期末，这一数字将会控制在人均每天 146 升甚至更少。

马斯达尔城将通过轻轨与阿布扎比市中心和周边城市相连接，减少公路运输。城市内部提供个人高速公共交通（Personal Rapid Transport，简称 PRT）系统，使用太阳能驱动的电力车连接各个轻轨站点。城市周围的绿地中有太阳能和风力发电厂，通过绿化使城市降温，并由都市农业向城市提供食品，确保城市在生产材料和能源上的自给自足。

（二）用地、密度及城市结构

规划面积 6.4 平方公里，其中居住用地占 52%。计划满足约 9 万人的工作与生活使用，其中常驻人口 4 万，通勤人口 5 万。人口毛密度为 140 人/公顷。总建筑面积 370 万平方米，容积率约为 0.62。可以容纳 1500 家企业。

核心用地由一大一小两个正方形组成。大的正方形地块近似于 1 英里（约 1609.34 米）×1 英里，面积约 2.59 平方公里，集中了总部、交通枢纽、商业中心、学校和科研机构以及大量的公寓住宅，西北侧为太阳能发电站。另一块较小的正方形用地主要是别墅区。城市是方格网状的框架组织结构，道路大多直角相交，便于街区布置。小的正方形地块为 0.5 英里（约 804.67 米）×0.5 英里，面积约 0.65 平方公里。

整个用地轴线偏向东北方向 38 度，朝向西南方向，有利于为街道和公共场所提供夜晚冷却的微风，以减少白天炎热空气的影响，同时进一步减少阳光直射。并且通过横穿用地的长而窄的带状公园，捕获和冷却盛行风，协助城市通风。

周围的绿化有助于减少来自沙漠的灰尘和风沙，也降低了来自机场的噪音。在这些绿地内布置有休闲娱乐设施、发电设施、停车场及食品生产区，可以满足城市基本功能需要。基地被整体抬高23英尺（约7.01米），以易于捕获来自沙漠的微风和布置智能化的城市基础设施。

马斯达尔城的社会活动中心是马斯达尔购物广场和马斯达尔总部。马斯达尔购物广场由马斯达尔酒店和会议中心组成。马斯达尔总部由住宅、祷告殿、公共设施和私人庭院、绿地及社区花园组成。另外，马斯达尔学院已经建成。

（三）公共交通及流动性

马斯达尔城全面禁止汽车通行，城市内的主要个人交通方式为步行、电动车、自行车及轻轨。个人高速公共交通系统每个站点的最大服务半径为150米，并与阿布扎比的轻轨系统相衔接，通往阿布扎比市中心、机场以及周边城市。马斯达尔的PRT全部在地下运行，以减少对地面步行的干扰，并节约用地。另外，为满足每天4万人的通勤需求，马斯达尔城将在城市周边建立石化燃料汽车的停车场，这些停车场也连接着PRT站点。

马斯达尔实施无车化，市民通过步行与PRT进行转换，满足个人生活与公共活动需要。步行半径设置为150米，市民步行2~3分钟就可以到达PRT站点。公园、学校、清真寺、社区中心以及轻轨站点等的服务半径为300米。

（四）绿地系统及公共空间

1. 指状绿化

在马斯达尔城的总体规划中有三条"指状绿化"带状公园穿过城市，不但起到了城市通风和降低气温的作用，而且为居民提供了荫凉和活动场地。公园内设置了步行、慢跑和自行车道以及长椅等设施，同时串联了城市的休闲娱乐场所。为了减少灌溉用水，公园内的植物和树木尽量选择本地物种。马斯达尔城的景观规划基于以下目标：平衡高密度的生活与土地使用，基于乡土景观策略使用本地物种减少灌溉需求，建设统一开放的空间与休闲区和街区级别的花园广场与城市购物广场。主要的公园绿地都不是形式上的广场，但曲折的"指状绿化"带状公园看起来像树木排成的河道，这些带状公园将用地分成两三个部分。马斯达尔所有不可再生的干湿废物都将作为绿地景观的组成材料。

2. 街区尺度

城市形态参照传统的阿拉伯人聚居区（如摩洛哥的福兹），传统的阿拉伯城市设计要素包括：狭窄的街道、自然的形态、高密度的低层住宅、围合的公共空间、混合使用及适于步行的尺度。

步行街道组成方格网系统进一步划分了不同的功能区（如居住、商业等）。街区单元由一系列 Fareej 组成。Fareej 是传统阿联酋房屋形式，一群房屋围合中央庭院，或者通过小径连接户外休闲空间。[①]每个街区尺寸为 240 米 × 240 米，可以容纳 125 人居住，提供 19 个住宅单元。

街道根据当地气候条件需要有足够的遮荫，这需要减小道路的宽度。因此建筑之间的距离较近，并且在顶部都设有出挑的屋顶，使街道尽可能地凉爽。马斯达尔城的规划看起来很像传统的有围墙的城市，被称为麦地那或集市风格。此外，城墙也可以成为阻止城市扩张的边界。

（五）本地化设计

1. 被动式设计

为实现生态文化和生态技术的组合设计方法，马斯达尔城将被动式设计要素纳入城市总体设计，减少对能源的依赖。用大量低层、高密度的住宅增加街道阴影，减少太阳辐射和帮助降温，利用城市东北/西南朝向增加白天来自海湾的凉风和夜晚来自沙漠的微风。

2. 阿拉伯城市传统

城市框架组织成方格网正交结构，布置的每块街区庭院独立围合且有尽端道路相连，道路狭窄且长度较短，这些都反映了传统的阿拉伯城市规划。

二、生态化城市更新：芬兰赫尔辛基的西港

（一）概述

西港（Finland Helsinki，Jätkäsaari，雅特卡沙里）的港口功能将逐渐转移，至 2025 年这里将作为赫尔辛基市中心的一部分，其居住和工作等功能进行重新开发。这是在现有城市总体设计的基础上提出的新策略。Low2No 大赛（Low2No Sustainable Development Design Competition）是 2008 年芬兰国家研发基金与赫尔辛基市组织的一次创新性城市设计大赛。最初的目的是改造城市港口西港这一地

[①] Rachel Keeton.Rising in the East：Contemporary New Towns in Asia[M].SUN Architecture，2011：432.

块，通过对城市地块大型综合建筑群的设计，探讨如何塑造建成环境的生态系统，以推动城市整体迈向低碳和可持续发展的未来。设计包含四个针对城市地块尺度的核心目标：低碳排放、节能、高等级的建筑空间和社会价值以及可持续的材料和方法。[1] 最后获奖的是英国奥雅纳（Arup）的c-life（City as Living Factory of Ecology）建筑设计方案。

这里主要分析比较现有城市设计方案与彼得罗斯建筑事务所的方案"低碳高城"。与目前亚洲和中东地区的生态城市主要以生态郊区为主的趋势不同，西港有着与主城区无法割裂的历史背景联系，这种联系也是欧洲未来生态和可持续城市发展的新议题。西港的设计策略会像指标体系一样指导未来的城市发展，达到生态自给自足、社会长期弹性及经济财政获利的目标[2]（Peter Rose + Partners）。

（二）用地、密度及城市结构

西港现有设计总用地100公顷，人口16 000，建筑面积90万平方米，其中住宅建筑面积60万平方米，容积率为0.9。彼得罗斯建筑事务所的建议方案（以下简称"Low2No方案"）将用地缩减到68公顷，人口增加到21 540，住宅建筑面积增加到70万平方米。芬兰城市的长期低密度发展被认为是不可持续的，在方案建议中提高城市密度主要基于减少私家车的使用，交通以公共电动车和步行为主，进而减小道路面积，为建筑和绿地增加更多空间。

与赫尔辛基市中心一样，西港的建筑高度以7层为主，沿步行街会有一些较矮的商铺，另外会有两栋高层酒店作为区域的地标，以便从市区中心就可以看到新区形象。原有的4万平方米的港口仓库"Bunker"将会被改造成商业中心和图书馆，其他具有地标性的建筑也将会保留。这个地段的建设带有推广可持续发展与提高能源效率的目的，所以建成后会有一小块展示区域。

赫尔辛基作为北欧城市受气候和地理因素影响较大，水和日照决定了市民的活动范围。Low2No方案通过日照分析分配街道和建筑物的位置与数量。布置朝南的街道和又长又窄的建筑，以便最大限度地接受阳光的照射，降低能耗并且提高人们生活的幸福指数。经过调整的方案是原方案一个月内的阳光照射时间的9倍。

---

[1] Low2No.Competition Overview[EB/OL].http：//www.low2no.org/pages/competition.
[2] Peter Rose + Partners.Low2No Master Plan[EB/OL].http：//www.roseandpartners.com/projects/low2no.

（三）公共交通及流动性

现有城市设计注重人行和自行车道网络的发展，以及与电车公共交通系统的换乘。在主要道路中，公共电车建有独立的行车道路，同时考虑了从爱沙尼亚首都塔林坐轮渡过来的人群。城市鼓励市民使用公共交通替代私家车出行。

Low2No方案通过对公共电车站点的排布，使市民步行到车站的时间不超过2分钟。而使用电动车的市民到达停车位置需要3分钟，使用私家车的市民到达地下停车场则需要6分钟。乘坐公共电车到市区中心的时间不过5~10分钟，所以使用私家车的时间成本相对较高。随着时间的推移，方便易用的公共交通将取代私家车。

（四）绿地系统及公共空间

在现有城市设计方案中有一条1公里长的绿地公园带蜿蜒穿过整个地块，这条连绵不断的宽阔绿带将两侧的居住区联系起来。绿带用于休闲活动，并有环形步道通向海滨公园。这个公园将在现状地形上填土抬高，以便架设天桥跨越主要道路。

Low2No方案将绿地分散到地块的建筑之间，实现对环境条件的适应。建筑之间设置9米宽的土渠，上面可供人行走与自行车通行，下面的有机土壤具有汇聚雨水的作用。通过自然景观提供雨水的自然贮存，处理径流水，减少了地块内的污水排放与雨水排放基础设施的建设与维护。同时，线性的绿化开放空间与建筑围合的庭院相比，为市民增加了更多的交往机会。

西港现有的城市设计采用的是北欧城市传统的街区形式。与赫尔辛基另一处生态城市实验区相似，用绿化廊道分割出适应地形条件的街区（通常是不规则多边形），绿化呈"指状"结构渗入每个庭院。街区布置形式是典型的斯堪的纳维亚式城市空间布局，通过建筑围合出庭院，再用街道连接各个庭院空间。考虑到气候因素，街区西北侧的建筑相对紧凑。街区尺度灵活，边长为500~5000米不等。[1]

---

[1] 张彤. 绿色北欧——斯堪的那维亚半岛的生态城市与建筑[M]. 南京：东南大学出版社，2009：147-152.

（五）本地化设计

1. 日光照射的利用

为了更好地利用日光的照射，在Low2No方案中沿街的建筑立面的窗户使用了一种特殊的设计。这种窗户是阿尔瓦·阿尔托（Alvar Aalto）给玛丽亚别墅（Villa Mairea）设计的二楼卧室开窗形式，运用了有角度的开窗，窗台呈三角形突出在外面，增加了窗户的采光面积，产生明亮的光影效果。[①]将这种设计运用在街道建筑上，采用不同方向和角度的突出窗，可以同时增加街道的私密性和公共空间的日光照射面积。

2. 本地材料的使用

芬兰全国大面积为森林所覆盖，是欧洲人均林地面积最多的国家。使用混凝土预制木建筑体系，减少混凝土的使用，也为本地经济发展提供了更多机会。木材相对于钢筋混凝土来说，更加环保，以木材为主的建筑可以"锁住"二氧化碳，而钢筋混凝土在生产时会释放二氧化碳。据统计，每生产1吨的水泥，会产生0.9吨二氧化碳，而1立方米的木材能储存1吨的二氧化碳。[②]

3. 柔性增长与弹性思维

通过多个可持续发展策略的叠加，发掘城市未来的潜力。Low2No方案叠加了灵活的标准化设计、交通站点周边强化、地质工程优化、沿海缓冲规划、通风廊道和林荫大道设计、主动的海洋规划、街道联通性设计以及多中心规划，塑造出城市柔性增长的框架。

三、生态街区及智慧城市：韩国仁川松岛国际商务区

（一）概述

松岛国际商务区（Songdo International Business District，简称SIBD）又被称为"松岛新城"，位于韩国仁川广域市，建造在城市西南海岸填海形成的人工岛上，是仁川自由经济区的一部分（经济区的另外两个地区为永宗岛和青萝）。项目的总体城市设计在2001年由科恩·弗克斯建筑师事务所（Kohn Pedersen Fox，

---

① 王受之. 世界现代建筑史[M]. 北京：中国建筑工业出版社，1999：157.
② 王瑞应. 木质摩天大楼：回归与创新[N]. 周末画报，2014（795）：A14.

KPF)负责完成,提出一些具有创新性绿色生态城市的理念,2009年开始第一阶段的建设。新城建设是由韩国政府投资建设的基础设施,包括连接首尔的铁路系统和仁川国际机场等,目的是将松岛打造成世界通往东北亚地区的门户。松岛距离仁川国际机场约11公里,距离首尔约64公里,具有便利的交通和良好的区位条件。松岛是目前世界上最大的私人房地产项目,建设成本总计350亿美元。该项目也是世界上最大的LEED发展项目,新建建筑需要达到LEED for New Construction的标准,同时使用LEED for Neighborhood Development和韩国绿色建筑认证系统(Korean Green Building Certification System,简称KGBCS)。其开发者(Gale International)希望通过在城市规划中运用可持续设计原则并结合最好的建设实践来创造未来城市发展的理想模式。[1]

(二)用地、密度及城市结构

松岛国际商务区是一座新建的智慧城市和泛在城市,[2]是亚洲第一座以"泛在技术"为理念建设的新城市,实现"无所不在的网络"理念。规划面积约6.1平方公里,包括知识产业园、信息技术产业聚集区等一系列功能新区。除了产业和经济功能区以及标志建筑东北亚贸易大厦(韩国最高建筑)和151仁川塔,松岛国际商务区还配有学校、医院、公寓、写字楼和文化设施。同时,将数字技术深入住宅、街道和办公建筑,实现社区、公共设施、工作单位和政府机构的计算机联网,通过智能技术方便市民生活。

整个地区的景观以纽约中央公园和威尼斯水道为蓝本进行设计,城中点缀有美国佐治亚州萨凡纳市常见的分散绿地。242.8公顷的休憩用地中包括一个40.5公顷的中央绿地公园,为市民提供休闲和放松的场所。

(三)公共交通及流动性

1. 步行城市

成功的商业街区,如东京的银座、伦敦的考文特花园以及纽约的苏荷区等,都是相对较小的规模尺度,鼓励步行出行,同时具有适宜密度的居住区和良好的

---

[1] Jessica Ekblaw, Erin Johnson, Kristin Malyak.Idealistic or Realistic?: a comparison of eco-city typologies[R]. Working paper, Cornell University, Ithaca, NY, 2009: 8-9.
[2] 泛在城市在《智慧城市辞典》中的定义是:"基于泛在信息技术,实现城市内随时随地网络接入和服务接入的城市建设形态。泛在城市建设是智慧城市建设的重要维度,是无线城市理念的进一步延伸。"

公共交通。对比这些具有城市活力且广受好评的地区，洛杉矶、曼谷和休斯顿等城市则需要长距离的汽车出行才能从居住区移动到商业区，这种割裂的密度产生了功能区域的集中配置单元（如绿地的集中）。一般来说，城市的高密度核心往往集中在市场或者是枢纽地区，这些地区周围有更多便利的交通或商业设施。而生态城市，像乔治亚州萨凡纳和伦敦的绿叶住宅广场那样，应该是更加步行化的城市。通过减小密度和复杂的混合功能来削弱喧嚣和吵闹，使城市更加宁静和环保，所以在市场和枢纽周围应建设更多的居住区。

步行阈值是指区域范围内个人愿意步行或使用公共交通而不是自己开车的程度。在松岛国际商务区内，步行区域是步行时间不超过 5 分钟的范围；扩展的步行区域是人们骑自行车或者散步的范围（松岛新城建有 25.75 公里的自行车道）；本地交通区域是指人们倾向于使用公共交通的区域，半径不超过 1.5 公里。这些出行行为一般包括参加集会、购物、去公园活动或者是去工作等。

2. 泛在城市

松岛国际商务区的"u-City"是韩国"u-Korea"计划的一部分，"u"指的是城市信息网络泛在的理念。松岛新城要建设成为完全数字联网的商务区，包括智能运输系统、智能大厦、家庭网络以及智慧一卡通系统等。通过电脑监控，将基础设施连接起来。市民生活所需的金融活动、购物、医疗及住宅等信息全部通过网络与政府系统整合连接，在城市中配备光纤宽带以保证信息传输的稳定。市民只需要使用智慧一卡通，便可以完成乘车、付费、租赁等活动（陈嘉懿，2009）。

（四）绿地系统及公共空间

1. 开放空间和步行系统

每片居民区都共享大面积的绿地，并建有地下停车场。城市开放空间占到基地的 40%，设计了对步行者友好的人行街道和适宜的城市密度，创造了更多的开放空间，活跃了城市街道生活。

2. 中央公园

中央公园建于 2009 年，面积为 41.1 万平方米，是松岛国际商务区开放空间的核心，是以美国纽约中央公园为理念设计建造的，城市内的步行街道、自行车道、广场等都可以通往这片开阔的绿地。中央公园面积占整个松岛国际商务区的 10%。作为滨海城市的一部分，中央公园提供了地区性的休闲娱乐与审美情趣。

中央公园提供了年轻人和老年人使用的设施，他们可以在这里休憩和娱乐。在植物配置上，尽量使用本地物种，减少耗水植物的使用（陈嘉懿，2009）。公园内的海水运河有利于城市生态系统的平衡。

3. 海水运河

中央公园的主要水源是利用海水建设的人工运河。海水运河是一个半封闭的水系，其长度为1.8公里，最大宽度为110米，浅滩水深1.5米。在运河的两个入口使用海水处理设施（Seawater Treatment Facility，简称STF）过滤海水。[①] 通过双倍的过滤海水净化，可以阻止运河在冬季结冰。这样可以改善城市微气候，并且可以使水上的士全年运行。水上的士是一种运河交通，也兼具游览观光功能。海水运河提供了城市与周边自然生态的平衡，结合了环境可持续效益。运河内的8.55万吨海水每24小时就能得到更新，以保证水质。

4. 街区尺度

松岛新城的街区尺度较小，为70米×90米，是传统韩国社区尺度的1/4～1/6。松岛1/3的住宅是3～7层的公寓。

大街区是首尔居住区的基本规划单元，一般大于120米×180米。在传统的街区结构中，高层建筑被设置在街区中央，四周是开放的绿地空间；底层建筑（如12层的板式住宅和5层的联排住宅）被设置在地块相对边缘的位置。典型的松岛新城街区的住宅一般包括具有沿街商业的5层住宅和3层高的具有共享庭院（前花园）的联排别墅。沿街建筑定义了街道的边界，它们的高度、开口距离和绿地形式也赋予街道不同的形态。带状公园穿过每个街区，替代了人行通道。沿街建筑因此形成"开口"或者"城市窗口（视线通廊）"；将庭院空间与街道联系起来，遵循韩国传统的房屋内部、庭院和周边景观的连续性。

（五）本地化设计

本地化设计主要体现在文化与海岸线上。朝鲜半岛70%是山地，到处是峡谷和沿岸平原。复杂的海岸线在韩国西部的仁川市导致很高的潮差，这样就形成大面积的滩涂，这对于韩国人来说具有较大的文化吸引力，在这些滩涂上总会举行一些传统的家庭仪式。松岛国际商务区的城市设计中保留了50%面向大海的岸

[①] Seung Oh Lee, Sooyoung Kim, et al.The Effect of Hydraulic Characteristics on Algal Bloom in an Artificial Seawater Canal: A Case Study in Songdo City, South Korea [J].Water, 2014（2）: 401.

线，另一半将进行疏浚，以适应交通码头的航线需要。

四、案例比较

通过上述不同的案例（地域：中东、欧洲、亚洲，类型：零碳、港口、商务区，形式：城市更新、新建，等等），可以对比目前国际生态城市建设的内容和特点，这些案例也是生态城市模型构建的良好范本（表4-6-1）。

表4-6-1 生态城市案例特点比较

生态城市	紧凑性及街区尺度	流动性及可达性	生态性及绿地	本地化设计
1.马斯达尔	功能：总部、住宅、商业和高校；结构：方格网；特点：用地偏移，白天减少日照和风沙，夜晚有助于通风；街区尺度：阿拉伯人传统聚居形式，围合、混合、易于步行，街区尺度为240米×240米，容纳125人	禁止机动车通行，PRT系统，步行半径150～300米	指状绿化，具有通风、降温、新陈代谢作用，供市民纳凉和活动	街区被动式设计，通过朝向、层高和街道宽度等降低城市温度；街区庭院反映阿拉伯特色
2.西港	动机：城市更新，延续历史背景；功能：住宅、商业；特点：街道狭窄和朝向，减少水面带来的寒冷，增加日照；街区尺度：北欧传统街区形式，形式紧凑，每个街区由建筑围合出庭院，尺度为500～5000米不等	公共电车、步行和自行车出行，注重与赫尔辛基中心城区以及来自爱沙尼亚的轮渡换乘；公共电车至市区5～10分钟	绿地公园带，连接海滨，提供休闲活动，通过天桥减少绿带的分割作用；街区围合有绿地渗透，起到汇聚雨水作用	被动式建筑设计，增加日照；本地材料使用；柔性增长与弹性思维
3.松岛	功能：国际商务区、写字楼、文化设施等；特点：智慧城市、泛在城市，LEED认证；街区尺度：街区尺度为70米×90米，摒弃韩国城市一般的大街区	步行城市，步行阈值：5分钟和1.5公里，网络技术的应用，运河上提供水上的士	步行友好；中央公园（大绿地）；人工海水运河，保证水质，环境可持续；街区"开口"，连续的庭院绿地空间，形成视线通廊	保留具有文化记忆的海岸线和滩涂

资料来源：作者整理。

第七节 柔性设计的可持续生态城市模型

弹性与可持续性都是生态城市的特征。在比较分析各种城市系统和要素之后，可以得出可持续、弹性、宜居的生态城市模型具有以下特点：紧凑的形态结构，有效的可达性与联通性，支持新陈代谢的生态环境及对本地文化、地理、气候特点的保持与尊重等。通过理论研究和案例分析，探讨城市空间形态与自然环境之间的关系，将可持续的生态城市（空间形态）分为十个领域，包括街区尺度、生态化土地利用、可达性、步行及自行车出行、连续的开放空间、生态斑块及物种多样性、雨水汇集、被动式设计、城市物理环境、街区特色，并将其带入紧凑性、流动性、生态性及本地化四个基本目标，以此作为生态城市新的可持续发展模型。模型虽然具有阶段性，但符合目前国际生态城市发展的趋势，同时对我国生态城市未来的发展建设也具有借鉴意义（图4-7-1）。

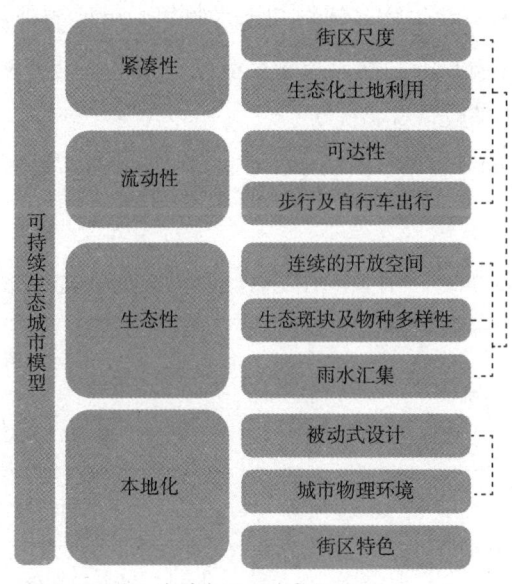

资料来源：作者整理。
图4-7-1 柔性设计的可持续生态城市模型

第八节 本章小结

柔性设计基于生态城市设计，本章是柔性设计的基础，主要阐述可持续生态城市模型的基本目标其包含的领域，并进行了理论阐述和案例分析。

根据文献与案例的总结分析，我们得出宜居、可持续的生态城市需要具有紧凑的城市空间和土地利用、保障城市的流动性、重视城市内部及周围的生态系统、尊重城市本底条件和历史文脉等特点，对应城市紧凑性、流动性、生态性与本地化的基本目标。并将基本目标分解为十个领域：街区尺度、生态化土地利用、可达性、步行及自行车出行、连续的开放空间、生态斑块及物种多样性、雨水汇集、被动式设计、城市物理环境、街区特色。

这十个领域并非是孤立的，它们之间具有一定的相互联系，如步行和自行车出行关系着城市基础设施的可达性，紧凑的街区尺度也可以创造良好的可达性，生态化的土地利用关系着生物多样性与雨水收集，街道的被动式设计关系着风、光、热等城市物理环境，流动性导致城市蔓延，城市蔓延会侵占城市周边生态环境，城市化、全球化导致传统丧失等。

下面为柔性设计的可持续生态城市模型表格形式，以便与下一章节的城市风险对应（表4-8-1）。

表4-8-1 柔性设计的可持续生态城市模型的表格形式

可持续的生态城市模型	紧凑性	街区尺度
		生态化土地利用
	流动性	可达性
		步行及自行车出行
	生态性	连续的开放空间
		生态斑块及物种多样性

续表

	生态性	雨水汇集
可持续的生态城市模型		被动式设计
	本地化	城市物理环境
		街区特色

资料来源：作者整理。

第五章 柔性设计的应对：生态城市的风险

本章主要内容为柔性设计的应对：生态城市的风险，主要介绍了三个方面的内容，依次是：作用于生态城市的压力、作用于生态城市的冲击、将风险转化为城市空间形态的突现。

第一节 作用于生态城市的压力

一、城市化

城市化（特别是快速城市化）是城市面临最大挑战和问题的根源（参见第三章第三节）。城市化从外在形式上分为农业人口向城市人口转移的人口城市化与乡村土地向城市用地转变的空间城市化。

（一）社会差异——人口城市化

李婕与胡滨（2012）认为，我国当前人口城市化和空间城市化不同步。大量人口涌入城市，在短时间内难以得到社会身份和认同，经济收入差距、文化意识差距等产生"社会极化和空间区隔"。缺乏凝聚力和信任感的城市社会，导致"失序与失范"[1]。这些问题作用到城市空间，对城市整体活力与效率、公共空间的使用等都会造成不良影响。

杨东峰等（2015）认为，我国在快速城市化进程中，人口向特大城市或大城市移动的现象明显，许多城市存在"人口流失与空间扩张的悖论"[2]。城市收缩而

---

[1] 李婕，胡滨.中国当代人口城市化、空间城市化与社会风险[J].人文地理，2012（5）：7-11.
[2] 杨东峰，龙瀛，杨文诗，等.人口流失与空间扩张：中国快速城市化进程中的城市收缩悖论[J].现代城市研究，2015（9）：22-23.

空间扩张这种反常现象也是部分生态新城建设衰败的原因之一。

综上所述，我国的人口城市化在具有人口吸引力的城市与一般城市呈现截然不同的两种趋势，在具有人口吸引力的城市中，需要应对的是城市外来人口的社会身份与认同问题，维持社会凝聚力和秩序，可以从居住、社会服务等方面考量；在"收缩城市"中，需要采取"精明收缩"的策略，"重新设计城市"，通过棕地和灰地的利用实现城市的可持续发展。

（二）边界蔓延——空间城市化

蔓延是城市化的"一个子类"，是一种城市化形式，具有跳跃式发展、商业带动、低密度、交通不便、土地功能单一等特征。[①] 蔓延的城市侵占了周边的农地与自然生态，也是造成城市污染、土地与资源浪费的原因。比较公认的蔓延对城市的负面影响有：加大公共设施投入成本、社会隔离、城市流动低效、生态侵蚀、加重能源消耗与污染等。

在市场化与资本的城市化的作用下，蔓延似乎是不可避免的。蔓延也确实满足了一部分城市发展的需要和市民的居住需求，但不是一种可持续的发展模式。蔓延消耗了有价值且有限的农业土地和生态用地，影响了生物多样性，车辆增加导致污染。但是，蔓延一直是一个有争议的话题，许多学者认为，只有盲目无序的蔓延才会带来负面影响，城市规划工作应当将城市发展引向理性增长。爱德华·格莱泽（2012）认为，城市通过集聚给予人类更多的合作可能，推动了社会和经济的发展，城市中心衰退与摩天楼都是因为城市活力产生的。要保证更加可持续和更高质量的生活，城市必须放弃无序蔓延的平面式扩张，建造更加紧凑、可以容纳更多人口的城市中心。[②]

彼得·卡尔索普与威廉·富尔顿从环境、社会与经济角度提出"区域城市"（将城市中心和郊区看作一个整体），并统一进行规划与设计，以适应城市空间的扩张，但这需要建立在郊区成熟和旧街区的复兴条件下。

[①] 奥利弗·吉勒姆.无边的城市——论战城市蔓延[M].叶齐茂，倪晓晖，译.北京：中国建筑工业出版社，2007：3-9.
[②] 爱德华·格莱泽.城市的胜利[M].刘润泉，译.上海：上海社会科学院出版社，2012：201-300.

二、城市生态系统

（一）城市生态承载力压力

承载力包含"阈值"的含义（参见第四章第二节），超出承载力所带来的城市本底状态的改变是不可逆的。城市由生态环境所围合，其环境和资源都是有限的，只能承载有限数量的人口和人类活动，因此只有考虑城市生态承载力的制约，才能实现可持续发展，否则会带来严重的环境问题。城市生态系统承载力基于城市的环境——经济——社会的复杂系统，包括"生态支持子系统的支持能力和社会经济子系统的发展能力"[1]。

提高城市生态环境系统的承载力，需要从提高环境系统的包容性与减少对环境资源的消耗两方面来进行，一方面，通过提高生态环境系统对污染和消耗的承纳能力，增加系统恢复力；另一方面，通过社会和经济的发展，增强环保意识和提高治污技术，减少对生态环境系统的影响。

城市生态环境约束了城市空间演化，承载了城市社会和经济活动。建立安全的生态空间格局可以维护城市生态系统的承载力及生态系统的完整性。构建生态基础设施是城市获取"生态自然服务"的基本保障，为城市提供生态服务的是一种自然环境的空间结构。[2]

（二）城市生态系统压力

城市生态系统压力源于城市发展的复杂性，城市生态系统的压力和承载力是相对的，有压力才有了承载力。城市生态系统压力包括内在压力和外在压力，内在压力是城市系统的资源消耗与环境污染，外在压力是城市化、经济发展和生活质量提高。城市生态系统压力指数模型（EPIO）表示了当城市生态系统承载力大于压力时，城市是可持续发展的状态。[3]特别是生态关键和敏感地区的城市规划与设计，更需要确定资源和承载力。

城市可持续发展可以认为是环境、社会与经济层面在城市空间内的自给自足，

---

[1] 何强，井文涌，王翊亭．环境学导论（第3版）[M]．北京：清华大学出版社，2004：71．
[2] 俞孔坚，李迪华，刘海龙．"反规划"途径[M]．北京：中国建筑工业出版社，2005：20-25．
[3] 何强，井文涌，王翊亭．环境学导论（第3版）[M]．北京：清华大学出版社，2004：71-72．

"既不输出污染,也不进口资源"。这样的平衡,才能在本地资源承载力下实现生存质量和生活空间的改善。①

第二节 作用于生态城市的冲击

一、水循环

城市水循环是自然水循环与社会水循环的复合系统,具有自然—人工的循环模式,受到自然气候和人类活动的影响。城市水资源具有有限性和可再生性的特征。② 自然界的水循环是通过蒸发与降水来调节平衡的。

(一)非透水地表与径流

城市对水循环最直接的影响来自非透水性的人工地表,它会对水循环造成以下影响:阻碍雨水渗透、覆盖纤细的溪流、增大降水过程中地表径流速度、增大洪灾风险等。在自然界中,雨水渗入土壤,存储在含水层中;降水过程中,土壤含水饱和或有非透水物质阻碍就会形成地表径流。"降水—渗透—贮藏—径流—蒸发—降水"是自然界水循环的过程。

(二)水污染

城市用水量巨大(家庭、工业、商业办公等),随着城市的发展,会排放更多的污水。城市非透水性地表和农业耕作中不当的施肥都会造成水污染。

(三)水循环管理

生态城市设计需要将城市放到整个河流流域来考虑,这会得到更加复杂的城市水循环模型。不管城市供水来自地表还是地下,往往较少考虑维护整个河流径流,这会造成以下问题:为了满足城市用水需求超采地下水和修建供水工程,造成整个流域环境恶化;为了排水排污,河流径流承受洪涝和污染;城市中大量的人工地表影响雨水渗透,阻碍径流和水循环。

---

① 克利夫·芒福汀. 绿色尺度[M]. 陈贞, 高文艳, 译. 北京: 中国建筑工业出版社, 2004: 181.
② 张兴文. 城市水循环经济模式与技术支持系统[D]. 大连: 大连理工大学, 2006: 19-22.

城市水循环管理工作包括：改善地表径流的"输送与滞留"，以减小洪灾风险；预测用水量，保障淡水供应；控制水污染排放，并及时处理污染。①

"城市水文效应"这一概念指的是由城市化引起的环境影响和水文变化，包括水资源短缺、洪涝灾害、水污染等。造成城市水文效应的主要原因是城市雨水管理不当，阻断了雨水在城市中的水循环。②

生态城市需要通过预测用水量、恢复地表径流和含水层、减少水污染的潜在来源、雨水汇集等措施，减少水循环的冲击。

二、废弃物管理

虽然城市的紧凑性可以带来可达性等可持续优势，但如果城市废弃物得不到良好的处理，就会牺牲城市的舒适性和健康性。③废弃物的堆积也会导致城市与土地的衰败。所以，生态城市需要尽可能地从社会角度提倡物质和能量资源的循环与再利用。

（一）城市新陈代谢

城市的废弃物管理关系着城市的新陈代谢。新陈代谢原本是生物学中的名词，指生物体内发生的化学反应的总和，在城市中，新陈代谢指城市中物质的输入与流出，以及物质在城市中转化（生产与消费）为废弃物的过程。生态城市是一个独立的"新陈代谢实体"，所以有物质（原料、能量、水、等）输入，也有废弃物流出。④

（二）废弃物的产生、处理及垃圾填埋

在城市中，人类的生活和社会活动产生的废弃物有一部分通过有效的回收进行再利用，遵循循环社会的 3R 行动（减少废弃物产生、再利用与再循环）。除去这些被回收的废弃物，剩下的是垃圾排放。

一般来说，城市废弃物处理方式包括资源化处理（再利用）、焚化与填埋。废弃物再利用是最为理想的可持续途径，但是并非所有的废弃物都能资源化，余

---

① Rodney R.White. 生态城市的规划与建设 [M]. 沈清基，吴斐琼，译. 上海：同济大学出版社，2009：59-61，63-65.
② 薛丽芳，谭海樵. 城市的水循环与水文效应 [J]. 城市问题，2009（11）：22-26.
③ Rodney R.White. 生态城市的规划与建设 [M]. 沈清基，吴斐琼，译. 上海：同济大学出版社，2009.
④ 同③.

下的垃圾需要进行无害化处理。废弃物焚烧发电、短期稳定化的填埋技术等是目前较为理想的城市废弃物处理对策。

闭合有机物循环是德国的垃圾处理方式，是指在生产与消费这个垃圾产生的循环内，由生产和经销商对循环过程内的废弃物预处理分类，进行回收再利用，剩下的进行无害化处理。①

（三）废弃物管理

城市废弃物管理需要从其产生量、再利用与再循环入手，主导工作包括减量、控制污染、回收再利用、焚化和填埋等。②

三、空气、噪声和光污染

城市污染中的温室气体排放影响了气候变化，噪声和光污染也影响了城市的舒适性。有人将噪声、热辐射和光污染归入空气污染类别。

（一）空气污染

人类活动产生的大气排放物是空气污染的主要来源。空气质量关系着城市土地利用和交通。③空气污染主要影响的是人体健康和城市环境，世界卫生组织认为空气污染改变了空气的自然特性，常见的污染源包括家庭燃烧、机动车、工业和火灾。

在城市中，空气污染和空气质量是相对比较容易获得的量化数据。我国通过环境空气质量指数（AQI）来获得空气质量的实时数据，监测的污染物主要包括二氧化硫、二氧化氮、一氧化碳、臭氧、颗粒物（粒径≤10μm和2.5μm两种）。我国从2016年1月1日起开始实施《环境空气质量标准（GB 3095—2012）》与《环境空气质量指数（AQI）技术规定（试行）（HJ 633—2012）》。

（二）噪声污染

噪声污染对人体健康、动植物、建筑物和机器设备等都具有危害。《中华人民共和国环境噪声污染防治法》中规定，环境噪声指由工业生产、建筑施工、交

---

① 李莉.德国垃圾处理的系统化发展[J].环境保护与循环经济，2009，29（5）：11.
② Rodney R.White.生态城市的规划与建设[M].沈清基，吴斐琼，译.上海：同济大学出版社，2009.
③ 同②.

通和社会生活产生的，超过国家规定的，干扰周围及他人正常工作、生活和学习的声音现象。环境噪声具有感觉性、暂时性、局部性和分散性等特点。①

控制噪声源，削减噪声传播途径和保护接收者（通过建筑物的隔音）等是城市噪声污染治理的主要对策。②

（三）光污染

光污染（又称"光害"）是指对人体健康有害和造成能源浪费的人造光源的光线。城市光污染从建筑立面与夜间照明的角度分类，包括白亮污染、人工白昼和杂光污染（或称"彩光污染"）。③ 光污染的表现形式包括溢散光（或称光泛溢）、眩光、光侵害和光误导。

溢散光是指由于夜间城市照明的光线堆积，遮蔽了夜空的灯光，这种泛滥的光线干扰影响了城市美感和居民的心理健康。眩光还包括频闪光，主要来源是商业区的广告灯、霓虹灯以及设置不当的路灯，过度的眩光会使人感到疲劳和不适。光侵害是指夜间过度的照明影响居民休息的光线。光误导是指设置不当的照明设施对于信号灯、指示牌等的干扰。④

四、能源管理

通过城市能源管理与规划提高能源使用效率。目前在我国的城市规划中缺少能源规划，缺乏有效的数据支持，难以实现能源协调和动态平衡。能源规划主要包括能源使用预测、能源平衡和能源使用效率优化等。随着我国城市化的发展，生产性能耗将逐渐向消费性能耗（城市生活能耗）转变。

能量平衡。能量平衡是指系统中能量的输入与有效能量和损失能量之间的平衡，是加强能源管理的科学方法，是提高能源利用、降低能耗的基础工作（国家统计局《能源统计知识手册》）。能量平衡包括：供需平衡，即保障建筑的冷热、电力、燃气的负荷与总量平衡；时空动态平衡，即保障全年、不同季节、不同区域、不同建筑类型的能源负荷与总量平衡。⑤

---

① 曹明德，黄锡生.环境资源法 [M]. 北京：中信出版社，2004：162-165.
② 谭纵波.城市规划 [M]. 北京：清华大学出版社，2005：183-184.
③ 王振.城市光污染防治对策研究 [D]. 上海：同济大学，2007：8.
④ 苏晓明.居住区光污染综合评价研究 [D]. 天津：天津大学，2012：7-9.
⑤ 孙冬梅，刘刚，刘俊跃.低碳生态城市的建筑能源规划 [C]// 中国城市科学研究会，中国建筑节能协会，等.城市发展研究——第7届国际绿色建筑与建筑节能大会论文集.2011：466-467.

潜在的可再生能源生产。城市生产的商品中具有物化的能耗。①可再生能源一般指可以从自然界中得到补充，能够循环使用重复产生的能源，包括水力、风力、潮汐、太阳辐射、地热、从有机物中提取的燃料等。

城市紧凑和新能源时代的矛盾。在"后化石能源时代"，可再生能源的利用举足轻重，但是可再生能源需要大面积的生产土地才能满足目前城市的能源使用需求，这与紧凑高密度的城市空间组织模式表面上具有一定的矛盾。此外，可再生能源的分散模式需要高效的传输系统和有效的储能系统才能更好地发挥作用。

哈佛设计学院的临界工作室（reMIX studio）尝试探讨重叠城市的方案，即在城市能源需要自给自足的认识下，将城市形态与能源生产潜力联系起来，在传统的城市地块用途设计中加入一定比例的能源生产并建立动态的复杂关系，使紧凑的城市地块兼顾城市活动和可再生能源的生产。②

五、灾害风险、城市安全和脆弱性

（一）生态和城市系统的脆弱性

城市是自然灾害下具有脆弱性的承灾体。在自然灾害和气候变化的研究中，脆弱性是指暴露或遭受不利因素下承受损害的程度和能力，是耦合系统的属性。脆弱性是由于系统缺乏敏感性和应对性而产生的。③在城市灾害管理中，城市灾害包括自然灾害、技术灾害和社会灾害。城市自然灾害具有必然性、不确定周期性、突发性等特点，一般包括洪水、干旱、地震、台风、沙尘暴等。技术灾害是由于人的操作或管理行为不当造成的安全性破坏，一般包括火灾、爆炸、交通事故等。社会灾害是指由人的有意行为引发的干扰和破坏的社会现象，它们可能危及城市社会、经济安全。④

（二）安全城市

随着城市的发展，城市脆弱性逐渐凸显，暴露出自然灾害、生态安全、空间隐患、基础设施薄弱等风险。城市设计需要综合考虑"城市安全底线"，整合防

---

① Rodney R.White.生态城市的规划与建设[M].沈清基，吴斐琼，译.上海：同济大学出版社，2009：45.
② reMIXstudio.overlapped city | 重叠城市[EB/OL].http：//www.remixstudio.org/research/design/overlapped-city/.
③ 李鹤，张平宇，程叶青.脆弱性的概念及其评价方法[J].地理科学进展，2008（2）：19-20.
④ 刘承水.城市灾害应急管理[M].北京：中国建筑工业出版社，2010：7-12.

灾与减灾、避难与防卫、行为与心理等设计对策,构建城市安全体系。安全城市设计是"以安全为关注目标的城市空间环境设计"[①]。

在自然灾害面前,城市的高度集中化会放大灾害的危害,城市空间既是承载体,又是防灾减灾的基础。此外,城市设计还需要注意人的心理和行为安全感的塑造,让城市空间具备舒适性、可续性、可达性、无障碍和可靠性等特征。

第三节 将风险转化为城市空间形态的突现

生态城市的压力与冲击等风险是生态城市空间形态设计的突现(也作"涌现"),是突发性的结构生成,也是系统内部条件对预期变化做出的反应。[②]这些压力与冲击是城市空间功能之外的元素,作用于设计既定的道路、建筑(开口、布局等),驱使城市空间自我修复。

城市风险是不可避免的,但是城市可以通过街道、环境等空间形态的设计降低危害发生的概率,变得更加安全,适应城市的冲击与压力。在作用于生态城市空间的冲击和压力下,需要将这些风险的危害转化为城市空间形态的突现,以此为柔性设计提供题设条件。

一、生态城市风险总结

鉴于上文所述原因,我们可以将生态城市面对的压力与冲击进行归纳,总结生态城市建设和发展过程中面临的风险,如表 5-3-1 所示:

表 5-3-1 生态城市风险

生态城市风险模型	压力	城市化	社会差异
			边界蔓延
		城市生态系统	生态环境压力
			生态环境承载力

① 蔡凯臻,王建国.基于公共安全的城市设计——安全城市设计刍议[J].建筑学报,2008(5):38-40.
② 尼科斯·A.萨林加罗斯.城市结构原理[M].阳建强,译.北京:中国建筑工业出版社,2011:119.

续表

生态城市风险模型	冲击	水循环	非透水性地表
			恢复径流
			水污染
		废弃物管理	新陈代谢
			再利用与剩余垃圾
			垃圾处理
		空气、噪声和光污染	空气污染
			噪声污染
			光污染
		能源管理	能量平衡
			可再生能源
		城市灾害	自然灾害
			社会安全

资料来源：作者整理。

二、生态城市空间形态突现

将第四章所述的可持续生态模型与生态城市风险对应，可得出生态城市在风险的压力与冲击下，从哪些方面对生态城市的空间形态造成损害和影响，其中包含突现与联系（表5-3-2）。

表 5-3-2 生态城市风险与空间形态的突现

		紧凑性		流动性		生态性			本地化		
		街区尺度	生态化土地利用	可达性	步行及自行车出行	连续的开放空间	生态斑块及物种多样性	雨水汇集	被动式设计	城市物理环境	街区特色
城市化	社会差异	●			●	●					●
	边界蔓延		●	●			●				
城市生态系统	生态环境压力						●				
	生态环境承载力						●				
水循环	非透水性地表		●					●			
	恢复径流		●			●		●			
	水污染									●	
废弃物管理	新陈代谢	●						●			
	再利用与剩余垃圾										
	垃圾处理									●	
空气、噪声和光污染	空气污染									●	
	噪声污染									●	
	光污染									●	
能源管理	能量平衡								●		
	可再生能源	●									
城市灾害	自然灾害			●		●					
	社会安全	●		●	●						

资料来源：作者整理。

通过对应，归纳总结生态城市空间形态的突现，作为柔性设计的条件与题设。柔性设计的问题集一共分为六类，包括：人口与用地、街区尺度、非机动车交通、雨水收集、城市物理环境、开放空间等。问题的内容与变量的归纳如表5-3-3所示：

表5-3-3 柔性设计的生态城市突现

问题	适应内容	适应风险	阐述
A. 人口与用地	A1.蔓延与紧凑	城市化	生态城市相对于城市具有不同类型的空间位置，对于城市中心的城市更新生态化改造，需要紧凑高密度的设计；对于城市边缘的扩展型和新建型生态城市发展，则需要根据城市自身的定性定位，确定适当的城市密度和空间尺度
	A2.蔓延与生态用地	城市化	生态城市需要恢复被阻断的生态廊道与斑块
	A3.径流（渗透沟）与生态廊道	水循环	生态廊道与径流结合，恢复自然径流（渗透沟），减少城市地表径流，营造城市绿廊
B. 街区尺度	B1.街区大小与社会安全	城市安全	适当的街区尺度和街区形式可以减缓车速，以实现一定城区范围内的无车化
	B2.街区面积与可再生能源生产	能源管理	可再生能源的生产（指城市常见的风能、太阳能等）需要比传统的化石能源占用更多的土地面积，应通过适当的街区设计，在街区内布置可再生能源生产，以达到城市内能源的自给自足，适应能量平衡
	B3.街区住房比例与社会差异	城市化	生态城市发展需要吸引大量人口入住，新建的城区或生态社区也需要人口迁入，在快速城市化背景下，农业人口和城市人口的生活方式差异较大，这是生态城市在发展过程中需要适应的城乡转换问题
	B4.街区尺度与生活废弃物的回收再利用	废弃物管理，城市新陈代谢	生活废弃物的回收再利用是生态城市废弃物管理与新陈代谢的重要环节，城市紧凑建设与发展的前提之一是具备更加高效、有效的废弃物处理能力
C. 非机动车交通	C1.步行/自行车出行与社会公平	城市化	生态城市建设步行/自行车出行友好设施，体现了社会公平，步行/自行车出行也增加了室外无障碍设施的使用率
	C2.步行/自行车出行与城市安全	城市安全	在一定情况下，步行/自行车出行会对机动车出行效率造成一定阻碍，但是当城市可达性完善，步行/自行车出行达到一定比例时，会大大提高城市交通安全性

续表

问题	适应内容	适应风险	阐述
D. 雨水收集	D1. 自然径流与城市径流	水污染，城市化	城市化造成城市中大面积的非透水性地表，这些非透水性地表形成了城市径流，这些城市径流和雨水排水系统将降水中的污染物直接排入河流，导致地下水补给短缺和洪水机率增加
	D2. 雨水收集与城市新陈代谢	水循环	雨水收集是对雨水的收集、积累、处理或净化，以及存储雨水以作他用的雨水处理方式。雨水的净化处理，能使城市雨水参与到水循环中
E. 城市物理环境	E1. 城市径流与水污染	水污染	非透水地表形成的城市径流是造成城市水污染的主要原因
	E2. 城市物理环境与小气候	城市化	城市小气候是城市尺度下的主导气候条件，通常与城市物理环境有关，包括热舒适度、采光、空气流通等，涉及建筑及建筑布局、能量平衡、非透水性地表、气候条件等要素
	E3. 城市物理环境与污染	空气、噪声、光污染	城市化引起城市物理环境的改变，城市物理环境（建筑密度、朝向、照明等）管理和设计不当会造成城市空气、声和光环境等不良问题
F. 开放空间	F1. 公共空间与社会信任	城市化，城市安全	通过环境良好且有效的城市公共空间，增加户外自发活动与社会性活动频率，增加社会交往与相互交流，进而增进居民间相互理解，减少隔阂
	F2. 连续的开放空间与绿廊	城市生态系统，城市化	（参见第四章第六节的案例）可以看出生态城市中绿廊的重要性，连续的开放空间保证了生态廊道的连续性和城市生态景观系统的完整性，兼做绿廊的开放空间可以改善城市小气候和为市民提供活动休憩场所
	F3. 绿廊与减灾	自然灾害	设置合理的绿廊可以减少地表径流，降低城市热岛效应，提供避震空间，提升排洪减灾效益
	F4. 连续开放空间与生物多样性	城市生态系统	连续且形成网络的开放空间往往比等面积的大地块更加具有生态效应，也比分散的小地块更有生态价值，可以提升地区整体的生物多样性，恢复野生动物的生存空间

资料来源：作者整理。

第四节 本章小结

本章阐述了柔性设计要解决的生态城市风险与突现。

弹性理念并不是要规避生态城市面临的威胁和风险——因为风险是不确定的，往往具有突发性、随机性和不规则周期性等特征——而是要吸收和适应风险造成的改变。因此，需要明确生态城市（空间形态）会遭受哪些风险。

变量是弹性系统中非常重要的要素，描述了复杂系统的变化特征，包括慢变量和快变量。因此，将生态城市面临的风险分为作用于生态城市空间的压力（慢变量）与冲击（快变量），用以表示状态变化在时空尺度上的快慢。

除了我国城市普遍遭受的城市化压力外，生态城市还具有生态敏感性和脆弱性，对资源与能源循环利用、能量平衡的要求更迫切。同时，在环境、社会和经济方面的平衡需求，使生态城市需要兼顾低污染的良好环境，社会安全和城市安全等方面的冲击。

上述的风险会引起城市多个系统的改变，但不是所有的生态城市风险都会作用于生态城市的空间形态上。这些虽然也是弹性理论的研究范围，但不在本书的研究范围之内，因此需要筛选通过生态城市的设计可以解决的问题，也就是作用于生态城市空间的压力和冲击。

这些压力和冲击是可持续的生态城市空间要素的突现，本章将其归纳总结为人口与用地、街区尺度、非机动车交通、雨水收集、城市物理环境和开放空间六类，共18个适应性内容。这些内容反映了目前我国城市在多种驱动力下发展趋势与生态城市核心理念的矛盾冲突，是需要柔性设计解决适应性的具体问题。

柔性设计在生态城市空间设计时，需要把对这些突发性的突现因素的考虑融入原有的功能设计之中。

第六章　柔性设计的阈值：生态城市指标体系的研究

本章主要介绍了柔性设计的阈值：生态城市指标体系的研究，主要从四个方面进行论述，依次是：生态城市指标体系的含义与作用、生态城市指标体系与柔性设计阈值的关系、生态城市指标体系的比较研究、作为阈值的生态城市指标。

第一节　生态城市指标体系的含义与作用

一、生态城市指标体系的定义与特征

（一）生态城市指标体系的定义

指标一般是指现象或事物中某一特征的量化表达形式，由指标名称和其具体数值（或内容）组成。生态城市的指标名称反映的是城市某一特质的抽象概括，数值则是这一特质的数量界定。[①] 在不同的专业里指标有着不同的分类，在统计学中，指标可以分为计划指标和统计指标，分别表示计划中需要达到的标准和实际达到的水平；在管理学或会计学中，可以分为数量指标和质量指标；在经济学中，可以分为实物指标和价值指标；等等。指标可以定义为现象或事物的数量特征的范畴，也可以定义为现象或事物范畴的具体数量，前者是属性的概括，后者是统计的结果。指标体系是指标的集合，是相互联系的指标构成的整体。所以，指标体系具有整体和联系的特征，也就是指标体系的目标可以被其指标解释，而且指标之间需要产生关系。

生态城市指标体系是具体化的城市规划及建设目标，反映了对生态城市内涵

---

① 王宁.天津生态城市评价指标体系研究 [D].天津：天津财经大学，2009：21.

的认识，既可作为城市生态化水平的评价与测度，也可作为生态城市规划和建设目标的分解。生态城市指标体系的内容可以有一定的划分，在阶段上，可以分为近期、中期和远期指标；在城市发展水平上，可以分为初级、中级和高级等指标；在功能上，可以分为评价标准和规划标准；在来源上，可以分为国际性指标、国家标准和地方标准等。①

（二）生态城市指标体系的特征

生态城市的指标体系包含多个交叉的系统，而不是传统城市建设上单一的管理指标。因此，只遵循单一的指标量化标准将无法表达出生态城市的特征。生态城市的指标体系是定量与定性指标的结合。

生态城市指标体系还具有一些其他特点，包括：可靠性，需要各个相关专业领域的配合；本地性，适应地区社会经济发展水平；操作性，具备与城市治理相结合的功能；统计性，有效的数据来源和计算衡量标准；均好性，指标的复杂度和关联度尽量在一个层面。②

需要认识到，指标体系的内容是相对的，如果不与城市本地的发展水平、外部的时间空间条件以及社会与人的特点结合起来，指标的标准值都是没有意义的。指标体系只是从理论上提供了一个参考数值，具有阶段性和局限性。生态城市指标体系是对城市发展目标的定性定量的衡量与评价，体现了抽象的城市总体目标。由于生态城市的系统复杂性，城市总体目标需要划分成不同的层次，所以指标体系也是层次化和递进结构的。③

二、生态城市指标体系的作用

指标体系是生态城市可持续的城市公共管理体系的重要工具，是生态城市的城市治理标准。生态城市指标体系可以作为描述性工具，定义生态或可持续发展的实际内容；可以作为引导性工具，通过引导政策影响实际建设行为；也可以作为评价性工具，衡量城市生态或可持续发展的绩效。

---

① 沈清基．城市生态环境：原理、方法与优化 [M]．北京：中国建筑工业出版社，2011：410．
② 中新天津生态城指标体系课题组．导航生态城市：中新天津生态城指标体系实施模式 [M]．北京：中国建筑工业出版社，2010：136-137．
③ 黄光宇，陈勇．生态城市理论与规划设计方法 [M]．北京：科学出版社，2002：65-70．

"要想操作，就需要度量"。① 在生态城市的规划、建设和管理中引入指标体系，可以辅助城市治理的决策制定；明确城市发展的环境"短板"；引导公众达成共识和积极参与；制定生态城市的设计、研究与分析方案等。指标体系就像机械上的仪表盘，展示了生态城市发展的各种参数，有助于保持城市环境、经济和社会的各方面弹性，以及对城市状态进行及时调整。

一般来说，城市指标具有指导和监控两种作用：可以是对城市项目设计、基础设施或土地利用、规划设计规范的指导；也可以是对规划目标的完成情况，政策或计划的执行，规划方法的实施，经济、社会和环境的效能，城市部门的行为效率，城市个体或团体行为的监控。指标体系是监控城市运行效能的手段，只有对城市运行产生影响才能起作用。生态城市治理是以指标体系为导向的。良好的发展目标是城市建设的重要基础，生态城市治理就是要实现可持续的城市发展目标，通过生态城市指标体系明确城市治理的主体、制定行动规程、协调多方利益。在生态城市建设和治理阶段，指标体系作为管理者政策制定和实施的引导工具，通过技术、政策和经济手段使指标内容在各个阶段达成。生态城市指标体系可以作为政策工具实现城市各个专项领域规划的协调发展，减少片面的目标所带来的种种问题。因此，生态城市指标体系也是各管理部门之间协作效果的考量。②

第二节　生态城市指标体系与柔性设计阈值的关系

一、生态城市指标体系与一般城市规划指标比较

在《城市规划编制办法》和《城市规划定额指标暂行规定》中，一般城市规划编制内容的指标分为总体规划和详细规划两部分，指标主要内容一般包括人口及用地的构成与规模、基础设施的服务能力等。《关于贯彻落实城市总体规划指标体系的指导意见》中指出，指标体系是城市总体规划的重要组成部分，通过完善指标体系可以使规划符合社会经济发展的新趋势，体现可持续发展的理念，并

---

① 中新天津生态城指标体系课题组.导航生态城市：中新天津生态城指标体系实施模式 [M]. 北京：中国建筑工业出版社，2010：114.
② 蔺雪峰.生态城市治理机制研究——以中国新加坡天津生态城为例 [D]. 天津：天津大学，2011：95-122.

与其他相关部门的指标进行衔接。控制性详细规划指标包括规定性指标和指导性指标，规定性指标是地块条件的严格控制，指导性指标是对容量及建筑风格的引导。在居住区或社区设计中，指标体系是整个社区的管理目标，每一个指标都有其对应的社区构成子系统，在方案设计阶段，指标体系为社区时间、空间维度上的比较及居民的公众参与提供了基础和可能性，同时将一些描述性的问题简化为具有关联的量化方式来衡量。

生态城市规划与设计相关的指标与评价指标不同，在规划中出现的指标是在城市建成和运行之前提出的，具有"前置"特征。生态城市规划与设计的指标体系是将有利于城市可持续发展的多学科理论分解到城市规划可以约束的范畴内，对城市建设和管理进行引导（表6-2-1）。

表6-2-1 生态城市规划指标体系与一般城市规划指标的对比

	一般城市规划指标	生态城市规划指标的补充
基本	人口、用地、基础设施	职住平衡、土地混合使用、较高的基础设施覆盖、公共交通
环境	人均绿地、绿地率	本地物种、物种多样化、湿地保护
	污水处理率	污水净化标准、中水使用、雨水的收集和使用
	垃圾无害化处理、回收利用率	垃圾回收的方式
	空气污染物排放消减	具体的空气污染物排放消减、高标准的空气质量、与GDP相关的减排
资源	可利用的水资源、水耗	非传统水资源利用率
	能耗	可再生能源利用、能源的生产和回收
	人均建设用地的控制	紧凑布局、节地
经济	GDP、人均GDP	科技创新、经济发展对环境的影响
	第三产业比重	新兴环保产业、小微企业

续表

	一般城市规划指标	生态城市规划指标的补充
社会	基础设施的服务水平	城市特色、城市活力、城市环境质量、居民幸福感受、无障碍设计

资料来源：作者整理。

二、取值与方向指引：阈值与指标的关系

从狭义上讲，指标即目标，提供明确的方向指引。指标根据时间和目的不同，可以被赋予或者计算确定出不同的数值（是特定时间、特定地点下的数值表示），比如：近期指标与远期指标、用地指标、人口指标等。指标可以是静态的，也可以是动态的；可以是评价标准，也可以是约束条件。

阈值是状态变化的临界值，可以认为是指标的特殊数值，是引起系统某种变化的触发界线。

一般来说，可以认为指标确定方向，阈值确定数值。

本章希望通过对国内外几个受到广泛认可并较为重要的生态城市的指标体系进行归纳与比较研究，确定不同系统要素下的指标的阈值（上限与下限），以此来"描绘"目前生态城市设计与建设的整体状态。

第三节 生态城市指标体系的比较研究

本节将通过指标体系的研究和比较，阐述生态城市发展的脉络和核心。

一、综合指标归类比较

（一）能源、经济、气候变化和环境可持续相关指标

生态城市指标体系的主要议题之一是对气候问题的回应和对可持续发展的关注。在布伦特兰报告之后，1989年，卡尔·亨里克·罗伯特（Karl-Henrik Robèrt）在瑞典创建了非营利组织"自然步骤"（The Natural Step），并提出了自然步骤框架。这一框架旨在帮助一些机构和组织从社会生态系统的角度有策略地

第六章　柔性设计的阈值：生态城市指标体系的研究

接近可持续发展。

1992年，巴西里约举行的联合国环境与发展会议（The United Nations Conference on Environment and Development，简称 UNCED）通过了《里约环境与发展宣言》《21世纪议程》等文件，掀起了全球范围内的生态和可持续发展行动。在《21世纪议程》的第40.4、40.6和40.7条中提出需要制订可持续发展的指标，为决策、核算和组织协调提供基础数据，促进环境与发展的可持续能力。1996年联合国可持续发展委员会（Commission on Sustainable Development，简称 CSD）与其他部门协作，将"经济、社会、环境和机构系统"模型和"驱动力—状态—响应"（driving force-status-response，简称 DSR）模型与《21世纪议程》各章内容结合，提出了联合国可持续委员会的可持续发展指标（CSD Indicators of Sustainable Development）。[①] 最初这一指标体系着重体现了环境压力与可持续发展的密切联系，而后（1996—2000）由各国提供试点参与并依照结果反馈对指标体系进行修订。[②] 2005年，在各国的实践有了很多新进展，并且在一些指标也有了变化的前提下，同时为了应对联合国千年发展目标（Millennium Development Goals，简称 MDGs）的进程衡量，联合国可持续发展委员会对指标体系做出第三版修订。新的指标体系在主题和子题下分为50个核心指标和46个其他指标，使这些指标更加具有可操作性。同样，依照《21世纪议程》章节框架的还有联合国统计局（UNSTAT）提出的可持续发展指标体系框架（Framework for Indicators of Sustainable Development）。

1995年，世界银行开展了一些衡量环境可持续发展的工作，人们认识到可持续发展也是一种资产管理的过程，进而完善了资源核算与可持续指标修订的相关工作，并发表了报告《扩展衡量财富的手段：环境可持续发展的指标》（*Expanding the measure of wealth：indicators of environmentally sustainable development*）。该报告从广义上考量了国家的财富总量，将自然资本和人力资本加到产品资本上，通过研究得出国家或城市的发展需要在经济和环境上均为可持续的。该报告强调了社会资本（人力资本）的重要性，使用"真实储蓄"这一指标连接宏观经济与环境。[③]

---

① 叶文虎，仝川.联合国可持续发展指标体系述评[J].中国人口·资源与环境，1997（3）：83-84.
② Joachim H.Spangenberg, Stefanie Pfahl, Kerstin Deller.owards indicators for institutional sustainability：lessons from an analysis of Agenda 21[J].Ecological Indicators，2002，2（1）：61-77.
③ J.迪克逊.扩展衡量财富的手段：环境可持续发展的指标[M].张坤民，何雪炀，张菁，译.北京：中国环境科学出版社，1998：9-11.

2003年，张坤民教授负责的清华大学环境系与中国人民大学环境学院生态城市课题组编写了《生态城市评估与指标体系》，提出了生态城市可持续发展评估模型及指标体系，通过从经济、生态和社会三个学科专业角度选取的五个单一指标评估模型（真实储蓄率、环境近似调整后的国内生产净值、生态足迹、可持续经济福利指数、真实发展指数），对国内四个城市进行可持续发展的评估研究。在获得的评估结果的基础上编制了生态城市可持续发展指标体系。该指标体系可以对城市10年来的可持续发展状况进行评估，包括资源、社会、经济、环境和体制五个支持系统。

（二）PSR、DSR 和 DPSIR 评价体系

PSR、DSR 和 DPSIR 是三种常见的可持续发展评价模型。PSR（Pressure-State-Response，简称 PSR）模型也称作"压力—状态—响应"模型，是由经济合作与发展组织（Organization for Economic Cooperation and Development，简称 OECD）提出的，这一框架用于 OECD 环境指标体系的构建。PSR 模型的基本含义是人类活动对环境产生压力，这种压力产生的冲击造成了环境的改变，在这种情况下，社会采取相应的措施回应，以减小环境的压力，提升环境承载力。DSR 模型也称作"驱动力—状态—响应"模型（Driving force-State-Response，简称 DSR），是由联合国可持续发展委员会提出的，用于构建可持续发展指标。DSR 模型与 PSR 模型类似，只是这里用"驱动力"替换了"压力"。驱动力是指人类活动对于环境的影响，它不同于"压力"的负面影响，也有可能是正面的影响。DPSIR（Driving Force-Pressure-State-Impact-Response，简称 DPSIR）模型又称为"驱动力—压力—状态—冲击—响应"模型，是欧洲环境署（European Environment Agency，EEA）结合了上述两种模型的优点并加以改良提出的，欧盟的大部分国家都采用这一模型构建环境可持续指标体系。在 DPSIR 模型中，驱动力是影响环境变化的社会经济因子，经济、社会的发展对城市环境产生了压力，使环境的可持续状态发生改变，这些改变对自然、人类及生态过程产生了冲击，社会对于冲击的影响做出预防、适应或解决的响应，以促进城市的可持续发展。

（三）低碳、城市绿化相关指标

我国政府的相关部委陆续颁布了一些生态城市及可持续发展的官方标准，指

标体系是重要的评价及考核手段。

1992年，为提高城市绿化水平，鼓励城市生态环境和基础设施建设，国家住建部提出了建设国家园林城市的目标。为了对园林城市进行评审，住建部颁布了《国家园林城市标准》，并经过几次修订（2000，2005，2010），使指标体系更加便于地方部门使用。为了贯彻和实施《城市园林绿化评价标准》（GB/T50563—2010），目前《国家园林城市标准》指标体系的部分指标及其计算方法来源于《城市园林绿化评价标准》。指标体系从绿地、建设管理、环境、节能、基础设施和社会保障等方面将指标分为八类，每个指标包括基本项和提升项。提升项源于住建部2005年修订的《国家生态园林城市标准（暂行）》，国家园林城市需要满足指标的基本项要求，而国家生态园林城市需要同时满足指标的基本项和提升项要求。

2003年，国家环保总局制订了《生态县、生态市、生态省建设指标（试行）》，作为生态示范区建设的标准。该标准在2007年进行了修订，也就是《生态县、生态市、生态省建设指标（修订稿）》，精简了指标数量。指标体系分为经济发展、生态环境保护和社会进步三类，按照生态示范区建设的不同行政级别（县、市、省），分别提出不同的建设指标，指标考核内容分为约束性指标和指导性指标。

2009年，由美国联合技术公司出资，中国城市科学研究会进行了《生态城市指标体系构建与生态城市示范评价》的研究。该研究的目的是构建一套生态城市指标体系，并通过指标体系评选出值得推广的生态示范城市。2010—2011年生态城市评价指标体系除了按照资源、环境、经济和社会等方面将指标分类外，还有一个涵盖广泛的"创新引领"类别。创新引领类别包含绿色建筑、绿色出行、绿色经济、绿色生活以及城市特色、生物多样性、防灾和公众参与等指标。该指标体系在评价应用的同时针对一些重点生态示范城市做出了应用细化调整。

2011年，由西门子公司资助、经济学人智库开展的"亚洲绿色城市指数"研究以环境绩效为标准评价了亚洲22个主要城市，该指数针对八个方面（能源供应与二氧化碳排放、建筑和土地使用、交通、垃圾、水资源、卫生、空气质量、环境治理）的指标对城市进行评分。指标分为量化指标和定性指标，量化指标衡量城市的环境绩效，定性指标评价城市政策和执行计划，根据数据收集和专家小组研究，指标具有不同的权重，每个指标按照从0到10进行评分。

(四)效能、绿色住区相关指标

2009年发布的美国LEED-ND（Leadership in Energy and Environmental Design for Neighborhood Development）评估体系是目前使用较为广泛、体系较为完善的可持续住区评价体系。LEED-ND评估体系是由美国绿色建筑委员会、新城市主义协会和自然资源保护协会联合开发的，以精明增长、新城市主义和绿色建筑理论为基础。LEED-ND包括3个基本模块和2个附加模块，其中基本模块评分共计100分，附加模块另计10分，根据分值高低，评价项目可以获得入门、银奖、金奖和铂金奖认证。基本模块包括精明选址与住区连通性（Smart Locations & Linkages，简称SLL）、住区布局与设计（Neighborhood Pattern & Design，简称NPD）、绿色基础设施和建筑（Green Infrastructure & Buildings，简称GIB），附加模块包括创新与设计过程、区域优先。评价指标项分为必要项和得分项，必要项是获得认证资格的基本条件。LEED-ND不仅注重物质环境的质量，同时更加注重人的行为引导对于绿色可持续住区的作用[1]（李王鸣，刘吉平，2011）。

英国的英国建筑研究院（The Building Research Establishment，简称BRE）环境评价方法（Building Research Establishment Environmental Assessment Method Communities，简称BREEAM Communities）也是影响较为广泛的住区可持续评价标准，它是以社会、环境和经济的可持续发展为基础，由英国建筑研究院编制开发的，目前最新的版本是BREEAM Communities 2012。BREEAM Communities是一种以改善、衡量和保证社会、环境、经济的可持续设计可以整合到较大尺度的城市总体规划过程中为目的的评价方法。BREEAM Communities是BREEAM评价体系中的一个子系统，不同的子系统之间以单体建筑的评价认证作为衔接。[2]

BREEAM Communities主要是邻里或者更大规模的新建或重建城市项目设计和规划阶段的评价，不包括建成后评价。BREEAM Communities参与可持续发展的总体规划层面评价包括三个步骤：第一步是建立发展原则，这一部分关注的是项目选址，强调场地具有住区级别的能源供给、交通和舒适性，BRE认为选址是关系着住区能否可持续发展的关键因素；第二步是确定发展布局，包括围绕和通

---

[1] 李王鸣，刘吉平. 精明、健康、绿色的可持续住区规划愿景——美国LEED-ND评估体系研究[J]. 国际城市规划，2011, 26（5）: 66-68.
[2] 董世永，李孟夏. 我国可持续社区评估体系优化策略研究[J]. 西部人居环境学刊，2014, 29（2）: 112-114.

过场地的人的移动以及建筑和设施的详细设计要求；第三步是细部设计，包括绿化、排水、交通、建筑环境（不包括建设详细设计）的详细设计和可持续解决方案。BREEAM Communities 的评价项目包括治理、社会和经济福利、资源和能源、土地利用和生态、交通运输、创新六类，每一类都有指标对应上述的三个步骤。治理是促进参与和影响社区的设计、建设、运行和管理的决策；社会和经济福利是影响社区健康福祉的社会和经济因素，包括包容性设计、凝聚力、职住平衡等；资源和能源是指可持续的使用自然资源和减少碳排放；鼓励可持续的土地利用和生态建设；交通运输是提供适当的交通设施，鼓励交通可持续的发展模式；创新是鼓励设计方案在其他方面提高社会、环境和经济的可持续性。

日本可持续建筑联合会（Japan Sustainable Building Consortium，简称 JSBC）研发了建筑物综合环境性能评价体系（Comprehensive Assessment System for Built Environmental Efficiency，简称 CASBEE 响力）。CASBEE 是建筑环境效能的评价方法，包含如下理念：考虑建筑的全生命周期进行评价；评价内容包括环境质量（Q，Quality）和环境负荷（L，Load）两方面；用建成环境效率（Built Environmental Efficiency，简称 BEE）确定评价等级。CASBEE for Cities（或称为 CASBEE-City）是 CASBEE 在城市层面的评价工具。目前 CASBEE-City 有 2011 和 2012 两个版本。第一版 CASBEE-City（2011 Edition）发布于 2011 年 3 月，而后日本可持续建筑联合会对 CASBEE-City 手册进行了一些改进：通过使用公开可用的统计资料和数据库汇编简化行政管理程序；改进环境质量（Q）的数据分析，Q 的变化（ΔQ）代表落实倡议前后城市环境质量的改善；在环境负荷（L）评价时不再考虑二氧化碳的吸收量，只准确评价二氧化碳的减少情况。改进后的新版 CASBEE-City 被称为标准版（2012 版），原来的版本仍然可用，被称为详细版（2011 版）。

在 CASBEE-City 的评价体系中，城市环境性能的等级是通过建成环境效率（BEE）的数值来确定的，它是环境质量（Q）与环境负荷（L）的比值（Q 为分子，L 为分母）。为了提供更直观的图示，CASBEE-City 用直角坐标系的第一象限图来表示城市环境性能分析结果。CASBEE-City 以温室气体（GHG, greenhouse gas）排放的多少来评价城市的环境负荷，温室气体排放需要转换成二氧化碳当量来计算。环境质量指的是市民生活质量（QOL, quality of life），也可以理解为通过对城市区域的运营和维护，创造更多的城市价值。①

DGNB 认证体系是由德国可持续建筑委员会（DGNB，德语：Deutsche Gesellschaft für Nachhaltiges Bauen e.V.）于 2008 年推出的国际通用评价工具。该评价体系提供了一个较为客观的建筑和城市地区可持续性的描述和评价方法，其以"质量"为核心，注重生命周期成本和经济效益，对项目的全生命周期进行评价。DGNB 代表了欧洲可持续评价的最新标准，欧洲的一些其他国家也采用了 DGNB 的评价工具，如丹麦。②DGNB New urban districts（NUD）是其城市层面的评价工具（其他的还有 DGNB New Business District 和 DGNB New Industrial District），最新版本为 2012 版。DGNB New urban districts 评价的城市地区要求总开发面积不小于 2 公顷，并且具有至少两个地块和一定数量的建筑、公共空间和基础设施，住宅功能的建筑面积不小于10%，不大于90%。DGNB New urban districts 的评价内容包括：环境质量（Environmental Quality，ENV）、经济质量（Economic Quality，ECO）、社会文化和功能质量（Sociocultural and Functional Quality，SOC）、技术质量（Technical Quality，TEC）和过程质量（Process Quality，PRO），这些分类当中包含场地质量（Site Quality）有关的指标。每一类内容中的指标都被赋予不同的权重，以表示这一指标的得分占总分的比例。DGNB New urban districts 将建筑之间的环境作为评价重点，如人行道、自行车道、绿地等，另外一些城市可持续发展的基本条件，如能源、水和垃圾等，也是评价体系认证的重要内容。DGNB New urban districts 评价可以用于城市开发建设的不同阶段，第一个阶段为预认证阶段，用于总体规划和城市设计阶段，有效期为 3 年；第二阶段为认证阶段，需要至少完成 25% 的基础设施建设，有效期为 5 年；第三阶段同样为认证阶段，需要建成 75% 的建筑，认证为永久有效期。根据不同的得分，认证项目可以评为铜奖、银奖和金奖。

法国的高品质环保认证（法语：Haute Qualité Environnementale，简称 HQE）也是具有广泛影响的绿色建筑和环境可持续评价认证，主要关注的是建设过程中的环境品质，包括生态建设、生态管理、舒适度和健康等方面的内容，也适用于

---

① 村上周三，川久保俊. その他. 都市の総合環境性能評価ツール CASBEE- 都市の開発—評価システムの理念と枠組み— [R]. 日本建築学会技術報告集 第 17 巻，2011，No.35：239-244.
② Jesper Ole Jensen.Sustainability Certification of Neighbourhoods: Experience from DGNB New Urban Districts in Denmark[J].Nordregio News：Planning Tools for Urban Sustainability，2014（2）：7-11.

评价可持续的空间规划。国际主要可持续认证评价体系比较如表 6-3-1 所示：

表 6-3-1 国际主要可持续认证评价体系比较

	LEED-ND	BREEAM Communities	CASBEE-City	DGNB New Business District
所属国家	美国	英国	日本	德国
发布年份	2009	2009（目前为 2012 版）	2011（与 2012 版同时使用）	2012
理论基础	精明增长、新城市主义	环境、社会和经济的可持续	环境质量与环境负荷，"三条底线"（环境、社会和经济）	质量、全生命周期、经济效益
适用范围	住区	住区	城市地区	城市地区（大于 2 公顷）
指标分类	基本模块：精明选址与住区连通性、住区布局与设计、绿色基础设施和建筑；附加模块：创新与设计过程、区域优先	治理、社会和经济福利、资源和能源、土地利用和生态、交通运输、创新	环境负荷：来自能源来源的二氧化碳排放量（包括工业、居住、商业和交通）和来自非能源来源的二氧化碳排放量（包括废物处理和其他）；环境质量：环境、社会和经济	环境质量、经济质量、社会文化和功能质量、技术质量和过程质量，这些分类当中包含场地质量
指标层次	类别—指标（必要项、得分项）	对应总体规划层面的三个步骤：第一步是建立发展原则，第二步是确定发展布局，第三步是细部设计	环境负荷：大项→中项，环境质量：大项→小项→子项	质量类别→评价专题→指标
指标数量	56	40	25	45
评价机制	权重，百分制	百分制	比值，直角坐标系象限	权重，百分比

资料来源：作者整理。

二、单一指数及其计算方法比较

指标一般是指预期中能达到的指数、规格或标准，指数在统计学中一般指对多种数据进行综合、叠加或统计运作所获得的数值。有时候在生态城市可持续发展的评价中，除了通过一系列指标构成的指标体系，也可以使用单一指数来评价环境、社会和经济与生态城市发展要素之间的关系。国际上使用广泛的指数也可以反映出生态城市在建设过程中各个方面所处的发展水平。

（一）环境类指数

生态足迹（Ecological Footprint，简称EF）是20世纪90年代由马蒂斯·瓦克纳格尔（Mathis Wackernagel）和威廉·里斯（William Rees）在其著作《我们的生态足迹》（*Our Ecological Footprint: Reducing Human Impact on the Earth*）中提出的。书中指出生态足迹分析是在一定的时期内，满足明确的人口和经济条件下资源消耗和废物吸收的需求所需要的相应的生产性土地（包括耕地、草地、林地、渔业用地、建设用地和碳吸收用地）面积的一种结算工具。生态足迹指数（Ecological Footprint Index，简称EFI）是指区域生态系统的生物承载力（即生物圈资源可再生能力）和生态足迹之差与生物承载力比值的百分数，用以定性地表示地区未来可持续发展的潜力。生态足迹与生物承载力反映了需求和供给关系，密不可分。[1] EFI＞0表示地区处于生态足迹可持续发展的状态，EFI＜0表示地区生物承载力不足以应对发展需求。[2]

环境绩效指数（Environmental Performance Index，简称EPI）是2006年由耶鲁大学环境法律与政策中心（Yale Center for Environmental Law and Policy，简称YCELP）与哥伦比亚大学国际地球科学信息网络中心（Center for International Earth Science Information Network at Columbia University，简称CIESIN）联合发布的国家层面环境保护政策的量化评价方法。环境绩效指数排名主要跟踪的是环境健康和生态系统活力，以衡量一个国家的政策目标绩效。环境健康衡量自然和建筑环境对人类健康的影响，包括健康影响、空气质量和水与卫生设施；生态活力衡量生态系统保护和资源管理，包括水资源、农业、林业、渔业、生物多样性与栖息地和气候与能源。EPI计算时将原始数据进行标准化，以便于各国之间比较，主要使用对数转换和数值倒置两种方法。环境绩效指数使用"目标渐近"的

---

[1] 陈成忠，林振山，贾敦新.基于生态足迹指数的全球生态可持续性时空分析[J].地理与地理信息科学，2007（6）：68-72.
[2] 吴隆杰.基于生态足迹指数的中国可持续发展动态评估[J].中国农业大学学报，2005（6）：94-99.

方法来评价一个国家的环境保护政策与既定目标的差距，通过百分制的数值来表现。这个既定目标一般是国际或国家政策目标，或者是科学阈值。[①]

（二）社会类指数

美好生活指数是经合组织提出的衡量一个国家或地区（主要针对其成员国，也包括一些与之有合作关系的国家）居民幸福程度的交互式网页工具。美好生活指数关注人们日常生活领域的 11 个方面：社会关系、教育、环境、公众参与、健康、住房、收入、工作、生活满足感、安全和工作与生活平衡。通过这一在线工具，国家每个居民都可以得出自己的美好生活指数，将这一指数与本国的标准值或者其他国家的标准值进行比较，可得出本国居民幸福指数的位置或者男性与女性之间的幸福感差异。美好生活指数的数据每年都会更新，保证统计数据的准确（目前最新数据为 2014 年）。

人类发展指数（Human Development Index，简称 HDI）是联合国开发计划署（United Nations Development Programme）发布的人类发展报告（Human Development Reports）中的一项统计数据。人类发展指数从三个方面总结衡量了人类发展的平均水平，包括健康长寿的生活、知识的获取和体面生活的标准。人类发展指数是上述三个方面指数的几何平均值。[②] 因为人类发展指数可以反映人类发展水平的差距，我国也有学者通过该指数研究城乡差距的发展趋势。[③]

城市生态宜居发展指数（Urban Ecological & Livable Development Index，简称 UELDI，又称"优地指数"）是由中国城市科学研究会生态城市专业委员会在"2011 城市发展与规划大会"上发布的生态城市可持续发展评价体系。该指数包含过程指数和结果指数两个维度，通过两者构成的二维结构象限来表达指数对于生态城市建设的行为过程和结果绩效的衡量。[④] 过程指数注重生态城市的发展过程，体现了城市朝向生态宜居方向发展的行为强度，包括绿地、空气质量、废物处理、节能减排、城市化水平、绿色出行、安全和城市治理等 11 项内容。结果

[①] 董战峰，张欣，郝春旭. 2014 年全球环境绩效指数（EPI）分析与思考 [J]. 环境保护，2015，43（2）：55-59.
[②] UNDP. Human Development Index（HDI）[EB/OL]. http://hdr.undp.org/en/content/human-development-index-hdi.
[③] 宋洪远，马永良. 使用人类发展指数对中国城乡差距的一种估计 [J]. 经济研究，2004（11）：4-6.
[④] 叶青，鄢涛，李芬，等. 城市生态宜居发展二维向量结构指标体系构建与测评 [J]. 城市发展研究，2011（11）：16-20.

指标综合反映了城市生态宜居的各个方面，利用目前已有的国内受到广泛认可的城市发展评价结果，得出城市的生态宜居发展水平。使用城市生态宜居发展指数评价全国重点城市，得出数据统计结果，可以揭示城市生态环境方面需要完善的方向和程度。

（三）经济类指数

真实储蓄是1995年世界银行在《监测环境进展》的报告中提出的一种国民经济核算方法，它表达了扣除自然资源枯竭和环境污染损耗之后一个国家或地区的真实储蓄率。真实储蓄持续的负增长将导致财富的减少，它连接了宏观经济与环境问题。真实储蓄率（Genuine Saving Rate，简称GSR）是真实储蓄与国内生产总值的比值，是考察城市资源、环境和经济可持续发展的有效工具。国家财富的衡量标准除了忽略自然资源的损耗外，还忽视人的投资，真实储蓄率的评价就是使城市发展正视自然损耗和环境污染带来的储蓄率降低，或人力资本价值的增长带来的储蓄率调高。[①]

国际上一直存在寻找可以补充完善GDP，更为有效地衡量经济增长的指标，真实发展指标（Genuine Progress Indicator，简称GPI）便是其中之一。真实发展指标是由克里福纳·科布（Clifford Cobb）等在1995年提出的，用以衡量一个国家和地区真实的经济福利，旨在体现GDP衡量中没有包括的结合环境的国家经济健康和社会因素。真实发展指标试图衡量经济生产和消费的环境冲击与社会成本在一个国家或地区的健康和福利中产生的正面或负面因素。真实发展指标包含经济、社会和环境三方面因素，其中，正面因素包括个人消费支出、耐用消费品价值、家务和育儿的价值、高等教育的价值等，负面因素包括污染的成本、湿地损失、农田损失和土壤退化、二氧化碳排放、通勤成本等。[②]

可持续经济福利指数（Index of Sustainable Economic Welfare，简称ISEW）是由赫尔曼·戴利（Herman Daly）和约翰·科布（John Cobb）在1989年提出的一个可持续发展的经济指标，它指出了消费支出是收入分配与污染的相关成本和

[①] 温宗国，张坤民，杜娟，等.真实储蓄率（GSR）——衡量生态城市的综合指标[J].中国环境科学，2004（3）：376–380.
[②] 李宣.国外真实发展指标（GPI）研究及其在我国的应用[D].成都：西南交通大学，2014.

其他不可持续的成本的平衡，与真实发展指数类似。①

可持续指数比较和计算方法如表 6-3-2 所示：

表 6-3-2　可持续发展指数比较和计算方法

	指数名称	计算方法
环境	生态足迹指数	$EFI = [(BC - EF) / BC] \times 100\%$ 其中，BC 是生态承载力，EF 是生态足迹
	环境绩效指数	$EPI = [(IR - D) / IR] \times 100$ 其中，IR 是国际值域（International Range），D 是与目标的差距
社会	美好生活指数	在线计算
	人类发展指数	$HDI = \sqrt[3]{LEI \times EI \times II}$ 其中，LEI 是预期寿命指数，EI 是教育指数，II 是收入指数
	城市生态宜居发展指数	结果指数： $E_1(X) = \sum_{i=1}^{m} \alpha_i x_i (i = 1,2,3\cdots\cdots,m)$ 过程指数： $F_1(Y) = \sum_{j=1}^{n} \beta_j Y_j (j = 1,2,3\cdots\cdots,n)$
经济	真实储蓄率	$GSR = [(IPC - NDC + IHC)/GNP] \times 100\%$ 其中，IPC 是生产资本增长，DNC 是自然资本减少，IHC 是人力资本增长
	真实发展指标	$GPI = A + B - C - D + I$ 其中，A 是收入加权后的个人消费，B 是非市场服务产生福利的价值，C 是自然损耗的个人成本，D 是自然和自然资源损耗的成本，I 是资本存量和国际贸易平衡
	可持续经济福利指数	$ISEW = A + B - C - D + E - F - G$ 其中，A 是个人消费，B 是公共非防御性支出，C 是个人防御性支出，D 是资产构成，E 是来自家庭劳动的服务，F 是环境退化成本，G 是自然资本折旧

资料来源：作者整理。

---

① 杜斌，张坤民，温宗国，等.可持续经济福利指数衡量城市可持续性的应用研究[J].环境保护，2004(8)：51-54.

三、国内外生态城市指标体系比较

生态城市指标体系是城市生态系统可持续发展的反映，基于指标体系可以阐释和发掘生态城市的内在联系和发展规律，包括城市可持续发展的水平和途径。生态城市指标评价是一种体现生态城市真正意义的实践活动，也是将生态城市规划理念导向实践的重要环节。[①]

（一）国内生态城市指标体系比较

中新天津生态城的指标体系明确了生态城的规划和建设要求，为未来城市的可持续发展提供了方向和目标，是生态城市规划建设的依据和公共政策手段。[②] 这一指标体系包括生态环境健康、社会和谐进步、经济蓬勃高效三个方面的控制性指标和区域融合协调的引导性指标。指标体系对应了城市结构和形态的发展模式，量化了总体规划布局、交通、生态环境、能源、社区、水资源和绿化等方面的内容。中新天津生态城的指标体系力求实现"可操作、可复制"的要求。2010年生态城启用了中新天津生态城指标体系实施工程，通过指标的解读、分解和实施，使指标体系可以参与生态城市公共管理体系的监控与统计，为城市治理提供有效措施。

唐山湾（曹妃甸）生态城建设指标体系是生态城市规划目标的支撑。该指标体系与规划设计方案结合，根据概念性总体规划提出量化指标，通过对指标的赋值反馈到规划方案中，调整修订规划方案，形成循环的工作程序。有别于传统生态城市指标涉及的"三条底线"，曹妃甸生态城建设指标体系强调了指标对于规划和建设全过程的指导和可操作性。因此，指标体系除了包括城市功能、建筑与建筑业、交通和运输、能源、城市固体废物、水、景观和公共空间七大类内容外，每个指标还具有分类、规划级别、参考数值和指导目表等不同属性，同时对应了不同的实施时间（近期、中期和远期）和实施主体（政府、企业和公众）。指标分为评价城市可持续发展目标进程的管理指标和指导规划过程的规划指标两大类；城市和区域、城区、街区和建筑三个规划级别；中国、瑞典和本地三个指标参考量化值；以及环境、社会经济文化、空间的指导目标。其中，环境目标包括

[①] 文宗川，文竹，侯剑. 生态城市的发展机理[M]. 北京：科学出版社，2013：108-109.
[②] 杨保军，董珂. 生态城市规划的理念与实践——以中新天津生态城总体规划为例[J]. 城市规划，2008(8)：10-14.

自然环境的保护和改善、可再生利用和低能耗、健康的室内外环境和良好的生活方式；社会经济文化目标包括具有商业吸引力、具有研发和创新动力、具有经济活力、宜居和文化繁荣；空间目标包括土地和空间高效利用、高水平的建筑、混合功能和布局紧凑、具有特色的街区、步行环境等。在生态城规划管理工作中，工作人员结合指标体系的"三图两表一要点"设计条件，对控制性详细规划进行扩充，以期反映生态和共生的建设理念，使指标、空间和生态技术可以准确地在规划中体现。三图包括用地布局、城市设计和图则；两表包括控制指标表和生态指标表；要点即生态城市的城市设计要点。[1]

无锡太湖新城为了完善低碳生态城的规划和建设，制订了《无锡太湖新城国家低碳生态城示范区规划指标体系及实施导则（2010—2020）》和《无锡中瑞低碳生态城建设指标体系及实施导则（2010—2020）》等指标体系。[2]太湖新城示范区规划指标体系以规划建设目标为导向，选取了全面且适用的指标，包括城市功能、绿色交通、能源与资源、生态环境、绿色建筑和社会和谐等方面的内容，并构建了实施导则。[3]太湖新城示范区规划指标体系和实施导则通过对目标的分解和计算，突出了指标的可操作性和引导性，在指导规划的同时，实现政府对生态城的定位和发展目标。[4]其中，城市功能的规划目标是打造混合、紧凑、多样和宜人的城市空间；绿色交通规划的目标是保证公交和慢行交通优先；能源的规划目标是通过集约的能源系统降低能耗和碳排放，资源方面根据太湖新城的本地条件，主要是对水资源的节约和循环利用；生态环境的规划目标是追求生物多样化和建设良好的生态环境、景观环境和居住空间；绿色建筑的规划目标是建设节能、环保、经济和实用的建筑；社会和谐的规划目标是建设完善的基础设施，提高居民生活质量。太湖新城示范区规划指标体系的指标项取值基本依据国家规范条例、本地规范和已有规划并结合中瑞生态城指标，且参考了中新天津生态城和曹妃甸生态城的指标。太湖新城通过指标体系来整合生态城的规划，实现方案与指标的联动，增强了规划实施的引导性和可操作性。在指标体系的分解和计算中，太湖新城考虑指标的特点，采用不同的策略和思

---

[1] 林澎，田欣欣. 曹妃甸生态城指标体系制定、深化与实践经验[J]. 北京规划建设，2011（5）：46-49.
[2] 叶祖达. 低碳生态城区控制性详细规划管理体制分析框架——以无锡太湖生态城项目实践为例[J]. 城市发展研究，2014，21（7）：92-93.
[3] 杨晓凡，李雨桐，贺启滨，等. 无锡太湖新城的生态规划和建设实践[J]. 城市规划，2014（2）：32.
[4] 孙大明，马素贞，李芳艳. 无锡太湖新城低碳生态规划指标体系[J]. 建设科技，2011（22）：52-54.

路，便于生态城各个管理部门的数据统计和管理。[①]

重庆绿色低碳生态城区评价指标体系的构建目的是从规划设计、建设施工和运营等方面指导生态城建设。指标评价的对象是重庆市城区范围，包括新建、扩建和改建城区。指标体系针对重庆的城市现状条件，包括了土地利用及城市空间、能源与建筑、资源与环境、交通、产业、城市运营管理等方面的内容。在指标体系中，指标分为控制性和引导性两类，对应的是在评价得分时不同的要求。在评价得分计算时，要求对象满足所有的控制性指标，并满足一定量的引导性指标。同时，为了鼓励生态城区建设过程中的技术创新和高标准的环境建设，指标体系评价设置了创新项得分，创新项得分可以替代部分引导性得分，可以使生态城区获得符合自身条件的发展评价。为了将指标体系融入城乡管理工作，分阶段对绿色低碳生态城区进行评价，每个指标都标明了适用范围，包括设计阶段、运营阶段或二者兼有。设计阶段的评价在修建性详细规划审批结束后进行，运营阶段的评价则是在建设完成投入使用超过一年后进行。

深圳市低碳生态城市指标体系是在深圳建设国家生态示范市的背景下提出的，希望建立符合地方特点的指标体系作为"渐近常态化"的生态城市建设指导。所以，指标体系首先考虑的是如何对应城市政府各部门的管理系统和引导城市转型。指标体系兼顾一般生态城市的共性和深圳市的特性，方便与其他国内外城市进行比较和结合地方特色进行修改设计。基于保证指标内容领先性的想法，深圳市低碳生态城市指标体系采用了"滚动更新"的方法，即建立了基础指标库和核心指标库，通过伴随统计、规范、测评等方面的完善，将基础指标库中逐渐成熟的指标加入核心指标中用于考核，再将已经完成或达标了的指标转入基础指标库，进行继续监测跟踪。另外，如果出现新的适宜指标，也可以对指标体系维护增补。指标体系中的每一个指标都分为现状值、近期目标值和远期目标值，配合指标体系的分解实施。[②]

吴琼和王如松等（2005）在生态城市指标体系建立及评价方法中，以扬州市为例构建了扬州生态城市指标体系。指标体系包括社会、经济和自然三个系统，

[①] 陈洁燕.无锡太湖新城·国家低碳生态城示范区指标体系探讨[C]//2011城市发展与规划大会论文集.扬州：2011城市发展与规划大会，2011：187-189.
[②] 陈晓晶，孙婷，赵迎雪.深圳市低碳生态城市指标体系构建及实施路径[J].规划师，2013，29（1）：15-19.

每个系统都对应了生态城市发展的状态、动态和实力三个方面。为了综合反映生态城市的发展情况，指标体系在方法上采用了全排列多边形图示指标法，这种方法可以表达出指标的上限值、下限值和临界值，明确生态城市的最低、最高目标和地区平均水平，也可以反映出整体大于或小于部分之和的系统性原理。扬州生态城市指标体系全排列多边形图示指标计算公式如下：

$$S = \frac{\sum_{i \neq j}^{i,j}(S_i+1)(S_j+1)}{2 \times n \times (n-1)}$$

其中，S 为综合指标值，S_i、S_j 为单项指标值。

除了以上生态城市或城市地区的指标体系，我国还有"城市环境综合整治定量考核"制度，通过量化指标考察改善城市环境质量方面工作的效果。下面对国内主要生态城市指标体系编制内容进行比较（表 6-3-3）。[1]

表 6-3-3　国内主要生态城市指标体系编制内容比较

指标名称	中新天津生态城指标体系	唐山湾（曹妃甸）生态城建设指标体系	无锡太湖新城国家低碳生态城示范区规划指标体系	重庆市绿色低碳生态城区评价指标体系（试行）	深圳市低碳生态城市指标体系	扬州生态城市评价指标体系
编制单位	生态城管委会、清华大学	生态城管委会、瑞典 SWECO 公司	中国建筑科学研究院、江苏省建设科技推广中心、无锡市规划设计研究院、奥雅纳工程咨询（上海）有限公司	市城乡建委	深圳规划和国土资源委员会	
发布年份	2008	2009	2010	2012	2013	2005
指标层次	大类→指标层→二级指标	大类→子系统→具体方面→指标	目标→大类→小类→指标	大类→指标层→二级指标	选取意义（大类）→指标	一级指标→二级指标→三级指标→四级指标
指标数量	26	141	62	59	20	25

---

[1] 赵银慧. 浅析"城市环境综合整治定量考核"制度[J]. 环境监测管理与技术，2010，22（6）：66-68.

续表

指标名称	中新天津生态城指标体系	唐山湾（曹妃甸）生态城建设指标体系	无锡太湖新城国家低碳生态城示范区规划指标体系	重庆市绿色低碳生态城区评价指标体系（试行）	深圳市低碳生态城市指标体系	扬州生态城市评价指标体系
理论基础	环境、社会、经济的可持续发展，区域协调	城市可持续发展的技术和措施，共生城市	低碳生态城，环境、社会、经济、资源可持续	绿色低碳生态城	低碳生态城市	社会、经济和自然协调发展的生态城市理论
目的	作为生态城规划建设的依据	作为规划方案的支撑和补充	保障低碳生态城的规划实施	从规划、建设和运营的全过程指导绿色低碳生态城区的建设	引导城市发展，规范建设行为	提出生态城市的指标评价框架，为生态城市规划、建设和管理提供依据
指标分类	控制性指标（生态环境健康、社会和谐进步、经济蓬勃高效），引导性指标（区域协调融合）	城市功能、建筑与建筑业、交通和运输、能源、城市固体废物、水、景观和公共空间	城市功能、绿色交通、能源与资源、生态环境、绿色建筑、社会和谐	土地利用及空间、能源与建筑、资源与环境、交通、产业、城市运营管理	经济转型、环境优化、城市宜居、资源节约、示范创新	生态城市社会、经济和自然方面的状态、动态和实力
评价机制	量化数值	结合中国标准、瑞典标准和生态城本底条件的量化数值	量化赋值	通过项目达标计算得分，创新项得分	量化数值	全排列图示指标法
特点	定量与定性结合的指标评价，关注区域协调发展	指标体系与规划方案结合，指标具有规划级别、指标分类、参考数据、指导目标等属性	突出可操作性和实施的可行性	评价分为设计阶段和运营阶段	注重地方性和指标的滚动更新	通过指标综合法评价生态城市发展能力

资料来源：作者整理。

（二）国外生态城市指标体系比较

俄勒冈基准（Oregon Benchmarks）是美国俄勒冈州在1989年确立的一项指标体系，该指标体系被用于全面衡量俄勒冈闪耀（Oregon Shines）计划战略构想的实施进度。俄勒冈闪耀计划（现在的版本是俄勒冈闪耀Ⅱ）是一个跨度20年的全州经济发展规划，俄勒冈基准则是依照该计划构建的。目前，经过确认和调整,俄勒冈基准已经演变为一项全面的战略规划和指标设置选择,被美洲的几十个国家和地方政府采用。俄勒冈基准包括90项指标,用以广泛评价全州经济、社会和环境综合系统的达标情况,相关部门可据此进行数据收集和监测,编写战略目标进展报告。俄勒冈基准是一个确保俄勒冈州步入正轨的工具,凭借这项指标体系俄勒冈州成为美国第一个对自身未来愿景负责的州。俄勒冈州(俄勒冈闪耀Ⅱ)的愿景目标包括:提供高质量的就业岗位,重视社区安全和健康可持续的环境。基于上述目标,俄勒冈基准的指标涵盖七个领域,分别是经济、教育、公众参与、社会支持、公共安全、社区发展和环境。指标的每个领域又分为多个子领域,如"经济"这一项分为商业活动、经济能力、商务费用、收入和国际化。指标体系的评价流程:专家和工作人员通过数据分析,判断一个子领域的发展趋势,并给出"是、否或兼有"的评价。这种评价机制(相较于原来的从"A"到"F"打分)更加明确地指出了城市发展某一方面的积极性和消极性。俄勒冈基准是州一级的较为全面的指标评价体系,具有以下特点:明确指标体系的目标和受众,建立管理体制和监督机制,为指标的选择和建立提供专家和资金支持,确保独立性和问责制,指标最大限度地理解决策的制订,定期评估指标体系及其有效性,以及连接了国家考核和地方政府绩效。

可持续西雅图是位于美国西雅图普吉特海湾的一个由市民志愿组成的非营利性组织。可持续西雅图区域可持续发展指标体系是针对社区层面可持续发展的一系列指标,是基于居民的价值观和目标建立的评价体系,在世界上许多国家和地区具有广泛的影响。1993年,可持续西雅图发布了第一版报告,这份名为《可持续社区指标》的报告包括20个指标的详细研究,内容涉及环境、人口与资源、经济、文化与社会等方面。1995年,可持续西雅图修改发布了第二版可持续发展指标,在内容上扩充了指标项,并将"文化与社会"分为青年与教育、卫生与社区两方面。1998年,可持续西雅图发布了第三版可持续发展指标报告,在报告中可以看出40项指标中的12项较1995年已经有了积极的改善。可持续西雅图区域可持续发展指标体系是市民真正广泛参与构建的指标体系,为了符合社区居民的共同利益与愿景,从"目标确立到指标建立,从数据收集到报告发布",都体现了公众参与。① 比起一般的指标体系通过数值衡量可持续发展的程度,可持续

---

① 于洋.绿色、效率、公平的城市愿景——美国西雅图市可持续发展指标体系研究[J].国际城市规划,2009(6):47-51.

西雅图的指标表达的是城市或社区某一方面的可持续趋势。每一项指标符号为：↑表示改善的可持续性趋势，↓表示下降的可持续性趋势，←→表示无明显的可持续性趋势，？表示数据不足。可持续西雅图指标体系认为虽然指标与它监控的系统类型都是多种多样的，但是也需要反映一些共同特征，包括社会价值观、对当地媒体的吸引力（宣传力度）、统计学上可测量、逻辑上和科学性上站得住脚、可靠、领先，并与政策相关。后续，可持续西雅图又发布了可持续发展指标数据的在线工具"B-Sustainable"和西雅图幸福倡议。

奥地利格拉兹 Eco-City 2000 指标体系是基于格拉兹市政府通过的生态城市发展项目（Eco-City 2000: on the way to sustainable city development）的评价标准。Eco-City 2000 为格拉兹提供了解决城市生态问题的综合概念以及城市环境政策的基本条件。市环保部门组建了名为"格拉兹生态小组（Eco-Team of Graz）"的专家机构来对项目的进程进行评价。评价体系的内容包括空气、土壤、水、能源与气候、噪声、交通、废弃物和自然与人工的绿化空间等领域，每个领域包括若干个可持续参数，每个参数都有明确的目标数值。格拉兹生态小组对项目进行评价后可以发现城市在可持续发展中没有达到标准的领域，以及非常适合城市的可持续发展领域。格拉兹 Eco-City 2000 还确立了 9 项行动计划来连接评价体系的各个可持续参数，这样可以更加明确地统计个人活动的影响。

从 1997 年开始海德堡的本地政策开始侧重于城市发展规划的目标和准则。德国海德堡城市发展规划是基于指标的综合衡量规划技术的目标一览表，这些目标在范围内的实现程度被称为"指标"。海德堡城市发展规划可持续指标作为辅助参数在发展规划中是不可或缺的，虽然它们具有局限性，但是可以使城市发展的表达更加清晰明了。这些"状态指标"可以发现和识别潜在的问题和着重点，使用评价结果也可以帮助城市进一步采取行动或修改政策。建立指标体系的目的是阐明城市发展规划中的各个领域的目标。指标体系契合城市发展规划的内容，并反映了各个相关团体的建议；指标的数据源于管理系统或者官方统计，以目标导向的方式将分散的信息整合到体系中；指标体系通过 5 级评分来确定目标的实现程度。指标体系分为如下目标：横向关系、城市化的关键目标、就业、住房、环境、交通、社会事务、文化、地区合作、人口变迁，每个目标包含若干个指标，通过比较当前年份和起始年份数值的变化来做出城市某方面发展或政策的消极或积极的评分。每个目标中的指标消极或积极的评级使用从 [--] 到 [0] 到 [++] 标示，也可以转换为德国学校评级的方法，即从 1（非常好）到 5（不好）。

可持续新加坡发展蓝图（Sustainable Singapore Blueprint）是新加坡政府 2009 年制订的城市未来 15~20 年的可持续发展目标，目前最新版本是 2015 年版。该发展目标在提升社会和经济福祉的同时保护环境，是新加坡可持续发展的支柱。可持续发展蓝图提出了建设宜居温馨的家园、可持续的活力城市、活跃且优雅的社区等目标，侧重于绿色智慧、精简机动车、零废弃和绿色经济等方面。新版的可持续发展蓝图将原有目标进一步提升和扩大，如增加在新加坡颇具规模的多层停车场的屋顶绿化和空中花园，在组屋中增加节能和垃圾回收设施等。新加坡政府希望通过可持续发展蓝图，采用奖励、津贴和公共教育等柔性劝导，而不是立法和税收的方式来实现可持续发展目标。

西班牙巴塞罗那的生态城市化是将城市发展对环境的诸多限制条件（约束和指标）引入城市规划中的新方法。生态系统是一个宽泛的概念，城市的发展也可以认为是城市的生态系统，生态城市化及其指标体系就是评估其生态性的限制条件。巴塞罗那城市生态学机构建立的这一可持续城市模型包括两个主要的限制条件：城市系统的效率和人与环境相互关联的宜居性。复杂系统的时间持续被系统的效率约束着，不停地消耗资源，变得越来越复杂。人造物产生的效率要比人自身大得多。城市系统的效率可以看作资源与时间持续条件下的城市组织结构的比值，可以转换为如下公式：

$$\text{Efficiency of Urban Systems} = \frac{E}{nH}$$

作为城市可持续发展的指导函数，其中，E 表示能源消耗量，n 是城市法人（包括商业、机构、设施和协会等）的数量，H 是法人多样性的数值（也称为城市复杂性）。随着时间的推移，如果这个公式的得数越来越大，则说明城市的发展进程是朝向不可持续的，这表明城市的能源消耗的增长明显高于城市组织结构的成长（城市法人数量和多样性的增长），经济是靠资源消耗实现竞争优势的；相反的，生态城市化会使这个公式的得数最小化，资源消耗保持一定比例不断小于城市组织水平，维持城市组织的复杂性，使城市发展更加可持续。生态城市化的观点和考虑方向更多的是非物质的经济层面，而不是资源消耗，它更多地依赖于信息和知识基础的战略。可以认为城市系统的信息浓缩于城市法人（n）和法人的多样性（H）中，竞争策略是指数化的。增加 H 可提升城市组织的信息要素和成熟多样化的数值。相比之下，现状基于资源消耗的能源策略是附加的，使城市组织多样化。减小 E（能源消耗）意味着减少资源消耗、领域竞争策略优化、温室气体排放减少、对于稀缺资源的依赖减小、城市建成表面的干扰变小、城市不透水面积缩小等；增加 n 和 H（城市组织结构的多样化）意味着增加知识经济产业、城市功能的混合使用和多样性、社会稳定和就业机会，提升自律和自给自足度，侧重社会资本，知识密集和信息技术的活跃度提高、产品附加值、科研和创新能力、可对话的公共空间、服务质量和辅助功能、公共安全得到提升等。城市宜居性反映了城市生活条件的优化和人与环境之间的相互作用。舒适性和相互作用是城市生态两个不可分割的部分，前者涉及场所特征，后者涉及社会条件。城市宜居性包括城市空间、配套设施和基础服务、建筑、社会凝聚力、生物多样性等。

生态城市化的可持续城市模型是对城市与环境之间关系的深入探讨，包括四个城市可持续发展的基本目标：紧凑性、复杂性、效率性和稳定性，同时遵守效率和宜居性的原则。指标是对可持续城市模型的反映，共分为八个领域，分别对应四个发展目标：紧凑性（土地使用、空间和运输），复杂性（多样化的用途和城市职能、生物多样性），效率性（新陈代谢），稳定性（社会凝聚力、建筑和房屋的宜居性）；效率和宜居性的原则作为指标的补充。指标的适用性取决于城市建设项目的发展阶段。生态城市化指标的计算由三个阶段组成：数据阶段（将数据输入地理信息系统），计算阶段（模拟、空间分析和地图布局），评估阶段（填充表格计算最终数值）。

国际生态城市框架标准（the International Eco cities Framework and Standards，简称 IEFS）是由生态城市建造者机构和国际专家顾问委员会于 2010 年 2 月提出的倡议。国际生态城市框架和标准的作用是促进生态城市发展，并且提供一个实际有效的方法来评估和指导城市朝向理想目标前进。IEFS 框架和标准认为生态城市具有不同的等级，要实现基本的生态城市等级，需要从城市设计、生物—地理—物理特性、社会文化特点和生态义务四个方面入手。通过对生态城市实施措施的理解，IEFS 框架和标准将以上四个方面拆解成 15 个生态城市指标，达到了指标的要求就表明给定的城市是一个与自然平衡的生态城市。

城市设计方面包括一个指标,指标为邻近便利性,即城市生活、就业等的可达性;生物—地理—物理条件方面包括清洁的空气、健康的土壤、清洁和安全用水、可再生的资源与材料、清洁能源和再生性能源、健康的和容易取得的食物等指标,主要关注与城市居民相关的资源和能源的清洁、健康和可再生;文化特点方面包括健康的文化、社区能力建设、健康和公平的经济、终身教育和幸福的生活质量等指标,主要关注的是居民的平等社会权益;生态义务方面包括健康的生物多样性、生态完整性和自然承载力等指标,主要关注的是生态健康。

IEFS 框架和标准将生态城市划分为六个等级,包括三个绿色城市发展阶段和三个生态城市发展阶段,表达了城市从不健康和不可持续的状态向着高级的生态城市状态发展;进而通过生态城市的三个"门槛"从理论上实现盖亚状态,达到与自然生态系统的共生。国外生态城市指标体系比较如表 6-3-4 所示:

表 6-3-4　国外生态城市指标体系比较

指标名称	国家	发布年份	指标内容	评价机制	特点
俄勒冈基准	美国	1989	经济、教育、公众参与、社会支持、公共安全、社区发展、环境	通过"是、否或兼有"明确某一方面的发展趋势	结合城市特点和发展目标,理解决策的制定
可持续西雅图区域可持续发展指标体系	美国	1993	环境、人口与资源、经济、青年与教育、健康与社区	通过符号表达可持续发展趋势	极强的公众参与性,注重宣传与社会公平,反映趋势
格拉兹 Eco-City 2000 指标	奥地利	1995	空气、土壤、水、能源和气候、噪声、交通、废弃物、自然与绿化空间	通过可持续参数与发展目标比较,表明可持续发展趋势	有专业的团队负责,本地环境政策的一部分,阶段性评价,行动计划
海德堡城市发展规划可持续指标	德国	1997	横向关系(健全预算管理、权利平等等)、城市化的关键目标(建设用地的经济使用、专注城市区域等)、就业、住房、环境、交通、社会事务(反贫穷、年轻人的教育和学历等)、文化、地区合作、人口变迁	五个层级评价目标项退化或者进步,德国学校评级方法	反映了城市发展规划的目标,涵盖社会、文化、人口变迁等方面的指标

续表

指标名称	国家	发布年份	指标内容	评价机制	特点
可持续新加坡发展蓝图	新加坡	2009	绿色地带与蓝色空间、绿色通勤、资源可持续性、空气品质、排水、社区保育	量化的达标数值	由国家政府制订可持续发展的阶段性目标，柔性劝导及奖励机制
巴塞罗那生态城市化指标	西班牙	2010	土地使用、空间、运输、多样化的用途和城市职能、生物多样性、新陈代谢、社会凝聚力、建筑和房屋的宜居性	指标参数，软件平台	生态城市化的模型，与城市规划和设计结合，认为生态城市化包括城市系统效率和宜居性两方面
国际生态城市框架和标准（IEFS）	美国	2010	城市设计、生物—地理—物理特性、社会文化特点、生态义务	评分，确定城市等级	国际合作，国际组织认可

资料来源：作者整理。

第四节 作为阈值的生态城市指标

一、指标的特性差异

建立一套普适的生态城市设计方法几乎是不可能的，生态城市指标体系也反映出城市内涵和性质的差异。指标体系在构建时应当慎重地考虑其实施结果，如果没有明确的目的或期望，就很难得出最佳的指标数值。不同的指标的构建目的以及在内容上、表达方式上的差异，使得不同体系下的类似指标难以统一。本书通过抽象来把握事物的普遍意义，从抽象出的与城市设计关联的不同方面，赋予筛选出的指标以属性，将指标的属性与后续的设计策略研究内容关联，以便把握以生态城市指标体系建构生态城市的特征。

本章生态城市的指标研究使用的是统计学中的统计分组法，就是将统计对象按照一定的标志划分为不同性质的类别。这一统计方法特别针对多样化的统计内容，如具有不同的数量或不同的属性，可提供对于问题总体上的认识。

我国不同地区的城市的条件存在差异性。我国地域辽阔，不同区域的城市在自然、地理、资源、经济和社会等方面存在不同，形成了城市差异。除了这些先天基础条件的差异，城市所提供的精神、物质和服务也不完全具有可替代性，这是城市与城市之间的差别。历史导致了城市文化差异，自然禀赋和经济发展导致了城市特色差异，建设与环境保护的协调导致了城市发展差异。[①]

从指标的数值设定上，可以分析出不同生态城市之间的差异。

第一，灵活性。灵活性是生态城市设计弹性的特征之一，通过指标的设置可以灵活地应对城市本底条件的不同。指标的方向指引可以有侧重点，易于有针对性地、灵活地解决生态城市问题。

第二，度量性。阈值是指标的一个重要且特殊的数值。通过指标，可以清楚地表达出城市之间差异的度。

第三，解释性。解释性是城市设计科学性的体现，在设计工作中，需要大量的数据统计作为支撑，也需要通过指标的确定等来表达设计的合理性，生态城市指标体系可以附加解释说明条款，用来阐述不同的城市特点。

第四，综合性。生态城市系统较之一般城市更为复杂，所涉及的学科专业领域更加宽泛和深入。但是在生态城市实施管理工作的过程中，不可能也不必要将每项设计内容都详细说明，通过指标体系或者某项指标就可以相对简明地指示一项专业内容，不会因增加过度的工作而产生混淆。

本章整理参考的生态城市指标体系主要包括俄勒冈基准、可持续西雅图区域可持续发展指标体系（1998）、格拉兹 Eco-City 2000 指标、海德堡城市发展规划可持续指标（2010）、可持续新加坡发展蓝图、巴塞罗那生态城市化指标、中新天津生态城指标体系、唐山湾（曹妃甸）生态城建设指标体系、无锡太湖新城国家低碳生态城示范区规划指标体系、重庆市绿色低碳生态城区评价指标体系（试行）、深圳市低碳生态城市指标体系以及扬州生态城市评价指标体系等。

二、环境类指标归纳分析

环境指标可以分为城市环境相关指标和自然环境相关指标。这里城市环境偏向于城市内部环境，自然环境偏向于城市外部环境。按照《环境规划学》中环境

---

① 胡俊成. 差异化——21世纪城市发展的新战略[J]. 现代城市研究，2005（6）：39-42.

规划的指标类别,[①] 自然环境的内容包括环境质量、环境污染控制,其中环境质量包括空气质量、水质量和噪声控制,而环境污染控制包括空气污染控制、水污染控制和固体废弃物;城市环境包括环境空间和环境感受,其中环境空间包括绿化空间等,环境感受包括舒适度和连续性(图6-4-1)。

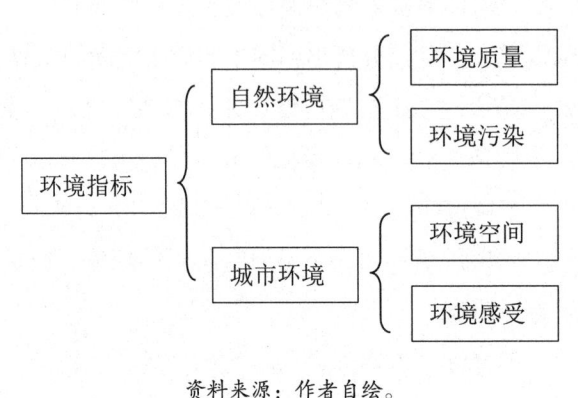

资料来源:作者自绘。

图6-4-1 环境指标的分类

(一)空气质量

空气质量是健康自然和人类环境的基础,空气污染对于人们在城市景观上的审美和自由健康的户外活动都有影响。城市化带来的城市蔓延、人口和车辆的增长都会产生更多的空气污染物,进而抵消减排效果。空气污染是公共健康的环境风险,合理的土地分配会预防和修正空气污染物的释放。

空气质量的典型指标和数值如下:

中新天津生态城通过达标率来控制区内空气质量,提出全年空气污染物浓度限值好于二级标准依据《环境空气质量标准(GB 3095—1996)》的天数不小于85%,SO_2和NO_X方面浓度限值优于一级标准的天数不小于115天/年,相当于达到二级标准天数的50%。指标制定依照的是国家《环境空气质量标准(GB 3095—1996)》,目前使用的是《环境空气质量标准(GB 3095—2012)》。无锡太湖新城国家低碳生态城示范区的空气质量指标为二级标准的天数不小于350天/年。重庆市绿色低碳生态城区的指标为空气质量优良率≥80%,明确了指标属性为引导性,适用范围为运营阶段,但没有给出空气质量优良的确切定义。空气质

[①] 郭怀成,尚金城,张天柱. 环境规划学[M]. 北京:高等教育出版社,2001:55-57.

量三级标准为《环境空气质量标准（GB 3095—1996）》中的分类，指三类功能区（特定工业区）执行的标准，目前已废止。

在俄勒冈基准中有关于可以呼吸到健康空气时间的百分比和1990年二氧化碳排放量百分比的指标。可持续西雅图区域可持续发展指标体系报告指出西雅图的空气质量持续改善，显示趋向可持续的进展，良好空气质量天数占到89%（1980年为20%）。可持续西雅图认为机动车、工业生产和商业、木材和矿物燃料燃烧以及用电是影响西雅图空气质量的主要污染来源。可持续西雅图的空气质量指标结合了两项监控指标：一项是一年之中空气质量良好、适度、不健康、非常不健康和有害的天数，数据来源是本地的普吉特湾空中管制机构；另一项是根据美国国家环境空气质量标准（National Ambient Air Quality Standards，简称NAAQS）制订的空气中一氧化碳和粗颗粒含量超标年度报告，数据由本地生态部门和普吉特湾空中管制机构的自动监控网络提供。这一指标通过连年的数据统计，表示了对于长期保持空气清洁的担忧，社会、经济以及其他方面的因素都给空气质量带来很大压力：人口和车辆的增长，在未来五到十年，可能会抵消来自污染控制技术的减排；城市扩张也可能传播更多的空气污染物，导致整体空气质量的下降。格拉兹Eco-City 2000指标中，空气质量指标是按照市政府的能源计划，2010年比1987年减少空气污染物（NO_x、SO_2、C_xN_y、CO、粉尘等）60%的排放，并且逐年的进行有计划的减排制定的。海德堡城市发展规划可持续指标中空气质量指标目标是促进气候和清洁空气的保护，主要控制CO_2和NO_x的排放。可持续新加坡发展蓝图使用空气素质目标来约束污染物的排放，包括细颗粒物（PM2.5）、颗粒物（PM10）、SO_2、NO_2、CO和臭氧的排放，并且对不同的污染物进行1小时、8小时、24小时等不同的时间监控。

巴塞罗那生态城市化指标认为当前基于私家车的城市交通模型是空气污染物的主要来源，改善空气质量就需要有始有终地执行交通规划和改变公共空间组织模式，目标是放弃私家车作为主要的交通出行手段，在城市核心区尽量使用步行、自行车或公共交通等污染较少的交通方式。巴塞罗那生态城市化指标的空气质量指标对于"质量"的定义是对人类健康的影响，转化为数值也就是在不同的地块或街区暴露在不同程度空气污染中的人口；对于空气污染物的参数考虑的是污染的源头（车流量、拥堵时间）、大气环境（背景污染、风向、风速）和城市空间（街道轮廓、街道朝向、坡度）。指标阈值控制的污染物主要是颗粒物（PM10）和NO_2，考虑到本地的法律法规和在模拟软件中生成的结果，确定的参数为40μg/m^3，计算公式如下：

空气质量（Qair, %）=（*暴露在空气污染物限值小于40μg/立方米的人口*）/*总体人口*

其中，空气质量最小值为75%，期望值为100%。

（二）水质量与水环境

可持续西雅图区域可持续发展指标体系认为良好的空气和水的质量可以保留良好的社区生态系统，提供丰富的生活内容和培养人文精神。

水质量与水环境典型指标和数值如下：

中新天津生态城指标体系要求到2020年区内地表水环境质量达到《地表水环境质量标准（GB 3838—2002）》Ⅳ类水体的水质要求。Ⅳ类地表水水域环境功能区是一般工业用水区及人体非直接接触的娱乐用水区。曹妃甸生态城建设指标体系水质量指标提出河水、湖水、海水和雨水的质量达到功能区要求。这一指标来源于国家《生态县、生态市、生态省建设指标（修订稿）》，其中水质量的功能区标准采用的是《地表水环境质量标准（GB3838—2002）》《地下水环境质量标准（GB/T14848—93）》和《海水水质标准（GB3097—1997）》。其中水环境相关指标还包括年储存雨水的比率为90%和零天然湿地净损失。水环境相关指标的规划级别针对的是城市区域和城区范围，用于可持续发展评价和管理，是曹妃甸生态城环境发展目标的一部分。无锡太湖新城国家低碳生态城示范区规划指标体系提出地表水环境质量不低于Ⅲ类标准。重庆市绿色低碳生态城区评价指标体系中水环境指标为引导性指标，适用于设计和运营阶段，包括零自然湿地净损失和100%的水质达标。扬州生态城市评价指标体系的水环境指标要求是循序渐进的，区域内水体质量优于Ⅲ类标准的比例从2000年的41.4%到2020年的95%。

无锡太湖低碳生态城指标体系提出了城市污水处理率和工业废水排放达标率100%的达标计划。重庆绿色低碳生态城区评价指标体系要求城市污水处理率不小于90%。扬州生态城市评价指标体系中提及工业废水排放达标率逐步改善，计划在2010年达到99%。在格拉兹Eco-City 2000计划中，最开始的专家讨论文件中并没有涉及废水的有关问题，但是这一问题在21世纪议程中非常重要，因此将其加入指标当中。

俄勒冈基准水环境指标包括淡水和河口的湿地面积变化，通过溪流检测站点检测水质上升或下降的趋势和关键溪流不断流时间的比例（一年不少于 9 个月或者全年）进行评价。西雅图通过一个完整、健康的集水区存储和净化饮用水，这个集水区为城市节省了 4 亿美元的设备费用。此外，雨水径流对于水环境的改善有很大的作用，城市建设中的硬性路面、建筑物和无法穿越的障碍都是非透水性表面，过多的非透水性表面会引发洪水，危害到含水层的补给，也不利于自然河流的健康，而且会增加地表温度，增加热岛效应。可持续西雅图区域可持续发展指标体系通过非透水性表面占城市排水用地的比例来表达对这一问题的关注，1998 年西雅图有接近 1/3 的城市排水用地是非透水性的，也就是在集水区，城市用地占到了约 1/3 的比例，透水性表面包括农村地区、农业用地、公园和森林。格拉兹 Eco-City 2000 指标要求两条格拉兹主要河流的水体质量等级达到本地标准的 I—II 级。

可持续新加坡发展蓝图提出了蓝色空间的概念。蓝色空间指的是城市中的水体景观，依附于新加坡国家水务机构（Singapore's national water agency，简称 PUB）的 ABC waters（Active, Beautiful, Clean Waters）项目。新加坡的排水渠、运河和水库不再仅履行传统的排水与防洪蓄水功能，现在还是可以供市民享用的美丽溪流、河流和湖泊。这些城市中的水体景观是城市环境的一部分，雨水在汇集到水道之前在这里滞留和净化。可持续新加坡发展蓝图计划将在 2030 年提供城市水体 10.39 平方公里，水道长度 100 公里。

（三）废弃物管理

可持续西雅图认为一个可持续的社会应该最小化它的废弃物产生总量，这意味着材料应该被更加有效的使用，尽量反复使用而不是用完即弃。

典型指标和数值如下：

中新天津生态城指标体系有关废弃物的指标位于社会领域分类下，包括至 2013 年垃圾回收利用率不小于 60% 和无害化处理 100%。曹妃甸生态城指标体系中除同样包含垃圾回收利用率不小于 60% 外，还详细对垃圾的处理方式进行了划分，具体如下：填埋废弃物＜10%，焚烧废弃物＞50%，进行生物处理的食物垃圾＞80%。指标体系考虑了垃圾丢弃点可达性的问题，要求建筑入口处 20 米范围内需要有分类垃圾丢弃点，从居住建筑入口到大型废弃物收集点平均距离不大于500米，停车点10~15米范围内有垃圾收集点的比例不小于80%，等等。无锡太湖生态城指标体系对于生活垃圾和建筑垃圾的排放做出了限制，并且要求生活垃圾分类收集，垃圾回收利用率也分为生活垃圾利用率不小于95%、建筑垃圾利用率不小于75%。重庆市绿色低碳生态城区评价指标体系包括垃圾回收利用率（生活垃圾≥50%，建筑垃圾≥30%）和100%的生活垃圾分类收集与无害化处理。其中，回收利用率为引导性指标，分类和无害化处理为控制性指标。深圳市低碳生态城市指标体系中垃圾资源化利用率现状（2009年）为42.9%，期望在2020年实现不小于75%的目标。扬州生态城市评价指标体系的城区生活垃圾无害化资源化率计划从2000年的40%逐步提升到2010年的80%，直至2020年实现无害化处理率100%。

可持续西雅图区域可持续发展报告中固体废弃物的产生与回收指标提到虽然在不断努力地进行回收工作，固体废弃物的总量却在不断增加。在这里市域废弃物产生被定义为来源于居住、商业、办公和其他产生者的固体废弃物总体流量。格拉兹Eco-City 2000计划中根据本地条件将废弃物详细分为城市总体废弃物、城市尾渣、商业或工业的不可再利用废弃物和有害废弃物，计划有害废弃物比1993年减少50%，其他废弃物减少30%。除了废弃物的分类程度和回收利用率外，"废弃物产生的总量"是衡量成功的可持续环境政策的重要指标参数。城市中产生的废弃物总量是城市尾渣、生活垃圾、剩余废料、有机废弃物和有问题的物质的总和。巴塞罗那生态城市化指标认为有效的废弃物管理基于削减原料消耗和最大限度的闭合材料循环，包括预防、生产和消费的效率、节约原材料、收集和更好的资源利用等。建设和拆除废弃物会产生大量的非危险性废弃物，具有很高的回用和回收价值，将回收的瓦砾和土地转化为新的材料，可以节约材料的使用和延长填埋区的寿命。这一指标通过废弃物的回收率来表示，公式为：

废弃物回收(REC_{waste}, %)

= *已经回收的建设和拆除废弃物量/建设和拆除废弃物的总量*

按照当地的废弃物收集规划，废弃物回收率的下限为不小于40%，期望值为不小于50%。废弃物分类收集网络的建设，目的是减少废弃物的产生和提高零碎垃圾分类收集的效率。这些零碎垃圾的收集需要市民根据时间、格式和材质进行分类，再统一放入回收点，所以这一指标统计的就是有效回收的零碎垃圾的比例。这些零碎垃圾包括有机质、纸制品、玻璃、轻包装、笨重的东西、纺织品和危险品等。公式如下：

垃圾分类收集效率（SCnet，%）

=（*按照分类系统回收的零碎垃圾 - 不合适的零碎垃圾*）/*零碎垃圾总量*

不同种类的零碎垃圾指标数值也不同，城市应根据居住人口数量的不同部署垃圾回收设施。垃圾回收设施（垃圾箱）的配置需要满足可达性的要求和适宜的容纳能力。同时，应该考虑城市密度和城市中产生的垃圾。

参考城市网格为 200 米 × 200 米。垃圾箱提供的下限值为不大于每 300 人拥有一个垃圾箱，理想值为每 100 人拥有一个垃圾箱。垃圾回收点的可达性的下限值为不少于 80% 的人口在 150 米范围内有垃圾回收点，理想值为实现垃圾上门收集。

（四）噪声污染

任何人类活动都会或多或少产生令人不悦的噪声，噪声影响城市生活质量，也影响公共卫生。

典型指标和数值如下：

中新天津生态城指标体系要求功能区噪声达标率为 100%。按照国家《声环境质量标准（GB3096—2008）》，声环境功能区一共分为 5 类（0 类、1 类、2 类、3 类和 4 类），其中 0 类为康复疗养区的安静区域（要求昼/夜噪声限值为 50/40dB），1 类为居住、医疗、科研、办公区域（要求昼/夜噪声限值为 55/45dB），2 类为居住、商业、工业混合地区，需要保持住宅安静（要求昼/夜噪声限值为 60/50dB）。曹妃甸生态城有关于室内噪声控制的指标。无锡太湖生态城、重庆市绿色低碳生态城区同样以功能区噪声的达标率来控制环境噪声。

格拉兹 Eco-City 2000 指标认为噪声的出现具有时间、类型和强度等要素，很难通过一个单一指标参数来描述。但是交通噪声是公认的主要的城市噪声来源。根据对市区噪声情况的测量，得出 65dB 是控制交通噪声的一个有效参数阈值。城市的发展产生了高负荷的道路，所以增加公共设施的可达性、减小道路压力是减少交通噪声的一个方法；控制城市噪声就是减少噪声在 65dB 以上的道路，并且增加公共交通出行方式。巴塞罗那生态城市化指标认为一个舒适宜居的公共空间，可以接受的噪声范围为白天不大于 65dB，夜间不大于 55dB，这个数值相当于我国《声环境质量标准（GB3096—2008）》中对于 3 类声环境功能区的要求，基本上已经是最下限了。巴塞罗那生态城市化指标有关于声环境舒适度的指标，通过不受噪声影响的人口比例来控制噪声污染。公式为：

$$声环境舒适度(\%) = 不受高于65dB噪声干扰的人口/总人口$$

这一指标数值的下限为不少于 60%，期望值为不少于 75%。

（五）绿化空间

从审美角度来看，城市设计必须要提供与环境共存的自然景观，增强城市的吸引力和视觉感受。自然植被的减少反映出人类活动所产生影响的蔓延和区域生态健康的广泛下降。良好的生态健康需要保留足够的自然植被覆盖，因为它们不但提供了丰富的人文精神，也能保护空气和水的质量。健康的绿地空间是必要的，它可以在城市栖息地中维持复杂的动植物物种系统；提供食物、水和木制品；提供娱乐和审美功能；涉及完整的自然循环过程，如雨水收集。

典型指标和数值如下：

中新天津生态城指标体系要求人均公共绿地 $\geq 12m^2$/ 人。有关城市绿地统计的指标根据国家《城市绿地分类标准（CJJ/T 85—2002）》制订包括人均公园绿地面积、人均绿地面积和绿地率计划，其中绿地率统计的绿地包括公园绿地、生产绿地、防护绿地和附属绿地。按照住建部 2012 年发布的《生态园林城市分级考核标准》，建成区绿地率需要 $\geq 35\%$，城区人均公园绿地面积 $\geq 5.00m^2$/ 人（基础指标，低于此数值便不能参评），同时按照城市人均建设用地的不同进行分级考核授予星级。比如，人均城市建设用地大于 $100m^2$/ 人时，如果想获得三星级的本项得分，就需要人均公园绿地面积 $\geq 13.5m^2$/ 人。曹妃甸生态城要求从城市形态着手，使生态城达到一定的绿化能见度和良好的绿地可达性（50m 可达小绿地，200m 可达邻里绿地，500m 可达城区绿地，1000m 可达城市绿地），且绿地率 $\geq 35\%$、人均公共绿地 $\geq 20m^2$/ 人、绿地面积中乔灌木覆盖比例 $\geq 50\%$。无锡太湖生态城要求人均公共绿地 $\geq 16m^2$/ 人，绿地率 $\geq 42\%$，居住区公园面积 ≥ 1 公顷，慢行道路的遮蔽率 $\geq 75\%$。重庆市绿色低碳生态城区的指标与无锡相似，包括人均公共绿地 $\geq 7.5m^2$/ 人，绿地率 $\geq 30\%$，慢行道路的遮蔽率 $\geq 80\%$。深圳市低碳生态城市 2020 年绿地率目标 $\geq 55\%$，并且有森林覆盖率的指标。扬州生态城市评价指标体系期望在2020年森林覆盖率达到25%。

俄勒冈基准在户外游憩这一项中使用的是每千人拥有的州立公园面积指标。可持续西雅图区域可持续发展指标体系通过检测本地溪流的健康和周边的植被覆盖来评价城市生态健康。可持续西雅图同时关注市民享有的开放空间，认为开放空间是居民放松、娱乐和社区集会的地方，也具有城市生物栖息地和排雨水的作用。满足市民需求的、充足的绿化开放空间是衡量生态城市可持续发展的指标参数，这一点在高密度的城区显得更加重要。有87%（1998年数据）的居民生活在三个大型的开放空间街区周边。格拉兹Eco-City 2000指标中自然和人工的绿化空间通过风景保护区、自然保护区和自然遗迹面积的增加来确定数值目标。可持续新加坡发展蓝图2030年目标中提到确保可达和丰富的绿化空间，每1 000人共用0.8公顷公园绿地（相当于$8m^2$/人），90%的家庭可以步行10分钟到达公园（现状为80%）。公共绿地和开放空间不但要保证数量，还需要提高质量。为保证公园接近市民生活，社区应提供更多的社区公园和街头绿地，并且提供连接绿地的公园连接网络，这些绿道联系了城市主要的人文、自然和历史景点以及其他公园，为了提供更加密集的城市景观，屋顶绿化是必不可少的。新加坡重建局（URA）的项目计划鼓励开发商提供公共绿地和屋顶绿化，并予以建筑面积的奖励。可持续新加坡发展蓝图也提出了保护自然遗产、扩大社区开放空间的目标。巴塞罗那生态城市化有关城市绿化的指标包括两个方面，一方面是城市植被的视觉感知，另一方面是绿化空间。城市植被视觉感知指的是一个人视野中的公共空间中植被的比例，从形式特征方面分析作为城市街道特征要素的可以被感知的植物树木是十分有必要的。树木根据树冠宽度可以分为大型、中型和小型。绿量不仅取决于树冠的大小，也与街道宽度有关，因为街道宽度定义了可视域。比如，在狭窄的街道，即使树木很小，其绿量看起来也会比宽阔的街道绿量多。可视化绿量一般根据经验认为不应当小于10%，当然，理想条件下最好能大于30%。当可视绿量小于5%时，那么城市植被的绿化几乎无法被感知。绿化空间需要构成绿化网络，包括公园、花园、庭院、地块的间隙空间和超级地块的街头绿地。生态城市不但要提高城市内的绿化网络质量，为了维护自然绿地，避免生态斑块隔离和绿化廊道断裂，城市绿化网络还需要连接到周边的乡村绿地。巴塞罗那生态城市化的指标要求人均公共绿地不小于$10m^2$/人（期望值为$15m^2$/人），并且具有良好的可达性和无障碍设计。其他指标包括通过土壤的渗透性确保绿地系统连续性和水系统的正常循环，具有一定渗透率的土壤比例不小于25%；屋顶绿化比例不小于10%；通过市民可以方便到达的3~4种类型的绿化空间来评价人口至绿化空间的可达性；通过不同树木、灌木、草、水体等的覆盖率来表达城市公园的功能性；树种的多样性；绿廊的连续性等。

（六）慢行空间

步行和自行车友好道路有助于完善社会可持续性，这点对于生态城市的设计与建设是至关重要的。

我国生态城市指标体系当中较少涉及对于慢行道路的布置要求。曹妃甸生态城提出建设行人和自行车友好的城市环境，将步行和自行车道路功能整合到路网当中。无锡太湖生态城指标体系中有慢行交通指标，认为慢行交通路网密度需要$≥3.7km/km^2$。

步行和自行车友好道路可以促进社会交往、增加活动空间、提高个人的幸福感、减少机动车的使用和相关危害。可持续西雅图报告中的这一指标着眼于多个数据，包括1000英尺（304.8米）长度以内的街道比例，有人行道的学校和公共服务设施，自行车道的数量和行人与车辆伤亡数，主要可以概括为步行和自行车友好道路的长度和安全性等的发展趋势。可持续新加坡发展蓝图期望每个市民都可以安全愉快地步行，认为步行是最为环境友好的出行方式，易于步行的环境有利于对老人和儿童的保护，同时城市要建设更多的无车公共空间。自行车出行是另一种环境友好的出行方式，可以用于方便地接驳公共交通，可持续新加坡发展蓝图计划到2030年自行车道延长700公里。巴塞罗那生态城市化指标认为需要至少允许75%的路面供行人或其他功能（商品交付、紧急通行等）使用，最多25%的路面和公共空间仍然归机动车和公共交通使用。这样可以减少机动车与行人之间的相互干扰，使城市空间更加安静，释放停车占用的空间用以植被种植、改善城市热舒适性、提升城市生活品质。

（七）舒适度

生态城市的公共空间在空气质量、声环境、光和热等方面都应该是舒适的。与城市环境舒适度相关的生态城市指标有：无锡太湖新城生态城指标体系希望打造舒适宜人的景观环境和居住空间，特别强调了风环境（人行区风速≤5m/s）和热岛效应强度（≤1.5℃）；重庆市绿色低碳生态城区评价指标体系也引述了这两个指标，展现生态城区的微气候环境；深圳市低碳生态城市指标体系也有提及热岛效应强度。可持续西雅图有一项指标是"生活质量的感知"，它调查了市民对于城市生活质量的主观判断，当然其中不仅包括环境，还有与生活相关的文化、经济和社会方面的内容。巴塞罗那生态城市化报告有关空间舒适性的内容指出街道、广场和互动空间应该依据其空间的大小、高度和形状设计足够的照明水平，既要保证使用方便和提升空间安全性，也要注意不能造成过多的光污染。城市及其公共空间的舒适性（宜居性）是为市民每日提供舒适的热条件，这意味着需要设计相应的材料与植被。热舒适性的确定还必须考虑气候、街道形态、地面和墙体材料、植被覆盖等。热舒适性的指标通过每天提供舒适的热环境超过15小时的街道比例来表示。

我国有关环境舒适度的指标包括风速和热岛效应强度，主要针对的是居住区，目标是提高城市的宜居性。

（八）连续性

生态城市空间的连续性主要是指街道连续性，包括街道空间和功能的连续性与城市绿廊的连续性。

曹妃甸生态城指标体系在行人和自行车友好城市环境目标下，提出了步行道和自行车道在空间上与路网关联整合的目标。

巴塞罗那生态城市化指标体系中有关空间环境的连续性有两个指标，一是在城市复杂性范畴下的街道空间和功能的连续性，二是城市绿化空间范畴下的城市绿廊连续性。巴塞罗那生态城市化指标体系重视创造城市街道空间和功能的连续性，在城市节点之间形成具有吸引力和安全的步行路径。城市街道的连续不仅关系着工作、休闲、居住等活动，还提供了一个便捷的生活空间，能在提高市民生活质量方面发挥作用，因此需要将不同的活动和参与者平衡起来。按照街道上的活动密度来表达空间序列相互作用的程度，可以评价街道的空间和功能的连续性，街道立面的连续性可以鼓励行人不断在街道中流动，尽量避免空洞（缺乏视觉信息的）空间。这里以街道是否是行人优先及每100米街道空间地面活动是否大于10个来判断街道空间和功能的连续性。城市绿廊的连续性也就是城生态廊道的连通，是维护城市生态系统生物多样性的重要因素。除了生态廊道外，城市街道的渗透性表面和树木也可以适当地起到自然区域连接的作用。在这里以具有连续的渗透性表面和树木的街道占所有街道的比例来评价城市绿廊的连续性。

三、社会类指标归纳分析

生态城市社会指标分为基础设施相关指标和社会公平相关指标。公共设施，也可称为基础设施，一般是指为社会生产和居民生活提供公共服务的设施，是社会发展的物质条件。基础设施可以分为经济性基础设施，包括公路、通信、水电等公共设施，和社会性基础设施，即教育、医疗、体育、文化等公共设施。在城市总体规划中，公共设施用地包括行政办公、商业金融、文化娱乐、体育、医疗卫生、教育科研、社会福利七类用地。发展生态城市的社会意义还在于通过环境改善以及环保产业创造更多的就业机会，从而减少贫困；减少城市人口不增长带来的环境损害；提升公共卫生和环境标准，有助于城市人口健康。基础设施相关指标包括公共设施的覆盖程度和交通出行方式，社会公平主要是指公众参与和对弱势群体与历史文化的保障（图6-4-2）。

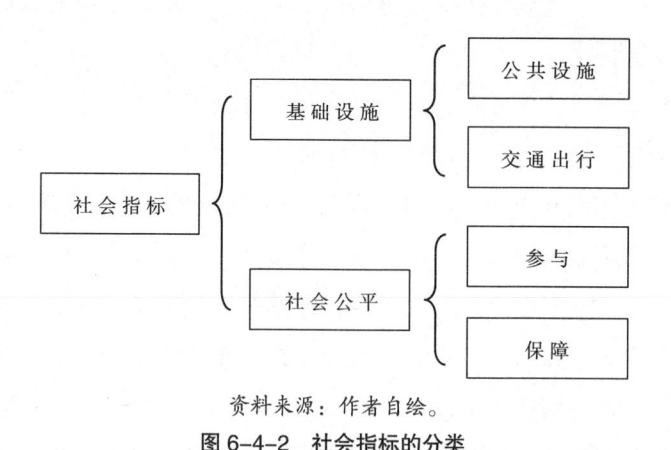

资料来源：作者自绘。
图 6-4-2 社会指标的分类

通过指标体系，我们可以了解生态城市的社会发展重要的两个方面，从城市居民的角度来说，一方面是物质的，保障社会活动安全、便捷和高效；另一方面是精神的，保障社会的参与性和平等性，提供更多的相互尊重和自由交流的机会。

(一) 公共设施

建设公共设施网络的最基本条件之一是确保设施的可达性。[1]

在中新天津生态城指标体系中，基础设施完善是社会和谐进步的主要评价内容之一，包括居住区 500 米范围内有免费的文体设施和完善的市政管网等。曹妃甸生态城指标体系的城市功能子系统中包括公共空间和设施可达性的目标，其中涉及居住区 400 米范围内的基础设施、人均公共建筑面积、公共建筑的投资预算等。无锡太湖新城同样使用 500 米范围内基本公共服务设施的比例来表明对城市功能中公共设施的要求。重庆市绿色低碳生态城区指标体系提到了市政管网普及率。深圳市低碳生态城市指标体系将日常公共设施的覆盖率视为城市宜居的重要环节。

俄勒冈基准中基础设施是社区发展目标中的一项，主要内容是有关道路设施方面的。其基础设施相关指标包括高峰时段非使用私家车通勤的人口比例、在本地城市地区非商业旅行的人均驾驶里程、州或县条件良好的道路比例。可持续西雅图在社区健康指标中提到了图书馆和社区中心的使用，目标是：人均每年访问社区中心 6 次，人均每年使用图书馆图书 10 本。可持续西雅图报告认为公共图书馆和社区中心可以促进个人的发展，使人人享有知识和健康，也增加了资源共享和有效利用水平，是社会可持续的表现。巴塞罗那生态城市化指标有关基础设施与服务方面关注的是城市停车场，内容包括机动车停车场的可达性，停车场的位置是否对车流和行人有干扰及是否有利于装卸货物和载人，在住宅和公共设施附近是否有方便的自行车停车场等；在基础管线敷设方面，希望通过隧道容纳城市基础设施，合理地使用地下空间，减少不同服务公司之间的干扰，此外，促进城市公共设施发展也是提高社会凝聚力的一部分；优化城市公共设施分布应该考虑设施的多样性和平衡分布，也与城市结构和人口规模有关；可达性是公共设施布局的重要指标，在这里是满足 300~600 米范围的要求；公共设施要求其服务必须接近居住或工作地，主要包括文化、体育、教育、医疗和福利等设施，确保一定的服务半径内服务设施的种类可以满足要求，并且尽量步行可达。

---

[1] Salvador Rueda.Ecological Urbanism[R].Urban Ecology Agency of Barcelona，2010：91.

（二）公共交通

交通设施是城市基础设施的一部分，发展城市公共交通就是增加可以替代个人机动车每日出行的交通手段。

中新天津生态城希望居民绿色出行比例在 2020 年不小于 90%。曹妃甸生态城提出使用私家车出行的比例要降到不高于 10%，步行或自行车出行的比例不小于 50%，公共交通出行的比例不小于 70%。无锡太湖新城生态城提出公交优先，打造便捷、高效的绿色交通的目标，其中指标包括：绿色出行比例 ≥80%，公共交通线路网密度 ≥3km/km^2，清洁能源的公共交通工具 ≥30%，公共汽车平均车速 ≥20km/h 等。重庆市绿色低碳生态城区评价指标体系中有 500 米范围内的公交站点比例和清洁能源的公共交通工具比例相关指标。深圳市低碳生态城市评价要求到 2020 年公共交通出行比例 ≥65%。

可持续西雅图报告中通过人均油耗和车辆行驶里程的不断增加等数据反映市民对汽车的依赖。格拉兹 Eco-City 2000 指标希望在 2000 年个体机动车交通减少 2%，公共汽车和有轨电车交通增加 10%，并且城市内不再有新的机动车注册。海德堡城市发展规划可持续指标的目标是减少机动车造成的污染，发展城市区域的有轨电车交通，在不额外增加机动车的前提下改善城市通行能力。可持续新加坡发展蓝图计划实现绿色通勤的目标，要求在高峰时段公共交通出行行程比例为 75%，并且有 80% 的家庭可以步行 10 分钟到达地铁口。巴塞罗那生态城市化指标认为可以替代个人机动车的交通方式有公共汽车、电车、自行车和步行，并且居民应该有至少 3 种公共交通方式选择。

（三）可达性

可达性就是交通的方便程度，一般指使用特定交通方式从一个区位到达活动地点的便利程度，反映了城市流动性的机会和潜力。[①] 对于可达性的认识，主要有三种类型，包括空间阻隔、机会累计和空间相互作用。

曹妃甸生态城的可达性指标主要是指可以步行到达公共交通站点的居住区或办公场所的比例。无锡太湖新城指标体系和重庆市绿色低碳生态城区评价都有 500 米范围内可到达公交站点比例这一指标。

---

① 李平华，陆玉麒．可达性研究的回顾与展望[J]．地理科学进展，2005（3）：69.

海德堡城市发展规划可持续指标提出了确保城市中心可达性，以及推动"短距离城市"和减少运输的目标。

（四）无障碍设计

无障碍环境是人性化空间的实现，保障了市民的移动权，使所有人都可以参与社会活动。[①]按照我国《无障碍设计规范（GB50763—2012）》，城市中无障碍设施包括缘石坡道、盲道、无障碍出入口、无障碍通道、安全阻挡措施、无障碍机动车停车位、低位服务设施、无障碍标识系统和信息无障碍等，城市应在道路、城市广场、城市绿地、居住区、公共建筑等场所设置无障碍设施。

中新天津生态城指标体系和重庆市绿色低碳生态城区评价指标体系提出城市无障碍设施率为100%。

海德堡城市发展规划可持续指标提出了无障碍设施建设的目标。

（五）公众参与和社会满意度

公众参与是指一种公民通过政治制度内部有效途径参与公共政策的活动，对行政过程产生一定的影响。[②]我国环境保护部于2015年7月2日颁布了《环境保护公众参与办法》，明确了在环境保护工作中的公众参与原则。

无锡太湖新城提出了要使公众对环境和社会服务的满意程度≥95%的目标。重庆市绿色低碳生态城区评价指标体系在城市运营管理的指标层中有公众对环境满意率＞70%的指标。扬州生态城市评价指标体系认为市民的环境知识普及和参与是城市生态发展实力的体现。

俄勒冈基准的社会目标很重要的一项就是公众参与，其中包括参与性、税收、公共部门绩效和文化等方面内容。参与性包括市民参与社会志愿活动的时间、在总统选举中的投票、对本州的认可等指标；税收包括对税收制度和资金支出的关注程度、税收占个人收入的比例；公共部门绩效包括公共管理质量在政府期刊上的排名、州一般契约义务评级；文化包括州内人均艺术品基金水平在全国的评级、公共图书馆的服务。可持续西雅图的公众参与包括选民参与、艺术品方面的参与

[①] 曾思瑜. 从"无障碍设计"到"通用设计"——美日两国无障碍环境理念变迁与发展过程[J]. 设计学报，2003，8（2）：57-76.
[②] 付健. 城市规划中的公众参与权研究[D]. 长春：吉林大学，2013.

和青年参与社区服务。居民参与选民投票反映了市民对于政府决策的参与程度，也表达了市民对社会和政府机构的信心。艺术品方面的公众参与可以增加市民与艺术接触的机会，增强地区文化活力。让青年参与社区活动，可以减少青年之间交流的疏离，提升青年的自我概念、劳动技巧和社会义务，这也是可持续社会的一部分。海德堡城市发展规划可持续指标希望可以促进公众参与与对话。

（六）住房和就业保障

中新天津生态城结合新加坡的房屋政策经验，提出发展经济适用房和廉租房的目标，希望在2013年经济适用房和廉租房占住宅总量的比例≥20%。曹妃甸生态城认为经济适用房的比例需要>20%。无锡太湖新城希望创建绿色住区。扬州生态城市评价指标体系将住房指数，也就是城市与农村的人均居住面积的比值，作为衡量生态城市生活质量的标准之一。

俄勒冈基准认为高质量的就业岗位和住房（社区发展）是城市繁荣发展的基础。住房的相关指标有：拥有住房的家庭比例，花费超过收入30%在住房上的家庭（收入低于平均水平的家庭）比例。可持续西雅图报告认为健康、可持续的社会需要公平的收入分配，收入差距较大会造成教育、住房、医疗及其他商品和服务的不均，致使社会关系紧张。收入分配的指标是通过将不同收入水平分为5个等级，每个等级中的人口占总人口的比例。可持续西雅图报告同样认为提供足够的和可以负担得起的住房是可持续社会的核心。不适宜的房价会增加社会压力，健康的社会是由各种收入家庭组成的，经济适用房可以满足居民多元化的需求。海德堡城市发展规划可持续指标中住房和就业是两个重要准则。在住房方面，海德堡城市发展目标包括提供足够的住房、建造可以负担的住房、减少住房租赁成本、提供老年公寓、改进房地产市场等。巴塞罗那生态城市化指标认为城市住房政策需要避免城市隔离、减少个人空间分布的不平等、增加社会凝聚力，进而提出社会住房的概念。社会住房指标指出城市中需要确保供给不同收入市民的住房存量，同时适当混合不同类型的住房，以减少城市中的空间隔离。

1. 职住平衡

职住平衡认为在一定的区域范围内，居住地与工作地应该适当靠近，与人口特性和公共交通的便捷性有关。虽然"就近工作"可以减少交通拥堵和空气污染，但应该强调的是，距离并不是绝对因素，产业集聚可以提高经济效益，而"大院"式的产城融合也会产生一定的社会问题。生态城市中所强调的职住平衡，更多的是"实际"上的平衡，并非简单的1：1关系。也就是生态城市应该提供足够多的就业岗位，进而吸引人口，增加范围内的城市活动，而不仅是一个"卧城"。

中新天津生态城认为实现就业综合平衡是经济高效发展的一部分，希望在2013年就业住房平衡指数≥50%。无锡太湖新城的就业住房平衡指数≥40%。重庆市绿色低碳生态城区评价指标体系的就业住房平衡指数≥30%。

海德堡城市发展规划有关于住房和就业衔接的政策，目标为改善住房和工作地点的空间分配。

2. 教育和技能开发

中新天津生态城为了提升城市科技创新能力，希望每万劳动力中研究与试验发展（R&D[①]）科学家和工程师全时当量≥50人年。

俄勒冈基准在职业技能发展方面的指标有：具有中级读写能力的成年人的比例、熟练使用计算机工作的人口比例、每年至少接受20小时技能培训的人口比例。海德堡城市发展规划可持续指标有关就业方面的目标有：期望全面就业、维护本地就业、增加长期就业机会和区域流动性、建设科学城市、加强中小企业、促进职业教育、公平分配收入等。

（七）文化与历史保护

生态城市的文化和历史保护关系着城市特色的存留。城市特色指城市在内容和形式上区别于其他的个体特征，可以是自然环境，也可以是历史文化。[②]

中新天津生态城指标体系在社会文化协调的引导性指标中提出突出河口文化特征，通过城市规划与设计传承文化，保护文化遗产和风景名胜资源。曹妃甸生态城在城市环境质量上提出空间需要尊重历史附属性质。

格拉兹Eco-City 2000指标中有关于自然遗产保护的指标。海德堡城市发展规划在城市化的关键目标中提出要维护市容和景观的独特性，保护历史城区的遗产。同时，要尊重城市小区区域，保护值得留恋的城市品质和文化多样性。

---

① R&D指研究与试验发展。
② 徐颖，严金泉. 对全球化视野下中国城市特色危机的思考[J]. 城市问题，2006（2）：12-13.

四、经济类指标归纳分析

生态城市的经济模式需要具有较低的碳排放和较高的资源效率,在减少污染和不必要浪费的条件下实现同样的经济价值,保障居民生活质量,提升经济竞争力。生态城市经济指标可以分为低碳经济与循环经济指标、城市经济发展指标(图6-4-3)。

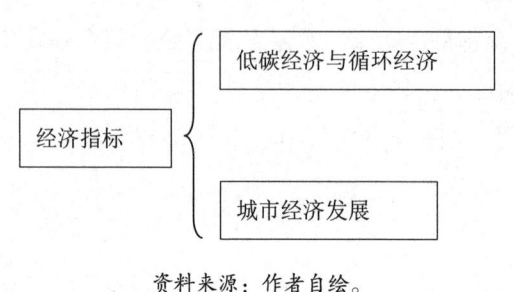

资料来源:作者自绘。
图 6-4-3 经济指标的分类

(一)低碳经济与循环经济

低碳经济是以低能耗、低污染、低排放为特征的一种经济模式。节能和能源结构优化是低碳经济的核心,其目标是尽量减少温室气体的排放。根据国家《循环经济促进法》,循环经济是指建立在资源使用的减量化、再利用、资源化的基础上进行的经济活动。循环经济具有物质资源不断循环的特征。

俄勒冈基准希望通过经济多样化促进经济活力。可持续西雅图通过每1美元收入产生的能耗变化来表达城市的可持续经济发展趋势。可持续西雅图报告认为可持续经济应该在满足个人需求的条件下最小化它的资源和能源使用。

(二)城市经济发展

城市经济发展指标涵盖区域经济发展、企业创新能力等。

1. 区域经济发展

中新天津生态城通过循环产业互补的引导性指标表达区域经济协调,促进区域经济职能合理分工,带动周边发展。

海德堡城市发展规划的经济指标都与就业有关,希望实现社区经济区域一体化。

2.企业创新能力

无锡太湖新城、重庆市绿色低碳生态城区和扬州生态城市评价要求企业通过ISO14001认证[①]。深圳市低碳生态城市希望引进清洁发展机制项目。

俄勒冈基准的经济活力目标中包括新企业在国家的排名这一指标。海德堡城市发展规划希望通过加强中小企业和手工贸易及企业创新来增加就业机会。

五、资源类指标归纳分析

资源是城市社会发展的基本条件，是经济发展的物质基础。建设资源节约型社会是生态文明的重要可持续发展目标。生态城市的设计与建设发展也需要考虑资源的约束，符合资源环境基础理论。节约资源有助于经济增长方式的转变，由传统经济朝向低碳经济和循环经济发展。资源节约需要以满足生活质量为前提，减少资源消耗，提高资源利用效率。生态城市的资源主要是自然资源，包括土地资源、材料、能源和水资源（图6-4-4）。

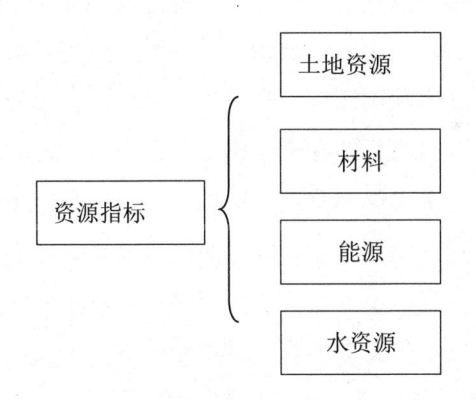

资料来源：作者自绘。

图6-4-4 资源指标的分类

（一）土地资源

城市建设都会给土地带来可逆、部分可逆或不可逆的影响，并以某些方式给自然环境带来改变。因此，土地利用是生态城市设计的重要背景要素。首先需要做的就是鼓励紧凑的城市结构，充分利用现有的城市肌理，将其恢复和连接为使

---

① 环境管理体系认证。

用的城市区域。

曹妃甸生态城指标体系有城市空间混合使用的相关指标，提出了住宅区与工作区、公共服务设施和商业设施的比例。无锡太湖新城指标体系在城市功能中提出城市空间紧凑高效布局的目标，其中包括建设用地容积率≥1.2、混合功能的街坊比例≥50%、开发地下空间等。重庆市绿色低碳生态城区鼓励废弃场地开发再利用，按照不同用地类型控制建设用地容积率和建筑密度；鼓励地下空间整体利用，提出线状与面状空间相结合，地下与地上空间相协调的原则。深圳市低碳生态城市通过指标控制每万元 GDP 的建设用地。

俄勒冈基准的土地资源指标包括农田转化为建设用地的比例、森林用地面积的保持、规划和政策对森林的保育、危险品废弃物的填埋场地面积等。可持续西雅图报告认为人类活动，诸如城市建设、农业和木材砍伐，会加速对自然土地的侵蚀，容易引发水土流失。河流是土壤流失的主要路径，在这里通过检测河流中泥沙产生的悬浮物的浊度来判断逐年的水土流失趋势。海德堡城市发展规划可持续指标中节约用地的相关准则和目标有：经济地使用建设用地，优先发展城市核心，减少土地消耗，有效利用土地面积。巴塞罗那生态城市化指标提出了生态发展土地利用模型，即紧凑利用模型，是对减少土地消耗和最大限度地利用自然资源的回应，目的是减少城市系统在土地供给方面的压力。与土地利用有关的指标包括净住宅密度、绝对紧凑性和修正紧凑性。净住宅密度是住宅单元数与建设用地面积的比值，一个适当的空间质量临界值可以鼓励新的交流和沟通，让居民高效地利用交通和基础设施。生态城市要能够吸引足够的居住人口，需要更加复杂和密集的城市肌理，以组织和发展新的动态生活方式。这一人口密度的适宜数值为 220~350 人 / 公顷，而净住宅密度的最小值 > 85 户 / 公顷，理想值 > 100 户 / 公顷。紧凑性影响城市的物理形态、功能、尺度、土地和开放空间的组织。绝对紧凑性是建设强度在城市肌理上的投影，是建筑的体量与建设用地面积的比值（单位是米），公式为：

$$绝对紧凑性(C_{abs}) = 建筑体量/用地面积$$

绝对紧凑性的适宜值 > 5 米。修正紧凑性则体现了城市空间品质，希望在建设用地、开放空间和特定区域的社交空间寻找一个平衡点，达到一个适当的满足休闲、户外活动和社会交流等活动与建成环境空间设计的比例。修正紧凑性是对绝对紧凑性的纠正,避免后者引起的过度拥挤和城市饱和。紧凑性从三维的角度来考虑城市的肌理,以帮助计算城市空间的需求,便于规划城市空间与活动。修正紧凑性是建筑体量与社会性公共空间面积的比值,公式为:

$$修正紧凑性(Ccorr) = 建筑体量/开放空间用地面积$$

修正紧凑性的适宜值为 10～50 米。

(二)材料

曹妃甸生态城提出了废弃物循环利用的目标。无锡太湖新城指标体系控制了建筑垃圾的排放量,同时希望建筑使用绿色环保建材,其中本地建材比例 ≥70%。无锡太湖新城涉及绿色经济,希望单位 GDP 固体废弃物排放 ≤0.1kg/万元。重庆市绿色低碳生态城区希望可以充分使用旧建筑。

巴塞罗那生态城市化指标提出建筑废弃物的循环利用,认为建筑拆迁产生的废弃物有很高的回收和重新利用的潜力,可以将回收的废弃物转化为新的建筑材料。

(三)能源

能源是维持日常生活的重要部分。

中新天津生态城设立目标到 2020 年可再生能源使用率 ≥20%。曹妃甸生态城对城市建筑总体能源需求做出了限制,希望通过能源生产和可再生能源,实现区内能源自给自足。无锡太湖新城指标体系中有建筑节能的目标,包括新建建筑节能率 ≥65%、公共建筑单位面积节能 ≤100kWh/m^2·a、居住建筑单位面积节能 ≤40kWh/m^2·a 等。无锡太湖新城也提出了区域能源规划,期望可再生能源比例 ≥8%,单位 GDP 能耗 ≤0.3 吨标煤/万元。重庆市绿色低碳生态城区提出建筑节能标准和可再生能源利用率的指标,鼓励能源综合利用。深圳市低碳生态城市将能源消耗视为经济转型的重要方面,相关指标包括可再生能源比例、单位 GDP 能耗等。

可持续西雅图通过可再生和不可再生能源的使用情况表达对可持续能源使用的关注。转变城市能源的用途和过度的不可再生能源依赖,是对环境保护和经济可持续发展的负责任态度。格拉兹 Eco-City 2000 指标希望电力消耗水平降低,可再生能源共享率达到25%。可持续新加坡发展蓝图希望改善能源使用强度。巴塞罗那生态城市化指标在各个部门将主动和被动的系统引入，目的是实现能源的自给自足。由此可见，生态城市的节能从降低建筑能耗和提供可再生能源两方面入手。巴塞罗那生态城市化要求新建项目建筑顶部有足够的空间安装太阳能光热或光电装置等，与节能相关的指标包括按产业划分的能源消耗、本地可再生能源和能源的自给自足。这里的能源消耗主要是指建筑能耗，包括建筑的能源使用、与建筑结构相关的能源和进入、离开建筑的非能源材料（水、废弃物等）。新建项目和城市循环系统需要考虑与之相关的内容，尽可能地节约和有效利用能源。巴塞罗那生态城市化城市各产业产生的可再生能源包括风能、太阳能（光电、光热）、生物能、水能、第三产业的热电联产等。能源短缺会导致城市崩溃，当然，能源的自给自足前提是碳中和的目标，不会有更多的温室气体排放。能源的自给自足首先要从减少不必要的能源使用入手，如减少私家车的使用、减少建筑能耗、在设计时提高新建建筑的能源使用效率等，通过可再生能源提升能源的独立性。在这里，可再生能源的自给自足指标是本地生产的可再生能源与城市总能源需求的比值，这一数值最小为35%，期望值为100%。

（四）水资源

中新天津生态城提出生活水耗和水资源利用的目标，指标为日人均生活耗水≤120升/人/日，非传统水资源利用率≥50%。曹妃甸生态城提出了水资源的供应和需求目标，控制人均日用水量为100~120升/人/日，同时明确了供水来源和污水处理再利用的原则。曹妃甸生态城的年雨水储存比例不小于90%，也希望通过海水淡化提升水资源的利用效率。无锡太湖新城指标体系相关内容包括水资源节约利用、水资源循环利用和水处理。无锡太湖新城和重庆市绿色低碳生态城区水资源节约指标均涉及人均日生活水耗、管网漏损、节水器具、新建项目节水灌溉、用水分项计量等内容。无锡太湖新城要求单位GDP水耗不大于$100m^3$/万元。深圳市低碳生态城市指标体系中有单位GDP水耗以及非常规水资源替代率的指标。

可持续西雅图通过有力的保护、夏季用水附加费和有效的系统运作比1990年减少了12%的水耗（1998年）。一个可持续的社会会有效地利用其水资源，并可以应对供水的波动。格拉兹Eco-City 2000指标希望生活用水量会减少。可持续新加坡发展蓝图确定人均日用水量为 140 升/人/日。巴塞罗那生态城市化认为提高水资源的使用效率主要有两方面,一是优化对水资源的需求,二是从传统的集中供水设施中转变一部分水的供应,用可再生水来替代。应该意识到城市不仅在社会和经济活动中需要水资源,而后还会产生污水,所以城市水资源的自给自足需要一个整体的目标管理,进行总体的水平衡,减少污水排放。生态城市化希望通过管理标准和技术实施,进行可再生和综合利用城市污水,一方面处理污水,一方面节约用水,巴塞罗那生态城市化希望人均日用水不高于 100 升/人/日,理想值不高于 70 升/人/日。巴塞罗那生态城市化水资源相关指标包括按产业划分的水资源消耗、(回收的零碎)再生水和水资源的自给自足。优化水资源消耗应基于适当的管理标准和技术执行,回收和再利用城市零碎的水资源,减少对天然水源的压力。水资源按属性可以分为饮用水、非饮用水、残余废水、零碎的水资源(来源于各处的受污染的水资源,分散在各种地方)和经过适当处理的再生水等。回收废水进行再生水处理,需要建立独立的完整系统,但也应该同时注意减少能耗和增强社会的节水意识。再生水的一般来源为城市污水和雨水的收集。再生水指标为再生水的生产量与水资源消耗需求的比值,也就是再生水占水资源使用的比例,数值 > 80%,期望值 100%。最高程度的水资源自给自足基于最小化的水资源需求和增加废水回收与非常规水资源的利用。水资源的自给自足表示的是城市用水不用来自城市外的资源支持,水资源供应充足。

六、阈值的抽取

(一)生态城市各项指标的比较与差异

通过上面的归纳分析,可以整理出不同的生态城市在环境、社会、经济和资源方面的共识和差异,以及各项指标的选取标准、国内外的异同等(表 6-4-1)。

表 6-4-1　生态城市各项指标的比较与差异

环境	环境质量与环境污染	空气质量	空气质量的指标分为两类：一是依据已有标准，通过全年空气质量优良天数比例评价空气质量，二是监控各种空气污染物不同时间内的排放量，确定排放限值。我国生态城市指标体系中有关空气质量指标早期依照的是国家《环境空气质量标准（GB 3095—1996）》，该标准已经废止，目前使用的是《环境空气质量标准（GB 3095—2012）》。两项标准的差别之一是对于环境空气功能区的分类和质量要求，新版的标准取消了前者三类功能区的划分和空气质量要求。《环境空气质量标准（GB 3095—2012）》中，环境空气功能区分为一类区（自然保护区、名胜等），二类区（城市功能区、工业区、农村地区等），分别对应空气质量一类浓度限值和二类浓度限值。从限值标准的数值上来看，国内外差别不大。对于空气污染物的项目种类，我国标准比较全面
		水质量与水环境	我国生态城市对于水环境的主要要求一般是达到国家标准，执行《地表水环境质量标准（GB 3838—2002）》，基本要求达到Ⅲ类水体的水质要求。Ⅲ类地表水水域环境功能区是集中式生活饮用水二级保护区、渔业水域及游泳区。此外，尊重自然湿地的保护。城市雨水管理是保持良好水环境的重要议题，一般包括非透水性地表的比例和雨水径流的处理方法两方面。对于城市河流系统的管理和城市水体景观的建设，保护其排水和防洪蓄水功能也是水质量和水环境指引的重点
		废弃物管理	废弃物产生总量的控制是衡量生态城市的一个重要参数（这是国外的普遍认识，西雅图、格拉兹等）。垃圾回收设施的设置也是提高废弃物回收率的重要手段 我国生态城市有关固体废弃物处理的指标主要有三个，包括垃圾回收利用率（生活垃圾和建筑垃圾）、生活垃圾分类收集率和垃圾无害化处理率。废水处理指标主要是生活污水处理率和工业废水处理率
		噪声污染	按照我国《声环境质量标准（GB3096—2008）》的功能区划分要求确定城区的最大噪声限值，这个数值基本上国内外没有多少差异。噪声污染的控制可以通过减少噪声声源来控制，但是噪声产生的原因、时间和类型都很难把握，最有效的方法就是控制交通噪声

续表

环境	环境空间	绿化空间	有关绿化空间的指标通常用绿地面积或绿化覆盖率等表示，总之，就是表达城市范围内绿地量的多少。绿地相关指标在我国几乎所有的生态城市指标体系中都有表述，可见绿化水平是衡量我国城市生态化水平的一个重要参数指标。同时，绿化空间除了保证目标数量上的满足外，还应该注重绿化品质和完整的自然功能（循环、生物栖息等）。绿化空间可以采用多种方式，包括屋顶绿化等。保护自然遗产也是生态城市绿化空间建设需要关注的
		慢行空间	我国生态城市指标体系较少提及慢行系统的具体设置，一般也仅限于慢行路网的密度，缺少对具体布置形式、利用方式、覆盖率、可达性、无障碍等方面的考量。国外的慢行系统指标包括对慢行道路设施的要求、道路密度、步行/自行车出行友好等，以及无车化和整体城市生活品质的控制
	环境感受	舒适度	我国舒适度指标一般针对居住区的宜居性，包括风速和热岛效应两方面，较少涉及声、光环境。国外舒适度一般针对的是街区和公共空间，涉及空间环境的感知、安全性、公共空间尺度、街道形态、风/光/热环境等
		连续性	我国生态城市指标一般较少涉及城市空间、绿化和街道的连续性。国外生态城市一般鼓励生态城市街道和绿廊的连续性，希望通过街道空间的连续性增加街道的功能，为街道安排更多的生活功能，以及更加适宜步行出行；也希望通过绿廊维护生态系统的多样性和完善雨水收集系统，并起到改善城市小气候的作用

续表

社会	基础设施	公共设施	我国生态城市指标体系中多以公共服务设施的覆盖率来表达城市宜居或功能的完善程度。国外公共服务设施指标相对灵活，主要关注公共设施或基础设施的种类是否满足市民需求和设施是否方便可达
		公共交通	生态城市公共交通的要点，一是尽量增加公共交通出行的里程，减少私家车的使用；二是在城市区域中尽可能多地覆盖不同种类的公共交通方式，为居民提供多种可替代选择方案，并且在布局上考虑站点与居民的距离
		可达性	生态城市的可达性指标一般指公共交通站点或工作地点的可达性，也有表达新建生态城市与中心城区之间的联系，减少出行距离
	社会公平	无障碍设计	无障碍设计尊重了居民的移动权，除提出无障碍设施保障率以外，生态城市还需要更加详细的道路、设施、标识等方面的设计引导，这方面我国已有相关标准
		公众参与和社会满意度	由于政治体制的差异，我国生态城市多从市民对环境建设绩效的认可上来表达公众的参与和满意程度，国外则比较重视市民的服务义务、公平的对话与自由表达
		住房和就业保障	生态城市关注的住房和就业保障一般包括职住平衡和教育技能的开发两方面。我国生态城市主要关注的是经济适用房和廉租房的比例及就业住房平衡指数，表达了对于市民生活需求的关注。国外更加注重住房供给的社会效应，认为住房政策是社会可持续发展的一部分，指标在就业方面提出了对市民教育发展的要求，希望通过技能训练增加就业机会，以及个人收入水平与住房花费的负担程度
		文化与历史保护	国内外生态城市指标体系中均意识到保护城市的自然和历史文化遗产对于突出城市特色，提升城市环境的独特性，保护城市记忆的重要性

续表

经济	—	低碳经济与循环经济	经济是城市发展的基础条件，生态城市需要在节能和资源循环利用的基础上发展经济，同时解决区域协调和城市就业等社会问题。我国低碳经济和循环经济指标基本上是与GDP挂钩的
		城市经济发展	生态城市不是孤立的，这点除了体现在生态系统中，在经济环境中也同样适用。生态城市作为新建城市/城区，需要考虑区域经济协调与周边的产业互补，以及如何引进相对清洁环保的产业，为生态城市经济发展和人口增长提供基础
资源	—	土地	土地节约利用主要包含紧凑用地和土地混合利用两方面。我国一般通过用地的混合使用功能比例及容积率来表达和控制城市土地利用，国外相对比较重视农地和森林大保护、棕地与灰地的再开发及紧凑性的具体"阈值"
		材料	生态城市的材料利用一般包括环保建筑材料的使用以及对既有建筑的利用，希望通过减少建筑废弃物来提升生态城市在物质循环方面的可持续性
		能源	生态城市能源可持续需要减少对不可再生能源（化石能源）的依赖，从减少能源消费与增加可再生能源的使用两方面入手
		水资源	对于用水量的控制，我国生态城市指标体系对人均日用水量的控制一般为120升/人/日，国外标准不一，有上下浮动

资料来源：作者整理。

（二）整理生态城市各项指标的阈值取值

标出国内外生态城市每项指标取值的上下限，可以得出城市在不同领域内阈值的浮动范围。

除了从案例中的生态城市指标体系中提取指标阈值外，我国还有相关标准和规范：《环境空气质量标准（GB 3095—2012）》《地表水环境质量标准（GB3838—2002）》《声环境质量标准（GB3096—2008）》《城市绿地分类标准（CJJ/T 85—

2002）》《无障碍设计规范（GB50763—2012）》及《环境保护公众参与办法》等。生态城市中的相关内容的取值需要按照标准和规范中的要求和数值来确定（表6-4-2）。

表6-4-2 生态城市各项指标阈值的抽取整理

环境	环境质量与环境污染	空气质量	①全年空气质量优良（国家二级标准）天数 ≥80%～95% ②日平均 $SO_2≤50～150\mu g/m^3$，$NO_2≤80\mu g/m^3$，$CO≤4mg/m^3$，$PM10≤50～150\mu g/m^3$，$PM2.5≤35～75\mu g/m^3$
		水质量与水环境	①地表水质量达到国家Ⅳ类水体水质 ②自然湿地净损失 =0
		废弃物管理	废弃物回收利用率 ≥40%～75%
		噪声污染	噪声达标（昼/夜）≤55～60/45～50dB
	环境空间	绿化空间	①人均公共绿地 ≥8～20㎡/人 ②绿地率 ≥30%～55% ③居民步行 10 分钟可达的公园覆盖率 ≥90%
		慢行空间	没有明确通用的指标
	环境感受	舒适度	人行区风速 ≤5m/s，热岛效应强度 ≤1.5℃
		连续性	没有明确通用的指标
社会	基础设施	公共设施	基础设施服务半径 300～600m
		公共交通	公共交通出行人口比例 ≥75%～90%
		可达性	没有明确通用的指标
	社会公平	无障碍设计	没有明确通用的指标
		公众参与和社会满意度	没有明确通用的指标
		住房和就业保障	①廉租房/经济适用房比例 ≥20% ②就业住房平衡指数 ≥30%～50%
		文化与历史保护	没有明确通用的指标

续表

经济	-	低碳经济与循环经济	单位 GDP 碳排放 ≤0.25～0.7 吨 -C/ 万元
		城市经济发展	没有明确通用的指标
资源	-	土地	绝对紧凑性 > 5m，修正紧凑性 10～50m
		材料	本地材料使用率 ≥70%
		能源	可再生能源使用率 ≥25%～35%
		水资源	①人均日用水量 ≥120～140 升 / 人 / 日 ②再生水使用率 ≥80%

资料来源：作者整理。

第五节　本章小结

本章归纳分析了生态城市的指标及其阈值取值。

指标体系的制订是生态城市规划设计与建设管理的重要工作之一。一般来说，生态城市指标具有两个作用：一是约束生态城市的建设目标，使其在生态可持续的状态下建设发展；二是用来评价评估生态城市的发展状况，通过在时间轴线上的不同节点的比较，判断生态城市可持续发展的状态是否符合预期。

生态城市指标从方向指引和定量的角度"勾勒"出生态城市的"轮廓"。生态城市系统是环境、社会、经济及资源复合的复杂平衡系统。本章归纳整理了生态城市指标，明确了目前国内外生态城市建设的重点以及不同要素控制的上下限。

通过指标整理，我们可以总结出国内外生态城市建设的差异，具体如下：国内生态城市建设注重管理和控制，国外重视自发、公众参与和评价；国内重视城市环境质量和绿化，国外重视城市空间的生活质量、社会平等和安全保障等。

通过生态城市的环境类指标归纳可以得出，空气质量、水质量、废弃物管理、噪声污染等是目前生态城市最为关注的城市问题，并且生态城市应努力营造绿化空间和慢性空间，以提供舒适、连续的宜居空间；通过社会类指标归纳可以得出，城市基础设施的服务情况、公众参与、住房与就业、文化保护等是目前生态城市社会理解的核心，需要体现对作为城市空间核心的"人"的尊重，人与人之间的公平、人人可得的移动权和参与权及对城市历史文化的尊重等；生态城市的经济指标体现了生态城市经济发展的侧重点，包括低碳与循环经济的发展、区域经济协调等；生态城市的资源指标包括城市发展的基础资源，如土地、材料、能源及水资源等，遵循节约与集约化的原则。

综合以上内容，我们需要认识到，生态城市的指标（制定目的）一般针对的是目前城市发展建设过程中最亟待解决的问题，如环境类指标的数量和完善程度远大于其他类别的指标，说明目前生态城市的建设针对的目标是日益恶化的城市环境。由此可见，指标体系并不能完全说明生态城市的空间形态设计所包含的全部内容。

在下一章的柔性设计策略框架构建中，本书将整合生态城市的空间形态要素、风险、变量及指标阈值来确定柔性设计的可持续性设计行为。

第七章 柔性设计的方法：策略的整合与适用性

城市规划与设计意味着对未来全面的预测，包含对未来空间形式的意向和干预措施的预期，规划师正是基于这些显性或隐形的假设做出的决定。在明确规划目标和情境的精确工作下，规划视野越小，干预的尺度越大，相应地，就会带来更多的复杂性与不确定性。因此，这些关于未来的假设需要在形式上有所改变。[1]

本章主要内容为柔性设计的方法：策略的整合与适用性，主要介绍了三个方面的内容，依次是弹性理论作用于生态城市空间，柔性设计的策略框架：框架的整合与构建，柔性设计的策略组合及适用性。

第一节 弹性理论作用于生态城市空间

一、生态城市设计下的柔性设计与弹性

弹性是生态城市空间系统的属性之一。弹性可以使城市（空间结构）具有"强大的生命力"[2]，弹性承受系统的可变性，并凭借结构特征适应这些改变，而不是利用或削弱它们。

自上而下的要求与设计师的主观意识使现在的生态城市空间忽视了真正的弹性因素，忽视了生态城市系统的复杂性与不确定性，忽视了城市空间信息表达构

---

[1] Christian Salewski.The Politics of Planning: From Social Engineering to the Engineering of Consent Scenarios for Almere, Markerwaard, and New Netherlands 2050 (1965—1985) [EB/OL].http: //www.newtowninstitute.org/spip.php?article1051#nb1, International New Town Institute.
[2] 沈清基. 城市生态环境：原理、方法与优化 [M]. 北京：中国建筑工业出版社，2011：434.

成的城市要素，这样的城市空间无法构成真正具有生命力的生态城市。

卢佩文（2014）认为弹性是应用在城市空间设计上的新概念，提出了基于弹性理念、城市物理空间设计及规划决策制订协作维度的框架和讨论，特别强调了空间设计与规划决策之间的一致性的重要关系。[①]

组织效能良好的生态城市空间需要灵活性、弹性的设计——柔性设计（的弹性方案）遵循了"达尔文进程"，也就是从复杂的条件中考虑其相互联系——进行选择的过程。为了进行类似"达尔文进程"的设计，就需要在设计方案筛选的过程中输入大量的参数，进行参数化设计。

传统的城市设计基于"原型复制"——在一定模式下的一系列、大量的、相混合的组合。如果选择的原型对城市本底条件不适应，设计就会出现问题，无法成功。将一个生态城市的空间和道路照搬到另一个城市，它的城市空间是发挥不了作用的。

在既定的情况下，城市设计师需要理解环境如何适应改变，更为重要的是为什么有些更具有弹性；需要清楚地感觉并分清哪些部分是基础的场所感，而哪些部分又没那么重要，可以修改。[②]

二、柔性设计的弹性分类

城市设计的主要功能为"实用、坚固和美观"。在柔性设计的框架下，城市设计的功能体现了对弹性的理解。

可持续性是"实用"的一部分，"坚固"表达了空间—时间的鲁棒性。城市设计的功能要素"实用"从功能出发，体现了空间形态的功能弹性，"坚固"表达了外观的性能弹性，"美观"则具有社会弹性。

凯瑟琳·福斯特（Kathryn A. Foster）在他的区域弹性评估框架中将弹性分为准备弹性和性能弹性，准备弹性分为评估和就绪两个阶段，性能弹性分为响应和

[①] Pei-Wen Lu.Spatial planning and urban resilience in the context of flood risk: A comparative study of Kaohsiung, Tainan and Rotterdam[M].Delft: TU Delft, 2014: 63-64.
[②] Matthew Carmona, Tim Heath, Taner Oc, et al.Public Places-Urban Spaces: The Dimensions of Urban Design[M]. Oxford Boston Architectural Press, 2003: 200.

恢复两个阶段。[①]本书认为福斯特对弹性的分类有助于理解生态城市空间形态弹性，因为准备弹性表达了从城市建设管理角度为提高城市弹性所做的工作，性能弹性则表达了生态城市空间系统本身的固有弹性属性（当然，这一部分的弹性需要设计手段来激发）。

马修·卡尔莫纳等（2003）认为弹性（或鲁棒性）是解决城市更新中陈旧的建筑物问题，对应的是建筑物的结构和功能。[②]

综上所述，柔性设计对应城市空间形态的响应与恢复，属于性能弹性。性能弹性在时间框架下，分为结构弹性和功能弹性，结构弹性是能抵御物理结构上的压力和冲击，而不产生改变；功能弹性是能抵御使用功能上的不适应，而不发生明显的物理状态变化。区别可持续城市设计原则与社会生态系统弹性的结构特征（模式化、多样性等）和功能特征（自给自足、灵活性等），在城市设计中是尤为重要的属性[③]（图 7-1-1）（亚历山德拉·费利乔蒂等，2015）。

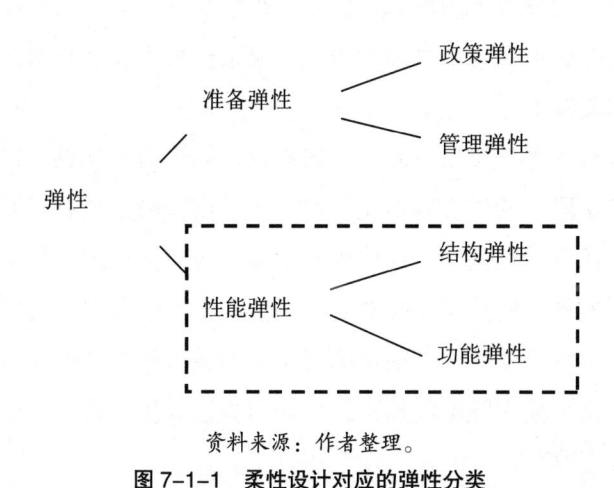

资料来源：作者整理。

图 7-1-1　柔性设计对应的弹性分类

---

① Kathryn A.Foster.A Case Study Approach to Understanding Regional Resilience[R].Annual Conference of the Association of Collegiate Schools of Planning，Fort Worth，Texas，2006：14.
② Matthew Carmona，Tim Heath，Taner Oc，et al.Public Places-Urban Spaces：The Dimensions of Urban Design[M]. Oxford Boston Architectural Press，2003：200.
③ Alessandra Feliciotti，Ombretta Romice，Sergio Porta.Masterplanning for change：lessons and directions[M]// Milan Macoun，Karel Maier Eds.Definite Space – Fuzzy Responsibility：Book of Proceedings AESOP Prague Annual Congress 2015.Fakulta architektury，2015：3057.

第二节　柔性设计的策略框架：框架的整合与构建

一、柔性设计的生态城市轮廓

目前生态城市建设的状况（轮廓）是柔性设计的基础。生态城市是复杂的自适应系统，在系统遭受冲击和压力下进行着自适应循环（参见第三章第二节的相关叙述阐述）。此外，因为生态城市的发展（与城市发展相同）在社会和技术的推动下是无止境的，按照瑞吉斯特和 IEFS 的框架（参见第六章第三节），只有生态城市实现完全"自然化"的盖亚状态才是生态城市发展的最终目标，但这也只是在目前的科技和理解力下的考虑，究竟未来生态城市会发展到什么阶段，无从得知，这也是生态城市系统本身的阶段性、复杂性和不确定性所决定的（参见第二章第二节的相关叙述）。

因此，将现有的生态城市空间形态的理论、风险与突现及指标进行归类，总结出目前技术和手段下的生态城市轮廓对于柔性设计来说是有必要的。目前的生态城市轮廓是柔性设计的基础，这些内容的限制与评价在现实的生态城市建设发展中并没有完全实现，所以这一轮廓（在阈值的上下限之内）可以看作柔性设计的"组织潜能"范围。弹性本身限定的就是生态城市失去其结构空间及组织能力的范围。因此，这个范围既不能超出目前城市建设方法与技术的能力范围，也不能使生态城市"衰败"。

"勾勒"生态城市轮廓的另一个原因就是，柔性设计的目的之一是面对我国生态城市目前发展的"瓶颈与挑战"。许多在建的生态城市都因为种种原因产生了"衰败"，"沦落"为生态型的居住区和荒废的基础设施。因此，明确生态城市到底需要建设什么，哪些是重要的核心理念与内容，哪些是锦上添花的技术，也是很重要的。

通过前面章节的阐述合成柔性设计的生态城市轮廓。在前面章节的归纳分析下，目前普遍条件下的生态城市轮廓如表 7-2-1 所示：

表 7-2-1 柔性设计的生态城市轮廓

紧凑性	街区尺度	压力	城市化	社会差异	环境	环境质量与环境污染	空气质量
				边界蔓延			水质量与水环境
	生态化土地利用						废弃物管理
			城市生态系统	生态环境压力			噪声污染
流动性	可达性			生态环境承载力		环境空间	绿化空间
							慢行空间
	步行及自行车出行		水循环	非透水性地表		环境感受	舒适度
							连续性
				恢复径流		基础设施	公共设施
				水污染			公共交通
生态性	连续的开放空间	冲击	废弃物管理	新陈代谢	社会	社会公平	可达性
				再利用与剩余垃圾			无障碍设计
							公众参与和社会满意度
	生态斑块及物种多样性			垃圾处理			住房和就业保障
			空气、噪声和光污染	空气污染			文化与历史保护
	雨水汇集			噪声污染			低碳经济与循环经济
				光污染	社会	—	
本地化	被动式设计		能源管理	能量平衡			城市经济发展
				可再生能源			土地
	城市物理环境				资源	—	材料
			城市灾害	自然灾害			能源
	街区特色			社会安全			水资源

资料来源：作者整理。

二、柔性设计的时间线索

"城市设计是有关时间的艺术",但是很难被琢磨,对于城市来说,不同的视角、不同的时间,城市都是在变化的①(凯文·林奇,1960)。城市发展本身就是在时间轴线上城市空间内的物质不断积累和能量循环的结果。"时间是一种相继的秩序,必须存在共存的结构中(空间)"②(戴维·哈维,1996)。随着时间的推移,城市设计中很多空间的物理要素和组织要素都会归结在一起,因此需要将城市物理系统与弹性的城市行为进行整合。萨尔瓦多·鲁埃达(2010)认为,在自然界中生物与生态系统的复杂系统的时间持久性,受组织效率和资源消耗的约束,或维持或变得更加复杂。③

城市设计嵌入弹性框架可以更好地适应城市发展的时间推移。④在柔性设计框架下,影响城市空间形态的风险分为压力与冲击,压力指的是外界环境的慢变量,冲击则是迅速产生作用的快变量(参见第三章第二节的相关叙述)。快变量与慢变量对应的都是时间框架下的不同尺度。

建筑和环境的"陈旧过时",是时间框架的改变,场所内的建筑结构和其他物理属性的鲁棒性与弹性等,都涉及视觉和物理的连续性。弹性是对公共空间的建筑和环境进行时间管理的一部分⑤(马修·卡尔莫纳等,2003)。

城市的未来发展是不确定的、复杂的和未知的,柔性设计的结果是认识到生态城市设计的结果应是一个动态流动的"发展过程",而不是静止的状态。柔性设计的空间设计是时间尺度上不断演进的空间设计。

三、柔性设计系统的弹性特征

(一)灵活性

灵活性是弹性能力的重要部分——与适应性相似,与确定性相反,是使系

---

① 凯文·林奇.城市的印象[M].项秉仁,译.北京:中国建筑工业出版社,1990:1.
② 戴维·哈维.正义、自然和差异地理学[M].胡大平,译.上海:上海人民出版社,2015:286-287.
③ Salvador Rueda.Ecological Urbanism[R].Urban Ecology Agency of Barcelona,2010:8.
④ Alessandra Feliciotti, Ombretta Romice, Sergio Porta.Masterplanning for change: lessons and directions[M]// Milan Macoun, Karel Maier Eds.Definite Space-Fuzzy Responsibility: Book of Proceedings AESOP Prague Annual Congress 2015.Fakulta architektury, 2015: 3061.
⑤ Matthew Carmona, Tim Heath, Taner Oc, et al. Public Places-Urban Spaces: The Dimensions of Urban Design[M]. Oxford Boston: Architectural Press, 2003: 202.

统具有适应复杂系统不确定性的能力。灵活性是以预先规划好的方式对预见和未预见的环境改变做出反应[1]（Jan Husdal，2015）。灵活性暗含的关键条件是：通过系统自身的改变去适应（来自压力或冲击的）环境变化，这些改变措施是在遇到事件之前已有计划的。

（二）冗余性

冗余性和灵活性都是系统响应压力和冲击的方式，只不过冗余需要面对额外资源最小化和资源利用不足的影响。[2]冗余性是指系统或其组成部分具有替代品，以确保在破坏事件中可以正常运作。[3]冗余性为系统提供了容错能力，暗含的关键条件是：系统的关键组成部分具有一定的功能重叠，暗示了多样性的作用。但需要注意的是，这些重叠功能要有意义，应当避免低效率的形式主义。

（三）鲁棒性

鲁棒性是系统或其组成部分在没有遭受退化或丧失功能的情况下承受破坏的强度。[4]鲁棒设计提供了灵活的解决方案，这类设计减少由设计变量的变化引起响应的变化，而不是寻求最优值。[5]鲁棒设计需要预测系统潜在问题，并且对可预见的问题进行安全的、适宜的准备。[6]鲁棒性暗含的关键条件是：系统具有一定的稳定性，不需要"特殊的适应活动"就可以承受一定的环境改变。

（四）多样性

多样性常常应用于人类学或生态学领域，表达一种"求同存异"的关系（如文化多样性、种族多样性或生物多样性等）。灵活性和冗余性都具有功能多样化的特点，相似但不相同。多样性意味着功能效率具有多样化的范围和价值。在系统的弹性理论中，多样性一般包括功能多样性与响应多样性。功能多样性是指在

---

[1] Jan Husdal. Am I making an impact?[EB/OL].http：//www.husdal.com/2015/10/04/am-i-making-an-impact/.
[2] Yossi Sheffi.The Power of Resilience：How the Best Companies Manage the Unexpected[M].Cambridge：The MIT Press，2015：129-132.
[3] Kathryn A.Foster.IURD Working Paper Series：A Case Study Approachto Understanding Regional Resilience[M].Berkeley：UC Berkeley Institute of Urban and Regional Development，2007：9.
[4] 同[3].
[5] Joseph H.Saleh，Daniel E.Hastings，Dava J.Newman.Flexibility in system design and implications for aerospace systems[J].Acta Astronautica，2003（12）：4.
[6] Jo da Silva，Braulio Morera.City Resilience Framework[R/OL].http：//publications.arup.com/Publications/C/City_Resilience_Framework.aspx，Arup.

一个集合体中，功能性特征的变化与分散。响应多样性是指通过具有不同容纳能力但功能相似的要素去响应扰动，使整个系统产生更大的弹性。[1] 在生态系统中，功能多样性是指系统内有多个不同的功能群，响应多样性是指一个功能群中的不同响应类型。[2] 多样性暗含的关键条件是：系统的一些要素具有相似的功能或特征，但是在特定的范围或目标（系统局部或功能部分）下，它们的作用各不相同（分散性特征），这些"不同"可以对系统产生更大的影响。

（五）响应性

响应性是对系统波动变化迅速反应的能力。与应变性相似，指在系统遭受冲击或压力时，人和机构可以迅速找出不同的方法来完成目标或实现需求。[3] 响应性暗含的关键条件是：响应性是衡量弹性灵敏度的重要特征，表达了反应速度的迅速与及时。

（六）反馈性

反馈性具有目的性和信息性，是系统信息输入和输出之间的相互作用，是部分输出结果在循环中作为输入条件的过程。反馈是系统论、信息论和控制论中的基础科学概念，包括正反馈和负反馈两种基本形式。负反馈是维持系统稳定性的因素，使系统的发展不至于偏离目标（正反馈与之相反，促使系统发展偏离目标）。需要注意的是，负反馈与正反馈是相互制约的，不考虑系统实际状况，一味追求负反馈，结果只能是系统的"故步自封"[4]。反馈性暗含的关键条件是：反馈性包含信息传递的意义，是对系统发展结果方法上经验教训的总结与学习，也是对系统状况的回应。

柔性设计的弹性特征与一般系统特征之间的关系。通过归纳整理出的生态城市系统的弹性特征可以得出它们之间的相互联系。维持这些特征的稳定需要依赖其他系统的一般特征。梳理这些特征之间的关系，有助于明确维持或提升系统弹性的方法和手段（图7-2-1）。

---

[1] Akira S.Mori, Takuya Furukawa, Takehiro Sasaki.Response diversity determines the resilience of ecosystems to environmental change[J].Biological Reviews, 2013, 88（2）：352.
[2] 布莱恩·沃克, 大卫·索尔克. 弹性思维：不断变化的世界中社会—生态系统的可持续性[M]. 彭少麟, 陈宝明, 赵琼, 等译. 北京：高等教育出版社, 2010：68-69.
[3] Jo da Silva, Braulio Morera.City Resilience Framework[R/OL].http：//publications.arup.com/Publications/C/City_Resilience_Framework.aspx, Arup.
[4] 魏宏森, 曾国屏. 系统论：系统科学哲学[M]. 北京：清华大学出版社, 1995：301-310.

资料来源：作者整理。

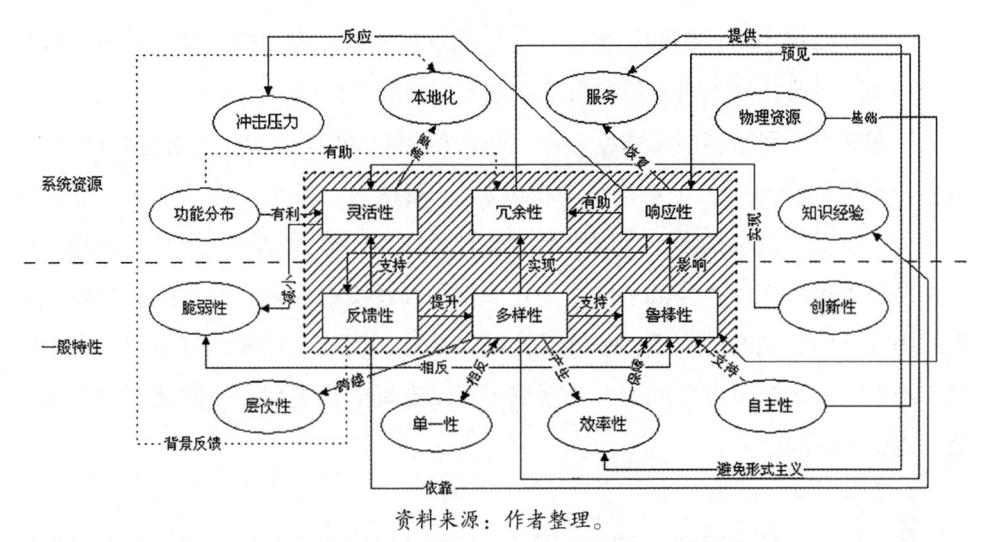

图 7-2-1　柔性设计的弹性特征与一般系统特征之间的复杂关系

灵活性、冗余性、鲁棒性、多样性、响应性、反馈性等特征从组织结构和时空尺度等方面反映了系统弹性的特征。这些特征本质上阐述的是系统适应和应对复杂性与不确定性的能力，通过相互关联表明系统在扰动时组成部分与功能的恢复速度、容纳和承受压力与冲击的能力以及自身组织结构调整的合理程度等。

四、柔性设计的设计策略框架

（一）柔性设计行为的确定

在生态城市轮廓的基础上（生态城市轮廓包括生态城市的模型、风险和指标阈值），按照可持续设计的要素方法（参考马修·卡尔莫纳等的《公共空间——城市空间：城市设计的维度》），可归纳出柔性设计的设计行为（空间形态、社会经济及景观等）。

1. 紧凑性

在可持续的城市设计中，紧凑性也称为集中性。具有紧凑性的城市空间可持续设计包括：紧凑且适当的建筑密度、适当的高层建筑、减少停车空间等，同时需要注意城市空间的集聚性与活力及过密的城市空间带来的隐私和安全问题。

在生态城市紧凑性的要求下，城市形态设计方面需要注意街区尺度与建筑类型和密度之间的高效匹配、土地的生态效应与土地利用布局、道路和运输网络与公共空间和城市生活设施的经济性；从生态景观方面考虑，柔性设计还包括节约土地和生态足迹，以及对农田和自然湿地等资源的保护。

生态城市空间紧凑性面临城市化，所带来的城市扩张压力（生态化城市更新）与生态环境承载力压力（新建生态城市）。一般认为，城市的低效率无序蔓延给城市可持续发展带来诸多不利因素和生态环境压力，高效高密度的集中布局方式无疑是解决这种无序扩张的手段之一。而这种高密度的集中带来的应该是城市效率的提升，增加城市的舒适性、连接性与可达性，而不是密集的城市空间带来的城市隐私、安全以及卫生问题，衡量城市紧凑布局效果的应是空间使用感受和基础设施服务便利度。

2. 资源效率

资源效率包括资源的获取和使用。在可持续的城市设计中，资源的获取包括建筑的被动式和主动式太阳能使用、可再生能源的利用、通过空间设计调节太阳光的照射和风速以及改善微气候。资源的使用包括能量存储方式，本地和可循环的材料使用，减少街道宽度和停车位，提供更多的公共交通接入点以及更加高效的基础设施资源。

从城市形态的角度来说，柔性设计提倡有效的土地利用和街道布局及高效创新的（具有弹性和鲁棒性）的建筑设计；在生态化的城市更新中，重复且有效地使用原有的城市肌理和基础设施；在交通上，提供一体化的公共交通接驳方式，更好地利用社会服务设施和交通资源；从社会经济角度来说，则提倡减少不可再生的化石燃料使用，平等公平地分配社会服务和基础设施，共同享受城市与社会发展带来的利益；在建筑的全生命周期减少能源消耗，减少废弃物排放，尽量利用可再生的自然资源和生态系统服务。

城市发展和人口增长是必然的发展规律，不可回避，在有限的城市资源下，资源的利用效率是柔性设计的关注重点。紧凑的城市空间能带来更高效的城市空间使用和可靠的可达性，减少能源消耗和尾气排放。除了更有效率地获取资源，生态城市还面临生态环境压力及城市新陈代谢、能量平衡的冲击。在整个生态系统中，城市并非孤立的，而是镶嵌在自然环境之中，城市周边的资源是有限的，并且不断承受着城市不良新陈代谢的压力。公共资源的使用效率和有效性及城市土地、材料、能源、水资源的节约利用衡量了生态城市的资源效率（图7-2-2）。

紧凑性	街区尺度	压力	城市化	社会差异	环境	环境质量与境污染	空气质量
				边界蔓延			水质量水管理
	生态化土地利用		城市生态系统	生态环境压力			废弃物管理
				生态环境承载力			噪声污染
流动性	可达性		水循环	非透水性地表		非透水性地表	绿化空间
	步行、自行车出行			恢复径流			慢行空间
				水污染		环境感受	舒适度
							连续性
生态性	连续的开放空间	冲击	废弃物管理	新陈代谢	社会	基础设施	公共设施
				再利用与剩余垃圾			再利用与剩余
	生态斑块、物种多样性			垃圾处理			可达性
			空气、噪声与光污染	空气污染		社会公平	无障碍设计
							公众参与、社会满意度
	雨水汇集			噪声污染			薪勾料与就业保障
							光污染
本地化	被动式设计		能源管理	光污染	经济		低碳经济与循环经济
				能量平衡			城市经济发展
	城市物理环境			可再生能源	资源		土地
			城市灾害	自然灾害			材料
	街区特色			社会安全			能源
							水资源

资料来源：作者整理。

图 7-2-2　柔性设计行为的选取（资源效率）

3. 多样性与选择性

多样性与选择性是弹性的基本特征，在可持续的生态城市设计中，多样性包括建筑功能混合利用的多样性、交通形式的多样性、服务设施可达的多样性、道路尺度的多样性以及城市服务中心的层次化等。选择性建立在多样性的基础上，由于城市提供多种空间、功能和流动形式，可以更加有效地选择适宜的使用方式。

城市形态的多样性包括混合使用的建筑、街区和道路，多样化的建筑形式和出行方式。生态城市应通过适当的密度设计，混合使用的土地、街区和建筑，多种多样的建筑形式，为不同年龄、职业等类型的市民提供更加广泛的流动性选择。从社会经济角度来看，多样性需要提供不同年龄、收入等的混合住区、多种类的使用权的选择及就业和创业的机会。

生态城市中除了城市功能的多样性外，还具有生物多样性。通过适当的密度，城市可以维持生物栖息环境和动植物的物种多样性，提供多种多样的绿化空间。

生态城市还应具备城市机构组织的多样性，机构的多样性表达城市复杂的组织关系。城市的可持续发展就是在实际系统中资源消耗水平远小于组织多样性水平，以这种方式维持复杂城市系统的可持续。

生态城市的多样性和选择性面临来自城市化带来的社会差异、城市扩张和生态承载力的压力。社会差异带来了社会经济的多样性，生态环境承载力受到生物多样性的支持，城市扩张为流动性带来更多选择。城市环境感受和基础设施的可靠性是衡量多样性和选择性的社会条件。

4. 人的需求

按照场所理论，城市空间的设计需要考虑人的需求，这种需求是真正考虑人的使用意愿的生活需求，而不是中规中矩的"教条主义"。在有效的城市空间中（具有信息表达的空间），人的需求有视觉辨识性的需求、符合人体尺度的适用性需求、空间环境适宜的/具有归属感的舒适性需求、步行及社会安全性需求，以及城市艺术的审美（城市设计的美观原则）需求。

在城市形态的设计中，需要考虑适宜人和社会的设施、服务和空间的人性化尺度及便捷的可达性，以及视线良好、保持良好的场地和建筑等因素。从社会经济的角度分析，符合人的需求可以增进市民的身心健康和安全感。从景观角度分析，舒适的人性尺度环境和与自然生态的连接可以平复人的心理情绪，创造人与自然平衡协调的基础。

人的需求关系着城市的空间尺度和物理环境，其主要受到来自社会差异和社会安全的风险冲击。良好的城市空间可以增加人的活动需求与交流，增进人与人之间的相互理解。城市空间满足人的需求的主观感受受到环境质量、环境感受和社会公平的约束。

5. 减少污染

在目前的生态城市设计和建设中，大多将节能减排与较少污染放在主要的工作位置上。在可持续的城市设计中，减少污染一般包括减少废弃物的产生（包括废气、废水、废物等）和循环再利用两方面。减少产生的范围包括废水、空气污染物和废弃物，可以通过减少私人机动车交通、清洁城市维护、良好的城市通风、种植具有净化能力的植物、减少非透水表面等方法和措施来进行。同时，减少污染需要促进废水和废弃物的再利用和积极的污染物处理。

利用可再生能源是常见的可持续设计手段。可再生的清洁能源一般包括太阳能、风能、地热及生物能等。

可以通过被动式设计减少能源的使用，进而减少污染的产生。生态城市空气质量、水质量、噪声等污染是常见的生态城市评价指标。

6. 生命支持

生命支持是在不同设计尺度下维持生态环境多样性的基础，是可持续城市设计的原理之一。就像减少污染和利用自然资源之间的相互关联，对生命支持的需要相当于对人类活动的城市正在进行的自然生态过程的支持。生命支持维护了城市生态安全格局，城市生态系统的发展取决于生命支持系统的活力。

在可持续的城市设计中，生命支持指的是将人类居住和生活的城市空间作为自然生态系统的一部分来考虑。生命支持的可持续设计一般包括具有弹性的景观设计、适宜的城市绿化、尊重自然的住区设计、连接城市周边的绿化网络、重视城乡景观及重视生态多样性。

生命支持系统能力中的维护城市周边自然生态过程和提高景观生态环境也是景观生态学的工作之一。在柔性设计中，这两个功能主要是维护生态城市系统的生态性，包括连续的开放空间系统、保护生态基地、斑块和廊道。生命支持系统与其他生态系统的弹性一样会受到自然灾害和社会灾害的冲击，遭受破坏。目前生态城市中主要的定量约束均为城市绿化系统相关指标。

7. 可辨识性

可辨识性又称独特性、区别性、显著性，表达了城市独立和自主的文化特征。在城市设计中，主要通过建筑设计、场所设计和历史遗产保护来体现城市的独特性和可辨识性。可辨识的城市建筑需要反映周边环境、体现出本地特色，还要对重要的历史文化建筑进行保护，设计具有本地特征的场所、城市形态和空间景观，通过保护具有特色的建筑群及其围合空间，延续能体现本地文化特征的空间。

可辨识的城市形态与环境是本地独特的地理、形态和文化情况特征的反映结果，通过保护历史和自然遗产来对抗城市空间同质化压力。可辨识的城市空间可以为市民提供身份认同和归属感。在柔性设计中，设计师通过对城市空间可辨识性的考虑创造独特的街区特色。

凯文·林奇（1960）用"legibility"来表达城市的可识别性。[①] 城市的可识别性通过区域、边界、道路和标志物等来表达，也表达了城市时间与环境的复杂性。平淡的城市景观不代表没有可以给人感受的城市空间，因为即使平淡也有可以使人生活在其中可以感知的独特印象。但是，照搬的城市结构和空间，缺少独特性和可辨识性的城市，千篇一律的城市景观，就是失败且乏味的了。

8. 自给自足

生态城市建造者制定的国际生态城市框架标准（IEFS）中提出"生态城市是模仿自给自足的弹性结构和自然生态系统的人类聚居地"[②]。自给自足是生态城市资源和能源管理的目标。生态城市的自给自足表示城市具有最小的物质、能量和水的新陈代谢通量，城市生产的能量与物质可以被自身消耗，就地分解。

除了城市物质与能量上的自给自足外，还有社会服务的本地化，表示本地的服务设施可以满足城市市民的基本需求，产生最小化的生态足迹和对外交通。生态城市公共服务的自给自足能够鼓励市民产生责任感和自我管理，它可以在可控制的管理下提供小型的交易场所、自行车管理设施等。城市农业就是一种从城市食物需求角度考虑的自给自足。

自给自足的城市形态提供满足本地基本需求的服务和交通手段，减少通勤交通，并提供可达且有效的社区基础设施。在柔性设计中，生态城市的自给自足受到来自城市社会差异的压力和可再生能源利用的冲击。

综上所述，我们可以得到一个柔性设计的可持续生态城市框架，其中包括柔性设计的设计行为（内容）、风险、变量。同时，也能看到目前的生态城市指标所归纳总结出的指标阈值的缺陷，也就是不能完全覆盖柔性设计的内容，这里需要进一步通过弹性的特征来进行补足（表7-2-2、表7-2-3）。

[①] 凯文·林奇.城市的印象[M].项秉仁,译.北京:中国建筑工业出版社,1990:1-3.
[②] Ecocity Builders.What is an Ecocity?[EB/OL].http://www.ecocitystandards.org/ecocity/.

表 7-2-2　柔性设计的设计行为（一）

设计行为	内　容	城市形态
紧凑性	①采用紧凑的建筑 ②废弃建筑的再利用 ③适当考虑高层建筑 ④提升密度标准，避免低密度建设 ⑤减少特定用途的停车空间与道路空间 ⑥回应隐私性和安全性的需要 ⑦控制城市围堵，减少城市扩张	密度、建筑类型、土地利用及布局、街道、交通网络、重要节点及公共中心等要素的高效匹配
资源效率	①使用被动式和主动式的太阳能技术 ②能量储存设计 ③使用可循环利用和可再生的材料 ④自然采光与自然通风设计 ⑤为公共交通提供本地接口	高效、创新的建筑，对现有城市肌理和基础设施的再利用，交通一体化方案，高效的土地利用和街道布局
多样性与选择性	①建筑内部功能的混合利用 ②不同类型、使用年限的建筑混合 ③设计混合利用的沿街建筑和街区内建筑 ④设计适于步行和自行车通行的道路 ⑤设计适宜的街道网格与空间网络 ⑥支持邻里特征的多样化 ⑦设计有利于生物多样化的绿化空间	建筑、道路和地块的混合使用，建筑美观多样的造型、装饰、新旧和类型，多种多样的交通出行选择（流动性），社会混合型居住区
人的需求	①设计符合人的尺度 ②设计具有视觉效果的建筑 ③提供高质量的公共空间 ④设计提升社会联系和儿童活动的安全性的空间 ⑤通过地标和空间配置提升可辨识性 ⑥建立城区的城市意象，培养归属感 ⑦社会混合型社区	符合个人、社区和本地可达性尺度的基础设施、公共服务和开放空间，具有可识别性的、维护良好的场所和建筑
减少污染	①废水的循环再利用 ②隔离水平与垂直的噪音传播 ③减少硬质表面和地表径流 ④设计良好通风的空间，防止污染物的积聚 ⑤优先使用公共交通 ⑥种植树木以减少污染 ⑦处理轻质污染 ⑧控制私人机动车交通	有利于日照、通风的城市空间小气候，透水性地表，噪声隔离，步行/自行车出行道路，适宜的街区尺度，建筑使用本地材料

续表

设计行为	内　容	城市形态
生命支持	①生态环境多样性 ②具有弹性的景观设计 ③城市边缘区域的绿化 ④适宜的城市绿化 ⑤尊重自然的住区设计 ⑥整合城镇与乡村 ⑦为濒危物种提供支持 ⑧尊重自然特征	维护良好的公共及绿化空间，透水性地表的街道和道路网络，景观生态学，维护生态基底、斑块及廊道
可辨识性	①增加城市空间的独特性和可识别性 ②避免照搬和千篇一律的城市空间 ③建筑设计特征对周边环境的反映 ④提升本地建筑特色 ⑤对重要建筑进行保护 ⑥设计中反映城市形态、城市景观和场地特征 ⑦保留独特的场地特性 ⑧设计具有场所感和本地特征的空间 ⑨保留重要的建筑组群和空间 ⑩增加或有计划地反映形态和历史的形态特征 ⑪辨认和反映重要的公共节点 ⑫考虑街区的使用和品质	可识别性的街道、边界和标志物等，城市地理、形态和文化的独特特征效果，保护历史、文化和自然遗产免受同质化压力影响，对城市本底和背景条件的响应和集成
自给自足	①城市新陈代谢最小化 ②自我生产和消耗分解的物质、能源和水等 ③本地的服务设施满足市民基本需求 ④减少生态足迹和对外交通 ⑤鼓励通过设计进行自我管理与市民责任感 ⑥提供小规模贸易空间 ⑦鼓励当地的食物生产——花园与城市农业	提供满足本地基本需求的服务，以及连接这些服务的可达性交通方式，通过本地服务减少交通通勤，完善的社区基础设施，本地内物质、能源和水的生产、消耗和分解的自我满足，最小化的城市新陈代谢

资料来源：作者整理。

表 7-2-3　柔性设计的设计行为（二）

设计行为	冲击与压力	变量	指标阈值 *
紧凑性	城市化，城市无序蔓延，城市人口增长，生态资源和环境的压力	建筑体量，用地面积（总用地面积、开放空间用地面积）	容积率，公共设施服务半径，设施可达性，公共交通出行人口比例，城市空间舒适度

续表

设计行为	冲击与压力	变量	指标阈值*
资源效率	生态环境压力，城市新陈代谢，可再生能源利用，能量平衡	城市资源消耗量，城市组织机构的复杂程度	人均耗水量，再生水利用率，可再生能源利用率，本地材料使用率，土地利用紧凑性
多样性与选择性	社会差异（社会选择性），生态环境承载力（生态多样性）	选择性：可以具有良好社会选择的人口（或数量），总人口（或总用地面积）。多样性：香农多样性指数	社会选择性：公共设施可达的交通手段，无障碍设计，公众参与及满意度，廉租房/经济适用房比例，就业住房平衡指数。生态多样性：绿化空间，本地物种，人均绿地面积，绿地率
人的需求	社会差异，社会安全	获得舒适环境、基础服务的人口（或数量），总人口（或总用地面积）	空气质量，水质量，噪声环境，绿地率，空间环境质量，舒适性，连续性，公共设施服务程度，可达性，无障碍，社会参与，住房保障
减少污染	水、废弃物、空气、噪声和光污染，能量平衡	污染物排放量，总人口（或总用地面积）	全年空气质量优良天数，空气污染物排放限值，水体质量，噪声限值，废弃物回收率
生命支持	生态环境承载力，自然灾害	绿廊（或生态用地面积），总用地面积	人均公共绿地，绿地率，公园覆盖率
可辨识性	社会差异	具有可识别性的街道数量，总街道数量	文化与历史保护
自给自足	社会差异，能量平衡，可再生能源	物质、能源、水的生产，总需求	本地材料使用率，可再生能源使用率，废弃物回收利用率，雨水收集

注：*表示通过指标体系取值的阈值并不能完全覆盖柔性设计的设计内容，需要进一步研究，或通过弹性的特征策略来补足。

资料来源：作者整理。

（二）柔性设计的设计策略框架

柔性设计的设计策略框架由生态城市对应的可持续的内在设计行为与弹性理

论的特征组成。柔性设计策略是在特定的城市情况和问题、城市发展的内在阻力（政策和计划）和外在力量（环境、社会、经济推动力）下所进行的灵活性、适应性设计方法组合（或集合）。这种灵活性的设计方法组合包括内部的可持续设计行为和外部的弹性理论属性特征。

布赖恩·贝利（1981）在分析城市发展的决定因素时，将城市系统看作由个体和机构组成的整体，考虑其影响力量的输入与目标结果的输出。这些影响力量来自内部政策计划和外部推动力，城市发展需要通过目标或价值的改变来适应预期的问题，以获得与理想匹配的结果，而不是避开问题或减轻负担。[1]

在城市设计中嵌入弹性理念框架可以潜在地帮助设计师或决策者创造更加多元化、社会化和生态化的城市空间与场所，同样更适应城市发展的动态背景和时间推移[2]（亚历山德拉·费利乔蒂等，2015）。柔性设计也体现了跨越人工环境与自然环境所体现的一般弹性特征。在弹性理念特征和可持续生态城市设计行为下可以整合一系列弹性城市系统应该具备的城市设计原则。

基于系统的弹性特征，结合可持续城市设计的设计行为，本书在下面章节中提出一组具有可能性的柔性设计策略组合。

基于以上研究，本书总结了柔性设计的最基本原则：

第一，根据弹性理念的基本原理，生态城市在外界环境或推动力发生改变时，其有益（或有效）的增量大于整体的变化量，并保持城市原有的结构或功能不变。

第二，柔性设计是吸收与适应外界环境的改变，使系统具有抵御冲击与压力的能力，而不是回避或者消除所面临的改变。

第三，柔性设计的目标是提升生态城市系统自身的自组织水平，不借助外力适应改变。

第四，柔性设计尊重时间的框架，正视时间推移给城市带来的变化，并灵活应对。

基于上述分析，本节总结出柔性设计的策略框架如下（图7-2-3）：

---

[1] 布赖恩·贝利.比较城市化[M].顾朝林，译.北京：商务印书馆，2012：195-198.
[2] Alessandra Feliciotti, Ombretta Romice, Sergio Porta.Masterplanning for change: lessons and directions[M]// Milan Macoun, Karel Maier Eds.Definite Space – Fuzzy Responsibility: Book of Proceedings AESOP Prague Annual Congress 2015. Fakulta architektury，2015：3061-3062.

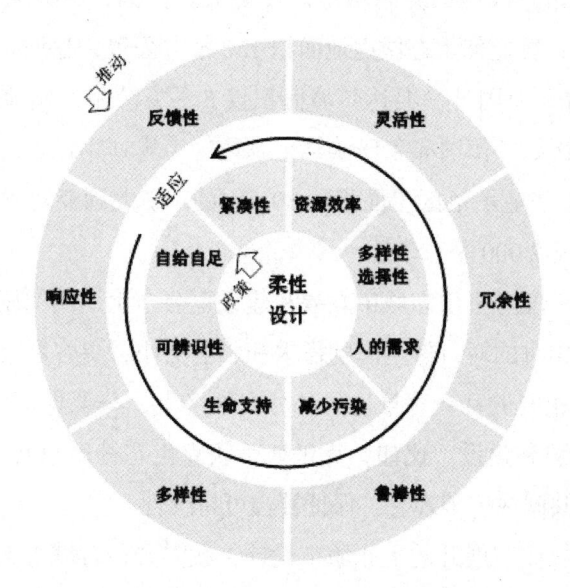

第七章 柔性设计的方法：策略的整合与适用性

资料来源：作者整理。
图 7-2-3 柔性设计的策略框架

第三节 柔性设计的策略组合及适用性

一、不同空间尺度的适用性：生态化城市（城区）更新、生态城市与生态街区

城市设计可以作用于不同尺度，对于每个尺度都需要考虑不同设计要素发挥的作用。

生态城市需要在城市尺度上展开，需要考虑可持续发展在城市空间尺度上的进行、与城市周边环境的关系以及长期发展的基础。在城市设计中，城市可持续发展存在一个尺度问题，尺度过大，则设计远离人们的生活；尺度过小，则不能对所有关联要素进行协调。因此，生态城市设计应该在一个合理的尺度下进行。

现在我们所说的"生态城市"虽然有"城市"二字，但并非都是在城市尺度下展开的，很多时候（在很多城市）可能规模只是一个居住小区。另外，相对于国外的生态城市，我国的生态城市规模更大。比如，中新天津生态城规划面积34.2平方公里，曹妃甸生态城占地面积150平方公里，深圳光明新城建设用地72.54平方公里等，而国外马斯达尔城面积仅6平方公里，其他的更多的是生态街区或者社区。比如，德国弗莱堡沃邦生态住区（规划用地38公顷），瑞典马尔默西港Bo01生态住宅示范区（面积约30公顷），澳大利亚阿德莱德的克里斯蒂沃克共同住宅（仅2 000平方米）。

不同的城市尺度对于生态城市发展和建设也会产生不同的压力。小尺度的生态街区和社区，相对的对自然生态的需求和影响更小，更容易吸纳同质的社区居民，更容易具有相同的社会背景。另外，在经济上，只要保证建设资金的回转，就可以按照目标顺利建设。比如，克里斯蒂沃克生态社区只有27个家庭，并且使用道德银行和共同住宅等理念，保证社会可持续性。

而在"城市尺度"展开的生态城市设计，就需要包含城市生长和发展的各方面细节，不仅要有足够的绿化，还要与周边环境构成完整和可持续的生态系统；不仅要重视公共交通，还要具有良好的可达性；不仅要有整洁的道路，还要考虑人的尺度；不仅需要购房者，还需要在本地安居乐业的居民；等等。如果不能对诸如此类的环境、社会和经济问题加以考量（社会适应能力、空间和时间尺度、经济可持续性），在生态城市建设之初首先考虑如何建设好一个新的城市，生态城市的建设就会举步维艰。

生态城市与生态住区有所不同。虽然生态住区可以认为是生态城市的"分形体"，是一个小部分。休·巴顿将生态住区归为六类：乡村生态村[1]、电信村[2]、城市示范项目、城市生态社区、新城市主义发展及生态乡镇。[3]

但是，生态城市有着生态住区无法比拟的复杂性与不确定性，面临更多的压力与冲击。不过，仅从组成成分来说，确实也可以将生态城市看作"绿色建筑—生态/绿色住区—生态城市"这样的层级结构，但这不仅是简单的叠加关系。城

---

[1] 乡村生态村是以农业用地和乡村经济为主，资源循环闭合的乡村，一类是农业村庄，另一类是可持续村庄（由零售业和社会设施支持）。

[2] 电信村指位于乡村地区的为居家工作者设计的，提供电信服务的社区（AAT-Taiwan艺术与建筑索引典）。电信村依赖电信和互联网以促进家庭和本地就业，面向的是远程管理工作、外包服务和自由职业者。

[3] Hugh Barton.Sustainable Communities：The Potential for Eco-Neighbourhoods[M].London：Earthscan，1999：69-81.

市设计需要构建向外延伸的有机整体①。

本节将探讨柔性设计策略在不同的城市空间尺度设计上的适用性。

二、灵活性策略及适用性：灵活的城市密度与时间框架

灵活性设计应对的是生态城市发展的不确定性，避免"蓝图"式设计（忽略城市在时间框架推动下随时可能遭受的风险，进而在城市发展过程中因为应对策略不足而产生衰败）。设计师的这种工作"简化"，使城市要素之间的复杂性逐渐"消失"。

灵活性设计策略暗含"适应性"，为了对可预见或不可预见的压力与冲击做出适当的反应，灵活性设计策略通过预先设计好的"性能弹性"改变自身（结构或功能不变的情况下）去适应。林姚宇与陈国生（2005）认为生态的城市设计主要适应的是地形地貌与气候变化，趋利避害，适应自然。②

城市空间紧凑性与密实度的灵活性适应。城市化是大多数城市形态和社会问题的起因，我国正处于快速城市化阶段，这是个无论怎样都不能回避的问题。在"新常态"下，发展的驱动力要从要素推动、投资推动转变为创新推动。在生态城市规划设计与建设这个领域，只重视生态城市的"生态"性，忽略生态城市应有的城市功能的投资驱动型的建设方式是很难在未来取得成功的。近几年，我国生态城市的发展类型主要是新建的生态新城，这种生态城市如果不调整好在城乡二元结构中的关系，没有发挥"新市镇"的职能，就面临沦落为城市边缘的风险，难逃变为"生态住宅区"的命运。

从美国城市化的经验中可知，随着城市人口增长和土地功能的转变，城市中心的更新很难满足需求，低密度的无序蔓延是不可避免的，我国当前也面临这种问题。而城市的紧凑性布局与高密度发展似乎是解决城市蔓延的规划设计手段。但是，我们应该反思这种想法在实际建设和设计中实现的可能性。

雷蒙德·恩温爵士（Sir Raymond Unwin）1912年在其著作《过度拥挤将一无所获》（Nothing Gained by Overcrowding!）中对比了不同建筑布局形式的地块

---

① 埃德蒙·N.培根.城市设计（修订版）[M].黄富厢，朱琪，译.北京：中国建筑工业出版社，2003：298-302.
② 林姚宇，陈国生.FRP论结合生态的城市设计：概念、价值、方法和成果[J].东南大学学报（自然科学版），2005（S1）：209.

的空间效率。恩温爵士认为虽然城市规划法限制了地块每英亩上的建筑数量和性质，但过度密集的建筑并不会带来更多的经济回报和使用效率，行列式布局相较于围合式布局会将更多的用地浪费在道路上。更主要的是，过度密集的布局失去了最为宝贵的绿化空间和活动空间。

彼得·卡尔索普和威廉·富尔顿在面对美国的"区域城市"（或城市区域化）问题时，认为需要将城市的生态、社会和经济放在区域尺度下来考虑，灵活地去适应因城市化带来的、不可回避的城市蔓延问题，也同时批判了对于建设郊区"绿色新城"的幻想，希望挖掘陈旧的城市中心更多的潜力（建筑陈旧的弹性和鲁棒性应对）。[①]

由此可见，对于生态城市的紧凑性，我们应该采取灵活性的设计策略。紧凑性适宜城市更新的生态化改造，但是对于新建生态新城，需要灵活性地采取另一种策略。由于新建的生态城市很难从一开始就有能吸引大量人流的产业，同时大量的绿化和良好的设计使得生态城市的居住区住宅价格往往要高于城市一般房价，廉租和公租房模式又很难在城市局部地区成型，所以新建的生态城市从设计阶段就要考虑高密度的城市布局可能得不到理想的效果。需要注意的是，这并不是反对城市紧凑性的原则，紧凑布局对于节约土地和生态资源是有益的，但通过紧凑布局节省的土地应作为城市生态系统的一部分，而不是变为其他住宅或者更宽的道路。

柔性设计灵活性策略可以应对时间线索上的城市总体布局设计。城市设计不应该只是城市空间发展"未来的静态投影"。随着生态城市的不断发展，其用地需求、人口数量以及生态、社会及经济等方面在每个阶段都会有极大的不同。灵活性策略下的城市设计需要沿着时间轴线，做出空间发展的控制。

比如，瑞士伯尔尼大学医院在设计时考虑了医院地区从2010年到2060年的发展设想。为了解决可能来自生态、社会和经济多种需求的临时改变和不确定发展因素，设计师需要利用灵活性设计策略，通过一个可以模拟不同变化场景的参数化设计工具，基于客户、专家和设计方的共同参与讨论，选择不同的空间时序与布局，并将其连接在一起，最大限度地发挥灵活性。这也是前面章节阐述过的

---

① 彼得·卡尔索普，威廉·富尔顿. 区域城市：终结蔓延的规划[M]. 叶齐茂，倪晓晖，译. 北京：中国建筑工业出版社，2007: xi–xxvi.

"达尔文进程"的选择设计的体现（参见第七章第一节中对"达尔文进程"设计的说明）。

利用弹性理念研究城市的优势在于其并不是针对某一种具体的城市形态或格局，而是强调灵活地面对城市的不同本底条件和发展状况，以便因地制宜。[①] 综上所述，通过柔性设计的灵活性策略，可以应对城市空间密度及时间框架下的问题。这种策略探讨了系统自身的改变以适应生态环境、社会及经济的需要。但是，除此之外，需要注意的是城市空间形态的状态"阈值"、过度的拥挤或分散、过度的时间维度上的集中和延长，都会产生不同可能性的城市状态，这些状态也未必全部是有益的。

三、多样性、冗余性设计策略及适用性：开放街区与流动性

多样性与冗余性是城市弹性系统的重要特征。生态城市系统的多样性是指通过系统不同组成部分的多种多样的功能，对系统产生更大的有益影响；冗余性是指通过系统功能相同的组成部分，保证在系统遭受压力和冲击时，可以有一部分功能得以保持，并维持系统正常运行。多样性与冗余性具有一定的关联（参见第七章第二节中的相关叙述），其一是两种柔性设计策略的目标都是保证系统正常发挥作用和最大效益，其二是多样性是指系统组成部分结构相同而功能不同，冗余性则是功能相同但结构不同。

冗余性是系统的一个属性，是系统整体执行方式的一种结果，在不同的条件下，有时候会使系统性能提升，有时候则相反。冗余性还关系著成本（建设成本），如果没有使系统的性能得到提升，这种冗余性的设计就是不可取的。所以使用冗余性策略最主要的问题是处理好在发展中益处和成本的关系。

从理论上来讲，系统连接越紧密（也就是关系越单一，越不可变通），系统越相对脆弱，弹性小。冗余性带来的结构松散可以缓冲未知或突发的活动带来的冲击。在生态系统中，有时候忽略那些较小的或者意识不到的子系统，短时间内冗余性并不会消失，但是长时间削减冗余性，最终带来的是系统失去缓冲能力。[②]

[①] 戴维·R.戈德沙尔克.城市减灾：创建韧性城市[J].许婵，译.国际城市规划，2015，30（2）：25.
[②] Bobbi Low, Elinor Ostrom, Carl Simon, et al.4 – Redundancy and diversity: do they influence optimal management?[M]//Fikret Berkes, Johan Colding, Carl Folke ed.Navigating Social-Ecological Systems: Building Resilience for Complexity and Change.Cambridge: Cambridge University Press, 2002: 86-87, 94-97.

（一）冗余性与空间句法

在生态城市设计的原则里，城市流动性与可达性、市民出行的选择是评价和衡量生态城市绿色交通的重要指标。城市流动性问题即城市可达性问题，城市出行的冗余性就是城市中每个人从出发地到目的地都有可以替代的出行选择。

城市的街道空间不只是建筑构成的物理空间，构成街道的是社会活动，这已经是目前城市设计研究的普遍认识。城市空间系统自组织程度反映在可达性的配置与地块划分当中。系统中的"空间冗余性"，通过地块划分可以增加系统的可达性及承载差异的能力。例如，在社会与自然系统中，将城市土地划分为不同形式的地块与生态廊道，在景观层面上可以增加社会与生态的多样性。

在通用的设计策略中，高度的空间冗余性意味着高度的可达性与更加细密的土地地块划分。空间冗余性与两个变量密切相关，一是在公共空间中移动的行人数量，二是建筑中存在的业务类型数量。从这点可以看出，高空间冗余性的地区是充满活力的、热闹的城市中心，遍布商业、餐饮、活动设施，充斥着城市的喧嚣；低空间冗余性的地区则是较少的行人活动数量与单一的建筑功能，这里一般是相对安静、生活节奏较慢的住宅区。通过空间冗余性可以理解城市空间形态与社会活动之间的关系（符合空间句法理论）。

空间冗余性还有一个方面是城市信息的冗余，可以在城市遭受"损害"时保障信息不会丢失。这种结构不同但功能相同的空间能产生更多的城市信息，促进城市的多样化。空间信息决定了道路与活动场所的联系和道路结构，以及道路、人与城市空间信息互动的结果。[1]

比尔·希利尔（2007）认为真实的城市空间系统具有很强的鲁棒性，可以在不发生结构改变的条件下吸收外界变化，由此可以认为空间系统具有高度的冗余性，这种冗余性与之后的鲁棒性结果是一致的。[2]

（二）冗余性、多样性设计策略与开放街区

2016年2月，国家《关于进一步加强城市规划建设管理工作的若干意见》印

---

[1] Lars Marcus, Johan Colding.Toward an integrated theory of spatial morphology and resilient urban systems[J]. Ecology and Society, 2014, 19（4）: 55.
[2] 比尔·希利尔.空间是机器——建筑组构理论[M].杨滔,张佶,王晓京,译.北京:中国建筑工业出版社, 2008: 229-230.

发，要求提高城市设计水平，塑造城市特色风貌，体现地域、民族和时代特色，优化公共服务设施，保障城市安全，恢复城市自然生态，发展公共交通等。其中对目前城市设计工作影响最深的是，提出优化街区路网，要求城市道路布局"窄马路、密路网"，提高道路可达性。封闭式住宅区是我国目前居住性街区的主要形态，这得益于近几十年的房地产业的发展，开发商开发大型封闭式居住区，相对的，"拿地"、开发和管理都方便。即使在目前开发的生态城市中，居住区依然是这种模式，以至于原有设计中的连续的绿廊难以实现，城市中主要道路均为交通性道路，失去城市活力的基础。

根据研究统计，在我国，一个正方形的理想超大街区，其车行道边长一般为500~750米，而一般大城市的中心区，街区边长一般为200~400米，人行道一般支路间距为150~200米较为合适。

以天津市为例，中心城区地块尺度一般平均为300米，生态城为200米左右。街道是社会生活的载体，在实际的使用中，中心城区虽然道路间距大，但是一些街道没有严格的封闭，步行是可以穿越的，生态城市虽然道路相对密集，但是每个地块都是封闭的小区，被机动车道围合，割裂了城市。生态城市沿街没有城市空间信息的表达，完全封闭的街区难以形成可以交往的社会空间。城市的流动性（步行）正是基于对城市空间信息的获取，目的地在可视范围内，人们才愿意从中穿行，正是城市街区地块中的冗余支路创造了具有活力的城市流动性。

柔性设计策略——冗余与流动性，多样与开放街区。流动性是克里斯蒂安·德·鲍赞巴克（Christian de Portzamparc）的设计思想之一。鲍赞巴克的开放街区特性包括：建筑具有围合感，既能构成一个街区整体，又各有特色；建筑单体的多样化设计，创造富于个性的街区；多样化的街区空间，丰富的色彩和建筑高度；强调街区整体秩序的统一，以及局部空间的"差异、混合与矛盾"[1]。鲍赞巴克将街区打开，赋予其内在多种活动，类似于一座大学校园，并希望这种开放的街区形式可以影响到密集的城市中心的空间演变。他的开放街区设计并不是严格的"刚性设计"，而是允许规则适应变化的"柔性设计"：在街区内创造冗余、多样的开放街道，将建筑（或住宅）独立分开，增加内部开放空间。

---

[1] 胡珊，李军，杜安迪.鲍赞巴克的设计理念与作品研究[J].沈阳建筑大学学报（社会科学版），2012（10）：353-356.

BC Necologia 设计了巴塞罗那 Gràcia 街道超大地块方案，来改变城市环境中的流动性问题。设计重点放在如何满足城市中行人的步行需求，以及更加可持续的地面交通网络上。方案增加了 Gràcia 街道超大地块中公共空间的可用性和可达性。这种超大地块尺度为 400 米，内部隔离机动车和地面停车，优先考虑布置适于行人的公共空间，在这个公共空间中步行尺度为 200 米。在超大地块的外部，是机动车道，它们构成基本的交通网络。

综上所述，街区开放与封闭各有特点和针对性，不能不兼顾城市的冲击与压力（城市化、安全、紧凑、流动性等）条件而整齐划一、严格控制。城市是人的城市，街道是创造生活的场所，冗余性与多样性设计策略可以从街道流动性、公共空间、建筑形式等方面创造更加丰富的地块内部活动和步行空间，保障生态城市的活力、美观和安全性。

四、鲁棒性设计策略及适用性：设计适应不同空间用途的潜力

与多样性和冗余性不同，鲁棒性表达了一种系统的稳健特征，即系统在遭受压力时，既不会发生结构的改变，也不会发生功能的变化。

在城市设计中，鲁棒性一般是指设计一个场所或建筑能够为不同的人的不同目的所使用，或者随着时间推移具有适应不同用途改变的潜力，它是一种程度描述。比如，街道上的建筑陈旧后转为不同用途或功能，一个仓库可以转为办公空间或艺术工作室，或者一条具有历史的街道可以转变为旅馆街或商业街。鲁棒性一般需要建筑或街区具有一定的功能转变适应条件，如基础设施的支持、风光热等城市物理环境的支持。柔性设计的鲁棒性策略包含一般鲁棒性的原则，以及应对生态城市建设过程中可能随时面临的问题，可以及时地应对用途的转变。鲁棒性为空间或街区提供了一种特质，可以用于许多不同的使用目的，相对于一般的城市空间设计，它为使用者提供更多的选择，适应社会的多样化需求。

但是需要注意的是，从一开始设计一个带有多种用途和功能可能的城市空间并不是经济性的作法，所以在一般的城市设计中，为了尊重客户意愿及经济合理，一般不会大规模地使用鲁棒性设计策略。但是由于生态城市建设具有阶段性、复杂性和不确定性（参见第二章第二节的阐述），使用鲁棒性设计策略可以给城市环境、社会与经济等方面带来益处。

第七章　柔性设计的方法：策略的整合与适用性

鲁棒性城市设计策略最早是由牛津大学理工学院的一个团队在其出版的《响应环境：城市设计师手册》中提出的，强调在丰富的环境中，应该最大化地为用户提供使用选择，七个环境响应问题中就包括鲁棒性。①

一些具有特殊意义的建筑，如历史悠久的教堂、市民性建筑、非保护性历史建筑，由于其艺术性、社会性等原因成为地标，代表着城市的特色。为了保证其可以受到正常维护和控制，就需要使其适应周边城市环境，改变用途。鲁棒性设计策略是保证其物理状态没有明显变化，通过功能性"抵抗"陈旧过时，这往往需要建筑的物理状态具有一定的价值。

（一）适应季节变化

比如，英国卡迪夫市政厅前的亚历山德拉花园西侧的草坪，在冬季的时候改为具有吸引力且广受好评的溜冰场。城市空间用途随着季节变化，提供良好的社会性。②这也是英国较为常见的广场季节性用途转变的做法。

（二）适应社会动态的变化

N2M的芬兰汉纳A Resilient Social-Ecologic Urbanity方案（参见第七章第二节的相关叙述）希望通过可逆的结构满足现状的社会动态和需求，通过多种工具、方法、机会和选择，确定可持续发展策略。同时提出，在城市设计时需要意识到，设计师是无法准确地预见未来的，只能通过设计方案来提供指导，依据目前的科学方法来加以说明。弹性理念是在城市设计中理解城市动态发展的基础。③

在方案中，设计者使用可逆的城市结构与居住岛创造主次网络的叠加。鲁棒性的设计策略体现在城市空间和街区内部空间随着主次网络的改变（基于社会动态）而改变，同时建筑用途可以在办公建筑与居住建筑、居住建筑与公共建筑、博物馆与居住建筑等之间转变等方面。

---

① 其他六个分别为：通透性、多样性、可识别性、视觉适当性、丰富性及个性化。
② UK Essays.Fundamental Urban Design Principles Relevancy Cultural Studies Essay [EB/OL].https：//www.ukessays.com/essays/cultural-studies/fundamental-urban-design-principles-relevancy-cultural-studies-essay.php.
③ David Neustein. "RESILIENT" The Evolving Terminology of Ecological Development[J]. Architectural Review Australia：The Resilient City, 2012（AR123）：40-44.

五、响应性、反馈性设计策略及适用性：自然灾害的响应与低碳生活的反馈

响应性即回应与改变，是对外界变化的反应与敏感。响应的核心是在问题来临时，按照原有计划进行回应，保持组织结构基本不变。反馈则是建立在响应基础上的学习与经验积累，有效地回应与探索之前的失败。

由此可见，运用响应性与反馈性设计策略的前提条件是要首先明确反应针对的是哪种风险，以便确定敏感度及提前做好准备。在我国城市规划与设计相关学科的研究中，城市空间的响应一般包括对经济产业发展、城市生态系统、社会地理要素、城市资源、交通网络及自然地质灾害等的响应。

（一）城市空间响应的要素分析

基于对文献的整理，本书归纳了城市空间对环境、社会、经济及资源影响的响应要素与变量（表7-3-1）。

表7-3-1 城市空间对环境、社会、经济及资源影响的响应要素与变量

影响	要素
轨道交通	站点布局、人口分布、公共交通导向发展、城市空间协调、交通沿线商业、轨道交通网络、接驳站点周边布局
新兴经济产业	产业链、城市主导产业、区域产业协调、第三产业发展、产业配套服务、信息技术、低碳技术、创新整合、人才吸引
自然灾害	防灾避难空间、生命线工程、防灾空间层次、次生灾害预防、应急预案、联合救助
社会极化	收入差异、城乡居民阶层差异、社会开放、资源分配、高学历人口、贫困人口、低收入保障、房地产业、居民意向
社会消费行为（网络购物B2C）	商业零售空间、商业体验空间、物流仓储转运点、零散或集中的运货方式、便捷的送货与取货服务

资料来源：作者整理。

（二）响应性设计策略应对自然灾害

金华燕尾洲公园响应了婺江的水患以及城市干、雨季节分明的气候特点，通

过设计的响应性，将河岸改造为阶梯式的梯田种植景观带，增加河道行洪能力，减缓水流速度，也起到缓解城市防洪压力的作用。同时，阶梯式的梯田种植带可以在不同程度上被洪水淹没，在洪水不同水位时展现出不同的景观效果。

（三）低碳生活反馈城市设计

奥雅纳为赫尔辛基的西港（参见第四章第六节的相关叙述）Low2No 设计的"c_life"方案考虑了住户的低碳行为对城市空间和建筑的影响。"c_life"为了实现长期的能量平衡可持续性，如能源消耗、碳排放、水、交通运输等，会定期向居民、机构、管理者等公布能量平衡表，以此获得信息反馈，使方案可以不偏离设计路径，并使居民对自己社区的将来产生责任感，希望实现从较低的到负数的碳足迹。

第四节 本章小结

综合以上研究，本章对柔性设计的策略进行整合，在生态城市轮廓及生态城市特征的基础上构建了柔性设计框架，并进行了一组策略组合的分析。生态城市具有阶段性、复杂性和不确定性等特征，其对应的设计策略也应该是相对"柔性"的，"控制越少，城市越有弹性"。

一、柔性设计策略总结

本章针对一种可能的柔性设计策略组合进行了适用性分析，将弹性理论的原则应用到城市设计中，对应了柔性设计生态城市模型的紧凑性、流动性、生态性及本地化（表 7-4-1）。

表 7-4-1 柔性设计的策略总结

灵活性	功能与形式的适应改变 ①灵活性暗含适应性特征，城市空间紧凑性的灵活应对，紧凑与分散的布局需要根据城市的本底条件、建成区的发展情况、人口及产业需求等方面来制订 ②柔性设计关注城市发展的时间线索，并通过"达尔文进程"式的方案选择，确定在不同发展时期的城市布局，应对每个时期的变化，灵活协调

续表

多样性与冗余性	①冗余性是功能一致，形式丰富；多样性是形式一致，功能丰富 ②空间冗余性可以用于空间句法，进行社会活动分析，考虑出行与街道压力 ③开放街区的设计需要冗余的路网体系及多样化的建筑形态来支持，也是超大地块的设计基础
鲁棒性	①功能与形式都能稳健的应对外界变化 ②城市空间或建筑可以适应不同的季节、社会动态而改变用途
响应性与反馈性	①响应性是预先准备好的功能与形式应对改变，反馈性是响应后的经验收集与学习 ②通过相对应的设计方法响应外界变化 ③城市信息学的收集反馈有助于实现城市设计目标

资料来源：作者整理。

本章所述的柔性设计的策略组合只是针对目前可以进行分析的案例对应的筛选，并不是所有的组合可能。此外，柔性设计也不是单一的策略对应解决方式，对于一个设计方案，可以运用多种不同的策略组合，只要是针对已经分析出的风险和问题的，都可以使用。

二、柔性设计原则

柔性设计的对象是生态城市设计轮廓，这一轮廓包括相对应的生态城市目标、风险、指标指引（或阈值）。

柔性设计是设计策略的组合（策略即方法的集合），由内层的可持续生态城市设计的设计行为与外层的弹性理论的特征，依据设计对象所面临的城市风险与问题，有针对性地进行组合，提出适宜的设计方案。

柔性设计暗含时间线索，灵活性的城市发展阶段（时间）、多样性与冗余性的人的适应与活动时间、鲁棒性应对的城市陈旧过时，以及响应性与反馈性的发生时间等，都是城市设计在时间轴线上的表现。柔性设计突出时间线索以应对生态城市发展的阶段性与不确定性。

三、柔性设计的流程

柔性设计的流程包括：首先，确定生态城市可操作性的发展目标、定位和功能，兼顾城市整体发展的阶段性。其次，分析生态城市可能遭受的压力与冲击，如果是已建成的生态城市或者是城市更新的生态化改造，则再进行城市状态的分析。再次，针对压力与冲击，找出合理的弹性理论应对及可持续的生态城市设计的设计行为进行策略组合（这个阶段尽量运用计算机或者参数化城市设计方法）。最后，提出适宜的柔性设计方案（图7-4-1）。

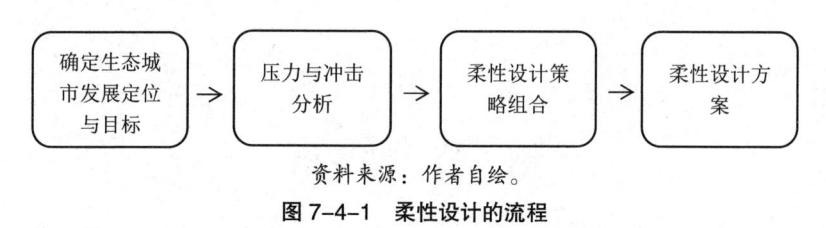

确定生态城市发展定位与目标 → 压力与冲击分析 → 柔性设计策略组合 → 柔性设计方案

资料来源：作者自绘。

图7-4-1 柔性设计的流程

第八章 结语与展望

第一节 结 语

本书从生态系统的弹性引入,从城市设计的弹性策略引出,包括弹性理论的城市设计应用与生态城市轮廓确定两条主线,对弹性理念下的生态城市设计进行了策略的总结与框架的整合,具体如下:

主要成果:本书整合了可持续生态城市设计行为,与弹性理念的特征进行策略组合,为对应不同压力与冲击下的生态城市设计提供策略框架,并进行了柔性设计策略组合的应用分析。

次要成果:分析了目前我国生态城市发展建设的阶段性、复杂性与不确定性,总结了对应弹性理念与城市设计的生态城市发展、矛盾、转变与演进的特征。

总结了弹性理念的概念、发展历程、应用,分析了弹性理念的本质与要素;提出了基于弹性理念的柔性设计的对象、理论关系、推动力、概念理解等柔性设计的基础内容,以及辨析了柔性设计与其他类似概念的区别与联系。

基于可持续理念,通过紧凑性、流动性、生态性与本地化的理论与方法,在案例比较分析的基础上,总结出适用于柔性设计的生态城市模型。

从压力与冲击的角度分析了生态城市可能面对的风险与脆弱性,并总结其与生态城市模型之间的关系。

总结了国内外得到广泛认可的生态城市相关指数与指标,并按照环境、社会、经济与资源进行分类,通过差异比较进行阈值的抽取。

第二节 展 望

方法与执行。任何方法与理论在脱离实际的政策和执行后都无法实现,城市规划的理论发展进程正是在不断地探讨与否定中前进的,正如本书所研究的内容是通过大量的文献与案例分析、对比与总结得出的。但是,如果想让柔性设计的方法和策略真正得以检验,还需要许多不同类型的实际工作,也需要更多的交流过程。

更多地与我国实际规划模式和建设阶段结合。设计研究需要与实际项目结合才能检验出哪些内容是值得继续继承和研究的,哪些地方是需要完善和改进的。此外,应对系统的复杂性与不确定性,柔性设计所有的策略都可以对应庞杂的参数,所以在接下来的研究阶段,需要通过参数化城市设计手段来进一步完善策略框架。

准确确定阈值的困难性。弹性就是要使系统在一定的范围内适应外界环境的压力与冲击,阈值是一项重要的临界限值。在本书中,虽然通过生态城市指标体系的研究确定了一部分指标指引的阈值取值,但是,存有以下问题:其一,数值过于经验化,每个数值都是根据各个生态城市确定的,在目前的生态城市发展阶段下,难以验证其准确性;其二,指标取值作为阈值目前只能限值柔性设计对应的生态城市在指标内容下,状态不会从生态城市"衰败"至普通城市或绿色住区。因此,关于柔性设计中的阈值还需要进一步探索取值方法与结合方式。

城市的发展是一个长期的过程,特别是在新的理念指导下的城市建设,更需要时间去积累和沉淀。弹性理念和生态城市设计都是十分庞杂的系统专业与学科,即便长时间收集和整理理论与实践,也难免某些内容空泛而不够深入,但是这种学科基础性的探索与整合仍然是值得冒险去尝试的。

参考文献

[1] 简·雅各布斯.美国大城市的死与生[M].金衡山,译.南京:译林出版社,2005.

[2] 李景源,孙伟平,刘举科.中国生态城市建设发展报告(2012)[M].北京:社会科学文献出版社,2012.

[3] Rodney R.White.生态城市的规划与建设[M].沈清基,吴斐琼,译.上海:同济大学出版社,2009.

[4] Simon Joss, Daniel Tomozeiu, Robert Cowley.Eco-Cities - a global survey: eco-city profiles[M].London:University of Westminster,2011.

[5] 孙伟平,刘举科.中国生态城市建设发展报告(2013)[M].北京:社会科学文献出版社,2013.

[6] 谭纵波.城市规划[M].北京:清华大学出版社,2005.

[7] 庄宇.城市设计的运作[M].上海:同济大学出版社,2004.

[8] 段汉明.城市设计概论[M].北京:科学出版社,2006.

[9] Jon Lang.Urban Design:The American Experience[M].New York:John Wiley & Sons,1994.

[10] 尼科斯·A.萨林加罗斯.城市结构原理[M].阳建强,译.北京:中国建筑工业出版社,2011.

[11] Jane M.Jacobs.The Death and Life of Great American Cities[M].New York:Modern Library,2011.

[12] Christopher Alexander, Sara Ishikawa.A Pattern Language:Towns, Buildings, Construction[M].Oxford:Oxford University Press,1977.

[13] Donald Watson, Alan Plattus, Robert Shibley.Time-Saver Standards for Urban

Design[M].New York：McGraw-Hill Professional，2003.

[14] 萨拉特.可持续发展设计指南：高环境质量的建筑[M].罗福平，译.北京：清华大学出版社，2006.

[15] 吴纲立.永续生态社区规划设计的理论与实践[M].台北：詹氏书局，2009.

[16] Ian L.McHarg.Design With Nature[M].San Val，Incorporated，1995.

[17] 理查德·瑞吉斯特.生态城市：重建与自然平衡的城市（修订版）[M].王如松，于占杰，译.北京：社会科学文献出版社，2010.

[18] Andres R.Edwards，David W.Orr.The Sustainability Revolution：Portrait of a Paradigm Shift[M]. Gabriola island，BC：New Society Publishers，2005.

[19] 蒂莫西·比特利.绿色城市主义：欧洲城市的经验[M].邹越，李吉涛，译.北京：中国建筑工业出版社，2011.

[20] 安藤忠雄.在建筑中发现梦想[M].许晴舒，译.北京：中信出版社，2014.

[21] 阿巴斯·塔沙克里，查尔斯·特德莱.混合方法论：定性方法和定量方法的结合[M].唐海华，译.重庆：重庆大学出版社，2010.

[22] 约翰·W·克雷斯威尔.研究设计与写作指导：定性定量与混合研究的路径[M].崔延强，译.重庆：重庆大学出版社，2007.

[23] 威廉·劳伦斯·纽曼.社会研究方法：定性研究与定量研究（第6版）（英文版）[M].北京：人民邮电出版社，2010.

[24] 沃克，索尔克.弹性思维：不断变化的世界中社会—生态系统的可持续性[M].彭少麟，陈宝明，赵琼，等译.北京：高等教育出版社，2010.

[25] Brian Walker PhD，David Salt，Walter Reid.Resilience Thinking：Sustaining Ecosystems and People in a Changing World[M].Leipzig：Island Press，2006.

[26] 黄光宇，陈勇.生态城市理论与规划设计方法[M].北京：科学出版社，2002.

[27] 孙国强.循环经济的新范式：循环经济生态城市的理论与实践[M].北京：清华大学出版社，2006.

[28] A.Esra Cengiz.Chapter 2 Impacts of Improper Land Uses in Cities on the Natural Environment and Ecological Landscape Planning[M].Advances in Landscape Architecture，InTech，2013.

[29] 埃比尼泽·霍华德.明日的田园城市[M].金经元，译.北京：商务印书馆，2000.

[30] Frank Eckardt.Media and Urban Space：Understanding，Investigating and Approaching Mediacity[M].Berlin：Frank & Timme GmbH，2008.

[31] 经济合作与发展组织（OECD）.紧凑城市：OECD 国家实践经验的比较与评估[M].刘志林，钱云，译.北京：中国建筑工业出版社，2013.

[32] Richard T.T.Forman.Land Mosaics：The Ecology of Landscapes and Regions[M].Cambridge：Cambridge University Press，1995.

[33] Sofyan Ritung，Wahyunto，Fahmuddin Agus，et al.Land suitability evaluation：with a Case Map of Aceh Barat District[M].Indonesian Soil Research Institute and World Agroforestry Centre，2007.

[34] Food and Agriculture Organization of the United Nations.A framework for land evaluation[M].1976.

[35] Young A.Tropical soils and soil survey[M].Cambridge：Cambridge University Press，1976.

[36] 何强，井文涌，王翊亭.环境学导论[M].北京：清华大学出版社，2004.

[37] 方如康.环境学词典[M].北京：科学出版社，2003.

[38] 吴希曾.英汉汉英环境科学词典[M].北京：中国对外翻译出版公司，2007.

[39] 卡门·哈斯克劳，英奇·诺尔德，格特·比科尔.文明的街道——交通稳静化指南[M].郭志锋，陈秀娟，译.北京：中国建筑工业出版社，2008.

[40] Fanis Grammenos，G.R.Lovegrove.Remaking the City Street Grid：A Model for Urban and Suburban Development[M].McFarland，2015.

[41] Paul F Downton.Ecopolis：Architecture and Cities for a Changing Climate[M].Berlin：Springer Publishing，2008.

[42] CJ Lim，Ed Liu.Smartcities and Eco-Warriors[M].London：Routledge，2010.

[43] 沈清基.城市生态环境：原理、方法与优化[M].北京：中国建筑工业出版社，2011.

[44] 顾朝林，甄峰，张京祥.集聚与扩散：城市空间结构新论[M].南京：东南大

学出版社，2000.

[45] 王受之. 世界现代建筑史 [M]. 北京：中国建筑工业出版社，1999.

[46] 张彤. 绿色北欧——斯堪的那维亚半岛的生态城市与建筑 [M]. 南京：东南大学出版社，2009.

[47] 上海社会科学院信息研究所. 智慧城市辞典 [M]. 上海：上海辞书出版社，2011.

[48] 董大年. 现代汉语分类大词典 [M]. 上海：上海辞书出版社，2007.

[49] 黄汉江. 建筑经济大辞典 [M]. 上海：上海社会科学院出版社，1990.

[50] 廖盖隆，孙连成，陈有进，等. 马克思主义百科要览（下卷）[M]. 北京：人民日报出版社，1993.

[51] 中新天津生态城指标体系课题组. 导航生态城市：中新天津生态城指标体系实施模式 [M]. 北京：中国建筑工业出版社，2010.

[52] 张坤民，温宗国，杜斌，等. 生态城市评估与指标体系 [M]. 北京：化学工业出版社，2003.

[53] 兰国良，赵国杰. 可持续发展县城经济的多维视角 [M]. 石家庄：河北人民出版社，2005.

[54] United Nations Department of Economic and Social Affairs.Indicators of Sustainable Development：Guidelines and Methodologies（Third Edition）[M]. United Nations publication，2007.

[55] J·迪克逊. 扩展衡量财富的手段：环境可持续发展的指标 [M]. 张坤民，何雪炀，张菁，译. 北京：中国环境科学出版社，1998.

[56] Mathis Wackernagel，William Rees.Our Ecological Footprint：Reducing Human Impact on the Earth[M].Gabriola Island，BC：New Society Publishers，1998.

[57] Tatyana P.Soubbotina，Katherine Sheram.Beyond Economic Growth：Meeting the Challenges of Global Development[M]. Washing ton：World Bank Publications，2000.

[58] Clifford Cobb，Gary Sue Goodman，Mathis Wackernagel.Why Bigger Isn´t Better：The Genuine Progress Indicator - 1999 Update[M].Redefining Progress，

1999.

[59] Herman E.Daly, John B.Cobb Jr. .For The Common Good: Redirecting the Economy toward Community, the Environment, and a Sustainable Future[M]. Boston: Beacon Press, 1994.

[60] 文宗川, 文竹, 侯剑. 生态城市的发展机理[M]. 北京: 科学出版社, 2013.

[61] 关永中. 知识论——古典思潮[M]. 台北: 五南图书出版有限公司, 2004.

[62] 罗国萍, 李承霖. 统计学原理[M]. 南昌: 江西高校出版社, 2007.

[63] 郭怀成, 尚金城, 张天柱. 环境规划学[M]. 北京: 高等教育出版社, 2001.

[64] 中国城市规划设计研究院, 建设部城乡规划司. 城市规划资料集第一分册: 总论[M]. 北京: 中国建筑工业出版社, 2003.

[65] 教育部人文社会科学重点研究基地, 清华大学技术创新研究中心. 创新与创业管理（第一辑）[M]. 北京: 清华大学出版社, 2005.

[66] Hiroaki Suzuki, Arish Dastur. 生态经济城市[M]. 刘兆荣, 朱先磊, 译. 北京: 中国金融出版社, 2011.

[67] 张红. 房地产经济学（第2版）[M]. 北京: 清华大学出版社, 2013.

[68] 乔纳森·拉班. 柔软的城市[M]. 欧阳昱, 译. 南京: 南京大学出版社, 2011.

[69] 克里斯托弗·亚历山大. 建筑模式语言[M]. 周序鸿, 王听度, 译. 北京: 知识产权出版社, 2002.

[70] Jose Beirao.CItyMaker: Designing Grammars for Urban Design[M].Charteston: CreateSpace Independent Publishing Platform, 2012.

[71] 李浩. 生态导向的规划变革——基于"生态城市"理念的城市规划工作改进研究[M]. 北京: 中国建筑工业出版社, 2013.

[72] 黄光宇. 田园城市, 绿心城市, 生态城市[J]. 土木建筑与环境工程, 1992, 14（3）: 63-71.

[73] 李迅, 刘琰. 中国低碳生态城市发展的现状、问题与对策[J]. 城市规划学刊, 2011（4）: 23-29.

[74] 杨沛儒. 从「台北生态城市规划」到「第三生态」命题及其设计方法[J]. 台湾大学建筑与城乡研究学报, 2011（18）: 1-18.

[75] 邹德慈. 迈向 21 世纪的城市——一九九七北京国际会议综述 [J]. 城市规划, 1998（01）：6-8.

[76] 黄肇义, 杨东援. 国内外生态城市理论研究综述 [J]. 城市规划, 2001（1）：59-66.

[77] 刘滨谊, 温全平. 城乡一体化绿地系统规划的若干思考 [J]. 国际城市规划, 2007（1）：84-89.

[78] Mark Roseland.Dimensions of the eco-city[J].Cities，1997（4）.

[79] 杜斌, 张坤民, 温宗国, 等. 可持续经济福利指数衡量城市可持续性的应用研究 [J]. 环境保护, 2004（8）：51-54.

[80] 沈清基.Rodney R.White 的生态城市学术思想分析 [J]. 城市规划学刊, 2009（6）：111-118.

[81] 艾洛·帕罗海墨. 什么是生态城？ [J]. 生态人类, 2011（1）.

[82] 王建国. 城市设计生态理念初探 [J]. 规划师, 2002（4）：15-18.

[83] 刘宛. 城市设计概念发展评述 [J]. 城市规划, 2000（12）：17-20.

[84] 于洋. 绿色、效率、公平的城市愿景——美国西雅图市可持续发展指标体系研究 [J]. 国际城市规划, 2009, 24（6）：46-52.

[85] Michael Neuman.The Compact City Fallacy[J].Journal of Planning Education and Research，2005，25（1）：11-26.

[86] 昆·斯蒂摩. 可持续城市设计：议题、研究和项目 [J]. 世界建筑, 2004（08）：34-39.

[87] 黄光宇, 陈勇. 生态城市概念及其规划设计方法研究 [J]. 城市规划, 1997（6）：17-20.

[88] 叶文虎, 仝川. 联合国可持续发展指标体系述评 [J]. 中国人口·资源与环境, 1997（3）：83-87.

[89] 张文波, 孙楠. 生态城市建设理论的系统学思考 [J]. 生态人类, 2011（11）.

[90] 马强. 曹妃甸样本：生态城市系统规划方法初探 [J]. 动感（生态城市与绿色建筑），2010（2）：61-64.

[91] 胡俊成. 差异化——21 世纪城市发展的新战略 [J]. 现代城市研究, 2005（6）：

39-43.

[92] 仇保兴.共生理念与生态城市的渊源[J].居业,2013（11）：82-89.

[93] 王祥荣.论生态城市建设的理论、途径与措施——以上海为例[J].复旦学报（自然科学版）,2001（4）：349-354.

[94] 周明艳,佘依爽,田乐.莫森·莫斯塔法维的生态都市主义[J].景观设计学,2010（5）：113.

[95] Steffen Lehmann.Green Urbanism：Formulating a Series of Holistic Principles[J].S.A.P.I.EN.S[Online],2010（3）.

[96] 王湘君.从理性的起源走向辩证的终极——读《辩证的城市》有感[J].新建筑,2002（3）：65-68.

[97] 卢峰,何昕.浅析当前我国城市设计的局限性[J].重庆建筑大学学报,2006（2）：11-13+20.

[98] 施卫良.设计无形：价值、要素、准则和实施——城市设计专题会议综述[J].城市规划,2013,37（1）：76-78.

[99] 王引,袁方.见微知著 设计有道——城市设计专题会议综述[J].城市规划,2014,38（1）：69-71.

[100] Jesper Ole Jensen.Sustainability Certification of Neighbourhoods：Experience from DGNB New Urban Districts in Denmark[J].Nordregio News：Planning Tools for Urban Sustainability,2014（2）.

[101] 朱洪祥,雷刚,吴先华,等.多维视角下低碳生态城市指标体系构建——以东营市为例[J].现代城市研究,2012,27（12）：87-93.

[102] 陈正言,吴国富,宫明达.生态城市指标体系功能分析[J].大庆师范学院学报,2006（5）：121-125.

[103] 李爱民,于立.中国低碳生态城市指标体系的构建[J].建设科技,2012（12）：24-29.

[104] 曹永卿,汤放华.城市规划系统观与方法论创新[J].规划师,2001（2）：7-11.

[105] 蒋逸民.作为"第三次方法论运动"的混合方法研究[J].浙江社会科学,

2009（10）：27-37+125-126.

[106] 宋曜廷，潘佩妤. 混合研究在教育研究的应用 [J]. 台湾师范大学，2010，55（4）：97-130.

[107] 彭少麟. 发展的生态观：弹性思维 [J]. 生态学报，2011，31（19）：5433-5436.

[108] Steffen Lehmann.Green Urbanism：Formulating a Series of Holistic Principles[J]. S.A.P.I.EN.S[Online]，2010（3）.

[109] 洪敏，金凤君. 紧凑型城市土地利用理念解析及启示 [J]. 中国土地科学，2010，24（7）：10-13+29.

[110] Michael Neuman.The Compact City Fallacy[J].Journal of Planning Education and Research，2005（1）.

[111] Lewis Mumford.The Natural History of Urbanization[M].Man's Role in the Changing the Face of the Earth，1956.

[112] Terry McGee.The Spatiality of Urbanization：The Policy Challenges of Mega-Urban and Desakota Regions of Southeast Asia[J].UNU-IAS Working Paper，2009，16（1）.

[113] 简博秀.Desakota 与中国新的都市区域的发展 [J]. 建筑与城乡研究学报，2004（12）：45-68.

[114] 叶斌，程茂吉，张媛明. 城市总体规划城市建设用地适宜性评定探讨 [J]. 城市规划，2011，35（4）：41-48.

[115] 杨少俊，刘孝富，舒俭民. 城市土地生态适宜性评价理论与方法 [J]. 生态环境学报，2009，18（1）：380-385.

[116] Dimitrios Trakolis.Carrying Capacity-An Old Concept：Significance for the Management of Urban Forest Resources[J].NEW MEDIT，2003（3）.

[117] 高鹭，张宏业. 生态承载力的国内外研究进展 [J]. 中国人口·资源与环境，2007（2）：19-26.

[118] 王晓原，苏跃江，单刚，等. 基于 TOD 模式的城市土地利用研究 [J]. 山东理工大学学报（自然科学版），2010，24（2）：1-6.

[119] 任春洋. 美国公共交通导向发展模式（TOD）的理论发展脉络分析 [J]. 国际

城市规划，2010，25（4）：92-99.

[120] 陈洁，陆锋，程昌秀.可达性度量方法及应用研究进展评述[J].地理科学进展，2007（5）：100-110.

[121] Mei-Po Kwan, Alan T. Murray, Morton E.O'Kelly, et al.Recent advances in accessibility research: Representation, methodology and applications[J].J Geograph Syst, 2003（5）.

[122] 李平华，陆玉麒.城市可达性研究的理论与方法评述[J].城市问题,2005(1): 69-74.

[123] 赵淑芝，匡星，张树山，等.基于TransCAD的城市公交网络可达性指标及其应用[J].交通运输系统工程与信息，2005（2）：55-58.

[124] 曾思瑜.从"无障碍设计"到"通用设计"——美日两国无障碍环境理念变迁与发展过程[J].设计学报，2003，8（2）：57-76.

[125] 李伟.慎重使用词语"慢行交通"和"慢行系统"[J].城市交通,2012,10(4): 103-104.

[126] 黄娟，陆建.城市步行交通系统规划研究[J].现代城市研究，2007（2）：48-53.

[127] 赵春丽，杨滨章.步行空间设计与步行交通方式的选择——扬·盖尔城市公共空间设计理论探析（1）[J].中国园林，2012，28（6）：39-42.

[128] John Zacharias, Jun Munakata.东京新宿车站地下和地面步行环境[J].许玫，译.国际城市规划，2007（6）：35-40.

[129] 郭海娟，王玉瑶.基于生态城市理念下的城市中心区立体步行体系构建[J].四川建筑，2013，33（4）：9-11.

[130] 罗小虹.国内外城市中心区立体步行交通系统建设研究[J].华中建筑，2014，32（8）：127-131.

[131] 安·福塞斯，凯文·克里泽克.促进步行与骑车出行：评估文献证据 献计规划人员[J].刘晓曼，许骁，包蓉，译.国际城市规划，2012（5）：6-17.

[132] 罗剑，单晋.行人交通安全与道路运输功能的平衡——欧美城市交通宁静化的经验与启示[J].道路交通与安全，2007（4）：7-10.

[133] 叶彭姚，陈小鸿.雷德朋体系的道路交通规划思想评述 [J].国际城市规划，2009，24（4）：69-73.

[134] John Laplante，P.E.，Ptoe，etal.Complete Streets：We Can Get There from Here[J].ITE Journal，2008（5）：24-28.

[135] Robin Smith，Sharlene Reed，Shana Baker.Street Design：Part 1—Complete Streets[J].Public Roads，2010（7/8）.

[136] 叶朕，李瑞敏.完整街道政策发展综述 [J].城市交通，2015（1）：17-24.

[137] 管弦.绿地系统对建设生态城市的影响——以保定市绿地系统规划研究为例 [J].中外建筑，2012（12）：72-75.

[138] Aydin Ozdemir.Urban Sustainability and Open Space Networks[J].Journal of Applied Sciences，2007（7）.

[139] 余琪.现代城市开放空间系统的建构 [J].城市规划汇刊，1998（6）：49-56+65.

[140] 杨沛儒."生态城市设计"专题系列之三 景观生态学在城市规划与分析中的应用 [J].现代城市研究，2005（9）：34-46.

[141] 刘长安，赵继龙.基于都市农业的低碳城市发展策略研究 [J].山东社会科学，2013（7）：140-144.

[142] 周春山，叶昌东.中国城市空间结构研究评述 [J].地理科学进展，2013，32（7）：1030-1038.

[143] 王如松，李锋，韩宝龙，等.城市复合生态及生态空间管理 [J].生态学报，2014，34（1）：1-11.

[144] 王朝晖.关于可持续城市形态的探讨——介绍《设计城市——迈向一种更加可持续的城市形态》[J].国外城市规划，2001（2）：41-45.

[145] 林贺佳，李娜.立体城市——紧凑集约发展在中国的实践 [J].住区，2012（3）：50-55.

[146] 罗卫兵，晁旭彤."立体城市"发展的思考与启示 [J].四川建筑，2012，32（5）：4-7，10.

[147] 郭磊.低碳生态城市案例介绍（二十一）：韩国松岛新城 [J].城市规划通讯，

2013（4）：1.

[148] Jessica Ekblaw, Erin Johnson, Kristin Malyak.Idealistic or Realistic?: a comparison of eco-city typologies[J], Green Cities, 2009.

[149] Seung Oh Lee, Sooyoung Kim. The Effect of Hydraulic Characteristics on Algal Bloom in an Artificial Seawater Canal: A Case Study in Songdo City, South Korea[J].Water, 2014（2）.

[150] 佚名.低碳生态城市案例介绍（四）：马尔默（上）[J].城市规划通讯，2011（14）：1.

[151] Joachim H.Spangenberg, Stefanie Pfahl, Kerstin Deller.owards indicators for institutional sustainability: lessons from an analysis of Agenda 21[J].Ecological Indicators, 2002（2）.

[152] 崔宗安.生态城市建设中的规划理论 [J].北京规划建设，2006（2）：78-81.

[153] Jesper Ole Jensen.Sustainability Certification of Neighbourhoods: Experience from DGNB New Urban Districts in Denmark[J].Nordregio News Issue 1: Planning Tools for Urban Sustainability, 2014.

[154] 宋洪远，马永良.使用人类发展指数对中国城乡差距的一种估计 [J].经济研究，2004（11）：4-6.

[155] 叶青，鄢涛，李芬，等.城市生态宜居发展二维向量结构指标体系构建与测评 [J].城市发展研究，2011（11）：16-20.

[156] 叶青，李芬，鄢涛.优地指数——动态考核生态城市发展进程——中国城市生态宜居发展指数报告（2012）概述 [J].建设科技，2012（6）：18-20.

[157] 徐颖，严金泉.对全球化视野下中国城市特色危机的思考 [J].城市问题，2006（2）：12-15.

[158] 吴隆杰.基于生态足迹指数的中国可持续发展动态评估 [J].中国农业大学学报，2005（6）：94-99.

[159] 董贺轩.城市立体化——城市模式发展的一种新趋向解析 [J].东南大学学报（自然科学版），2005（S1）：225-229.

[160] 吴琼，王如松，李宏卿，等.生态城市指标体系与评价方法 [J].生态学报，2005（8）：2090-2095.

[161] 温宗国，张坤民，杜娟，等.真实储蓄率（GSR）——衡量生态城市的综合指标[J].中国环境科学，2004（3）：376-380.

[162] 李平华，陆玉麒.可达性研究的回顾与展望[J].地理科学进展，2005（3）：69.

[163] 王青斌.论公众参与有效性的提高——以城市规划领域为例[J].政法论坛，2012（4）：53-55.

[164] 袁男优.低碳经济的概念内涵[J].城市环境与城市生态，2010（1）：4.

[165] 黄晓军，黄馨.弹性城市及其规划框架初探[J].城市规划，2015，39（2）：50-56.

[166] 董战峰，张欣，郝春旭.2014年全球环境绩效指数（EPI）分析与思考[J].环境保护，2015，43（2）：55-59.

[167] 卢健松，彭丽谦，刘沛.克里斯托弗·亚历山大的建筑理论及其自组织思想[J].建筑师，2014（5）：44-51.

[168] 李彤玥，牛品一，顾朝林.弹性城市研究框架综述[J].城市规划学刊，2014（5）：23-31.

[169] 叶祖达.低碳生态城区控制性详细规划管理体制分析框架——以无锡太湖生态城项目实践为例[J].城市发展研究，2014，21（7）：91-99.

[170] 董世永，李孟夏.我国可持续社区评估体系优化策略研究[J].西部人居环境学刊，2014，29（2）：112-117.

[171] 杨晓凡，李雨桐，贺启滨，等.无锡太湖新城的生态规划和建设实践[J].城市规划，2014（2）：31-36.

[172] 吴珍珍，严木才，刘俊跃.深圳市光明绿色新城规划建设实践[J].北京规划建设，2013（6）：60-64.

[173] 李天星.国内外可持续发展指标体系研究进展[J].生态环境学报，2013，22（6）：1085-1092.

[174] 谷树忠，胡咏君，周洪.生态文明建设的科学内涵与基本路径[J].资源科学，2013，35（1）：2-13.

[175] 陈晓晶，孙婷，赵迎雪.深圳市低碳生态城市指标体系构建及实施路径[J].

规划师，2013，29（1）：15-19.

[176] 蔡建明，郭华，汪德根.国外弹性城市研究述评[J].地理科学进展，2012，31（10）：1245-1255.

[177] 扈万泰，Peter Calthorpe.重庆悦来生态城模式——低碳城市规划理论与实践探索[J].城市规划学刊，2012（2）：73-81.

[178] 孙大明，马素贞，李芳艳.无锡太湖新城低碳生态规划指标体系[J].建设科技，2011（22）：52-54.

[179] 李王鸣，刘吉平.精明、健康、绿色的可持续住区规划愿景——美国LEED-ND评估体系研究[J].国际城市规划，2011，26（5）：66-70.

[180] 林澎，田欣欣.曹妃甸生态城指标体系制定、深化与实践经验[J].北京规划建设，2011（5）：46-49.

[181] 古春晓.中国城市科学研究会与联合技术公司联合发布生态城市研究项目年度成果报告[J].建设科技，2011（7）：20-21.

[182] 秦志琴，张平宇，苏飞.基于DPSIR模型的沈阳市可持续性态势评价[J].农业系统科学与综合研究，2011，27（1）：60-65.

[183] 赵银慧.浅析"城市环境综合整治定量考核"制度[J].环境监测管理与技术，2010，22（6）：66-68.

[184] 蔺雪峰，叶炜，郑舟，等.以目标为导向的中新天津生态城规划及发展实践[J].时代建筑，2010（5）：46-49.

[185] 孙晓峰.生态城市规划初探——以中新天津生态城总体规划为例[J].建筑节能，2010，38（8）：36-40.

[186] 梁伟，王强，杨丹丹."生态城"控制性详细规划指标体系研究[J].动感（生态城市与绿色建筑），2010（2）：31-35.

[187] 王芃，唐绍杰，张一成.深圳光明新区生态城市规划实践[J].建设科技，2009（15）：34-37.

[188] 尤纳斯·颜伯格，丁利.曹妃甸生态城城市形态与城市意象分析[J].世界建筑，2009（6）：34-43.

[189] 刘小波，尤尔金姆·阿克斯.曹妃甸生态城交通和土地利用整合规划[J].世

界建筑，2009（6）：44-55.

[190] 于萍.瑞典城市可持续发展的经验——以Bo01"明日之城"住宅示范区为例[J].世界建筑，2009（6）：87-93.

[191] 刘小波，谭英，Ulf Ranhagen.打造"深绿型"生态城市——唐山曹妃甸国际生态城概念性总体规划[J].建筑学报，2009（5）：1-6.

[192] 杨保军，董珂.生态城市规划的理念与实践——以中新天津生态城总体规划为例[J].城市规划，2008（8）：10-14，97.

[193] 鲍健强，苗阳，陈锋.低碳经济：人类经济发展方式的新变革[J].中国工业经济，2008（4）：153-160.

[194] 沈清基，吴斐琼.生态型城市规划标准研究[J].城市规划，2008（4）：60-70.

[195] 刘贤腾.空间可达性研究综述[J].城市交通，2007（6）：36-43.

[196] 陈成忠，林振山，贾敦新.基于生态足迹指数的全球生态可持续性时空分析[J].地理与地理信息科学，2007（6）：68-72.

[197] 吴晓，顾震弘.Bo01欧洲住宅展览会，马尔默，瑞典[J].世界建筑，2007（7）：49-53.

[198] 王丽，左其亭，高军省.资源节约型社会的内涵及评价指标体系研究[J].地理科学进展，2007（4）：86-92.

[199] 刘晓洁，沈镭.资源节约型社会综合评价指标体系研究[J].自然资源学报，2006（3）：382-391.

[200] Yosef Rafeq Jabareen.Sustainable Urban Forms：Their Typologies, Models, and Concepts[J].Journal of Planning Education and Research，2006.

[201] Connell B R.The Principles of Universal Design，Version 2.0[J].1997.

[202] 付健.城市规划中的公众参与权研究[D].长春：吉林大学，2013.

[203] 梅林.泛生态观与生态城市规划整合策略[D].天津：天津大学，2007.

[204] 苏毅.结合数字化技术的自然形态城市设计方法研究[D].天津：天津大学，2010.

[205] José Nuno Beirão.City Maker：Designing Grammars for Urban Design[D].Delft：

Delft University,2012.

[206] Ina Klaasen.Knowledge-based Design：Developing Urban & Regional Design into a Science[D].Delft：Delft University of Technology，2003.

[207] 杨雪芹.基于可持续发展的城市设计理论与方法研究[D].武汉：华中科技大学，2008.

[208] 李宣.国外真实发展指标（GPI）研究及其在我国的应用[D].成都：西南交通大学，2014.

[209] 孙钊.生态城市设计研究[D].武汉：华中科技大学，2012.

[210] 孙宇.当代西方生态城市设计理论的演变与启示研究[D].哈尔滨：哈尔滨工业大学，2012.

[211] 安黎黎.混合方法研究的理论与应用[D].上海：华东师范大学，2010.

[212] 岑湘荣.基于GIS的城镇建设用地生态适宜性评价研究[D].长沙：中南大学，2008.

[213] 杨海鹰.城市步行环境设计研究[D].武汉：武汉理工大学，2002.

[214] 高洁.城市人行天桥功能复合及系统化设计研究[D].武汉：华中科技大学，2006.

[215] 尹钰.城市立体化步行网络设计研究[D].北京：北京建筑工程学院，2008.

[216] 张萌.城市居住区交通静化设计研究[D].西安：长安大学，2010.

[217] 叶志勇.面向生态城市的绿地系统规划研究——以厦门市为例[D].南京：南京农业大学，2005.

[218] 石崧.以城市绿地系统为先导的城市空间结构研究[D].武汉：华中师范大学，2002.

[219] 蹇庆鸣.可持续发展观在城市开放空间设计中的应用研究[D].天津：天津大学，2003.

[220] 温全平.城市森林规划理论与方法[D].上海：同济大学，2008.

[221] 邓清华.生态城市空间结构研究——兼析广州未来空间结构优化[D].广州：华南师范大学，2002.

[222] 毕凌岚.生态城市物质空间系统结构模式研究[D].重庆：重庆大学，2004.

[223] Jiayao Liu.Farming Guangming: Integrating agricultural landscape and new town development for the "Green City" Guangming in Shenzhen[D].Delft: Delft University of Technology, Architecture and The Built Environment, 2014.

[224] 王宁. 天津生态城市评价指标体系研究[D]. 天津：天津财经大学，2009.

[225] 赵强. 城市健康生态社区评价体系整合研究[D]. 天津：天津大学，2012.

[226] 蔺雪峰. 生态城市治理机制研究——以中国新加坡天津生态城为例[D]. 天津：天津大学，2011.

[227] 刘伟麟. 环境永续性与总量管理模式与系统之研究[D]. 南京：中央大学，2011.

[228] 宋富强. 企业集团内部生产流程的绩效考核体系研究[D]. 武汉：华中农业大学，2008.

[229] Sustainable Seattle.Indicators of Sustainable Community 1998[R].Seattle, Washington, Reprinted March, 2004.

[230] 清华大学恒隆房地产研究中心. 职住平衡：度量、规律与社会成本——以北京市为例的实证研究[R].2014.

[231] 李得全. 全球化与全球暖化的都市设计——从信义计划30年谈起[R].2014.

[232] 台湾有关方面地区发展学会. 生态城市都市设计操作手册（草案）[R].2009.

[233] 财政部，住房城乡建设部. 关于2011年度可再生能源建筑应用申报工作的通知[R].2011.

[234] Zhou, N., G.He. China's Development of Low-Carbon Eco-Cities and Associated Indicator Systems[R].Berkeley, California, USA, Lawrence Berkeley National Laboratory, 2012.

[235] Salvador Rueda.Ecological Urbanism[R].Urban Ecology Agency of Barcelona, Spain, 2011.

[236] 村上周三，川久保俊. その他. 都市の総合環境性能評価ツールCASBEE-都市の開発－評価システムの理念と枠組み－[R]. 日本建築学会技術報告集 第17卷，2011（2）.

[237] O2 Planning + Design.Landscape Patterns Environmental Quality Analysis[R].2013.

[238] Cristina Pronello.Land use and transport：accessibility and mobility styles[R]. 佛山：中欧城市创新国际研讨会，2013.

[239] Building the World's Most Sustainable City[R].Masdar-Abu Dhabi Future Energy Company（ADFEC），2010.

[240] Dr Vanda Rounsefell.Case Study Aldinga Arts-EcoVillage[R].CSIRO，2006.

[241] The Natural Step.The Natural Step Framework Guidebook[R].2000.

[242] OECD.OECD Environmental Indicators - Development，Measurement and Use[R].OECD，2003.

[243] 联合技术公司，中国城市科学研究会.生态城市指标体系构建与生态城市示范评价项目年度成果报告（2010-2011）[R].2011.

[244] 西门子中国.亚洲绿色城市指数 评估亚洲主要城市的环境绩效——一个由西门子赞助、经济学人智库开展的研究项目 [R].2011.

[245] 世界自然基金会，中国科学院动物科学研究所，中国科学院地理科学与资源研究所，全球足迹网络，伦敦动物学会.中国生态足迹报告 2012[R].WWF，2012.

[246] BREEAM.BREEAM Communities technical manual SD202 Issue：1.0-2012[R].BRE Global，2014.

[247] Angel Hsu，Laura Johnson，Ainsley Lloyd.Measuring Progress：A Practical Guide From the Developers of the Environmental Performance Index（EPI）[R]. New Haven：Yale Center for Environmental Law & Policy，2013.

[248] Richard D.Young.An Overview：Oregon Shines II and Oregon Benchmarks[R]. South Carolina Indicators Project，University of South Carolina，2005.

[249] Sustainable Seattle.Indicators of Sustainable Community 1998[R].Seattle，Washington，Reprinted March，2004.

[250] Eco-Team of Graz.Eco-City 2000：Evaluation[R].Graz，1999.

[251] Stadt Heidelberg.Heidelberg Sustainability Report-indicator based success rate of the city development of Heidelberg 2010[R].2005.

[252] Sustainable Singapore Blueprint 2015[R].Ministry of the Environment and Water

Resources, Ministry of National Development, 2014.

[253] 新加坡环境与水资源部,新加坡国家发展部.2015永续新加坡发展蓝图[R].2014.

[254] 英国卡迪夫大学可持续空间研究所,中国城市科学研究会学术交流部.深圳低碳生态城国外经验借鉴研究报告[R].2011.

[255] Berta Cormenzana, Ferran Fabregas, Maria-Cristina Marinescu, et al.Workshops at the Twenty-Eighth AAAI Conference on Artificial Intelligence[C].//An Ontology for Ecological Urbanism: SUM+EcologyQuébec City, 2014.

[256] 吴志强,宋雯珺.欧洲生态城市规划设计的案例研究[C]//住房和城乡建设部,河北省人民政府.2008城市发展与规划国际论坛论文集.同济大学,2008.

[257] 王鸿楷,杨沛儒.地景生态与永续都市型态之规划:台北2025生态城市案例[C]//台湾大学出版中心.谁的空间,谁的地?回眸台海两岸都市发展三十年:台湾大学建筑与城乡研究所王鸿楷教授荣退论文选集.2007.

[258] 顾永涛,朱枫,高捷.美国"完整街道"的思想内涵及其启示[C]//中国城市规划学会.城市时代,协同规划——2013中国城市规划年会论文集(02-城市设计与详细规划).中国城市规划设计研究院,2013.

[259] 严爱琼,崔敏.重庆生态城规划对策及实践探索研究——以重庆悦来生态城规划实践为例[C]//中国城市规划学会,南京市政府.转型与重构——2011中国城市规划年会论文集.重庆市规划研究中心,2011.

[260] 田欣欣.生态城市规划模式探索与实践——以曹妃甸生态城为例[C]//中国城市科学研究会,广西壮族自治区住房和城乡建设厅,广西壮族自治区桂林市人民政府,中国城市规划学会.2012城市发展与规划大会论文集.唐山曹妃甸生态城管委会,2012.

[261] 干靓,丁宇新.从绿色建筑到低碳城市:日本"CASBEE-城市"评估体系初探[C]//中国城市科学研究会,中国建筑节能协会,中国绿色建筑与节能专业委员会.第8届国际绿色建筑与建筑节能大会论文集.同济大学建筑与

城市规划学院，上海同济城市规划设计研究院，2012.

[262] 李道勇，运迎霞，刘子阳."低冲击与多平衡"视角下的新城发展模式研究——以曹妃甸国际生态城为例 [C]// 中国城市科学研究会，广西壮族自治区住房和城乡建设厅，广西壮族自治区桂林市人民政府，中国城市规划学会.2012 城市发展与规划大会论文集. 天津大学建筑学院，2012.

[263] 张若曦，薛波. 浅析指标体系在生态城市规划控制中的应用——以曹妃甸生态城指标体系设计为例 [C]// 中国城市规划学会，重庆市人民政府. 规划创新：2010 中国城市规划年会论文集. 清华大学建筑学院城市规划与设计系，曹妃甸新区规划建设局，2010：15.

[264] 陈洁燕. 无锡太湖新城·国家低碳生态城示范区指标体系探讨 [C]// 江苏省扬州市人民政府，中国城市科学研究会，中国城市规划学会，江苏省住房和城乡建设厅.2011 城市发展与规划大会论文集. 无锡市规划设计研究院，2011.

[265] 苏保中. 数学中的"模型"与"模式"（二）[EB/OL].http：//www.pep.com.cn/czsx/jszx/jszj/gzsxgrzjjs_1/zhaozhixiang/zhao1/201102/t20110225_1024674.htm.

[266] Eco-cities[EB/OL].http：//en.wikipedia.org/wiki/Eco-cities.

[267] Green vision[EB/OL].the search for the ideal eco-city FT.com.

[268] Ecocity Definition[EB/OL].http：//www.ecocitybuilders.org/.

[269] 环境保护部."十二五"城市环境综合整治定量考核指标及其实施细则（征求意见稿）[EB/OL].https：//www.mee.gov.cn/gkml/hbb/bgth/201111/t20111116_220023.htm.

[270] 深圳市规划和国土资源委员会. 深圳市步行和自行车交通系统规划设计导则 [EB/OL].https：//www.docin.com/p-1627925283.html.

[271] 城市设计 [EB/OL].http：zh.wikipedia.org/wiki/ 城市设计.

[272] 2010 年评审感言——何友锋教授 从绿建筑迈向生态城市 [EB/OL].http：//www.formosa21.com.tw/faqview.php?id=323.

[273] Ecological urbanism[EB/OL].http：//en.wikipedia.org/wiki/Ecological_urbanism.

[274] Green urbanism[EB/OL].http：//en.wikipedia.org/wiki/Green_urbanism.

[275] 阈值 [EB/OL].baike.baidu.com/view/409216.htm.

[276] Garden Cities of To-morrow[EB/OL].http：//en.wikipedia.org/wiki/Garden_Cities_of_To-morrow..

[277] 紧凑城市理论 [EB/OL].http：//zh.wikipedia.org/wiki/紧凑城市理论.

[278] 城市承载力 [EB/OL].zh.wikipedia.org/wiki/城市承载力.

[279] TOD 开发模式 [EB/OL].zh.wikipedia.org/wiki/TOD 开发模式.

[280] Angie Schmitt.ITDP Debuts a LEED-Type Rating System for Transit-Oriented Development[EB/OL].usa.streetsblog.org/2013/07/15/itdp-debuts-a-leed-type-rating-system-for-transit-oriented-development.

[281] Sustainable transport[EB/OL].en.wikipedia.org/wiki/Sustainable_transport.

[282] 绿色交通 [EB/OL].zh.wikipedia.org/wiki/绿色交通.

[283] Chris Reed，Nina-Marie Lister.Ecology and Design：Parallel Genealogies[EB/OL].placesjournal.org/article/ecology-and-design-parallel-genealogies/.

[284] 人行过街天桥 [EB/OL].zh.wikipedia.org/wiki/人行过街天桥.

[285] Cycling infrastructure[EB/OL].en.wikipedia.org/wiki/Cycling_infrastructure.

[286] Segregated cycle facilities[EB/OL].en.wikipedia.org/wiki/Segregated_cycle_facilities.

[287] Traffic calming[EB/OL].en.wikipedia.org/wiki/Traffic_calming.

[288] 30km/h zone[EB/OL].en.wikipedia.org/wiki/30_km/h_zone.

[289] The Fused Grid：A Contemporary Urban Pattern[EB/OL].www.fusedgrid.ca.

[290] 融合型路网 [EB/OL].zh.wikipedia.org/wiki/融合型路网.

[291] Luis Rodriguez. The Fused Grid：A New Model for Planning Healthy and Liveable Developments[EB/OL].sustainablecitiescollective.com.

[292] National Complete Streets Coalition. What are Complete Streets?[EB/OL].www.smartgrowthamerica.org/complete-streets.

[293] Complete Streets[EB/OL].en.wikipedia.org/wiki/Complete_streets.

[294] LANDSCAPE MOSAICS：PATCHES, CORRIDORS, AND CONNECTIVITY [EB/OL].sev.lternet.edu/~bmilne/bio576/instr/html/Patches-

and-Corridors.html.

[295] Urban forest[EB/OL].en.wikipedia.org/wiki/Urban_forest.

[296] Urban agriculture[EB/OL].en.wikipedia.org/wiki/Urban_agriculture.

[297] Masdar City: Abu Dhabi Green Clean Tech Project[EB/OL].http：//www.2daydubai.com/pages/masdar-city.php.

[298] Vernacular Lessons[EB/OL].http：//design.epfl.ch/organicites/2010b/how/research/briefs/vernacular-lessons.

[299] Spice and Spectacle in Spain and Morocco（part 2）[EB/OL].http：//www.aila.org.au/roamings/mackenzie-spain2.htm.

[300] Examples of Abu Dhabi's planned cultural developments[EB/OL].http：//gulfartguide.com/essay/examples-of-abu-dhabis-planned-cultural-developments/.

[301] Danya Tsivneva, Dominic Patel and Rupert Buckland. Masdar City: Sustainable Urbanism Case Study[EB/OL].http：//09025299.wix.com/sustainibleurbanismmasdarcity#!.

[302] Low2No Competition Overview[EB/OL].http：//www.low2no.org/pages/competition.

[303] Peter Rose+Partners.Low Carbon. High Urban[EB/OL].http：//www.roseandpartners.com/projects/low2no.

[304] Jätkäsaari–Uutta merellistä kantakaupunkia[EB/OL].http：//ksv.hel.fi/fi/projektisivu/j%C3%A4tk%C3%A4saari/j%C3%A4tk%C3%A4saari.

[305] Ashley Greenwood. 设计城市 [EB/OL].http：//www.vantageshanghai.com/arts/architecture/2013/04/planned-cities.html.

[306] 曹妃甸区唐山湾生态城概况 [EB/OL].http：//www.tswstc.gov.cn/.

[307] Habitat International Coalition, Sustainable Urban District Freiburg-Vauban[EB/OL].http：//www.hic-net.org/document.php?pid=2637.

[308] 被动式节能屋 [EB/OL].http：//blog.sina.com.cn/u/2737616842.

[309] The Natural Step[EB/OL].en.wikipedia.org/wiki/The_Natural_Step.

[310] 地球高峰会 [EB/OL].zh.wikipedia.org/wiki/地球高峰会.

[311] 国际法令规范 德国绿色建筑：DGNB[EB/OL].www.greentrade.org.tw/node/43626.

[312] DGNB System[EB/OL].www.dgnb-system.de/en.

[313] 指标 [EB/OL].wiki.mbalib.com/wiki/ 指标 .

[314] 指数 [EB/OL].zh.wikipedia.org/wiki/ 指数 .

[315] Environmental Performance Index（EPI）-Yale University[EB/OL].epi.yale.edu.

[316] OECD Better Life Index[EB/OL].www.oecdbetterlifeindex.org.

[317] 美好生活指数 [EB/OL].http：//zh.wikipedia.org/wiki/ 美好生活指数 .

[318] 我国「国民幸福指数」架构及内容 附件 2：国际组织及各国福祉衡量进展 [EB/OL].www.stat.gov.tw.

[319] 人类发展指数 [EB/OL].zh.wikipedia.org/wiki/ 人类发展指数 .

[320] Human Development Index（HDI），UNDP Human Development Report[EB/OL].hdr.undp.org/en/content/human-development-index-hdi.

[321] Index of Sustainable Economic Welfare[EB/OL].en.wikipedia.org/wiki/Index_of_Sustainable_Economic_Welfare.

[322] Oregon Progress Board[EB/OL].en.wikipedia.org/wiki/Oregon_Progress_Board.

[323] Sustainable Seattle[EB/OL].en.wikipedia.org/wiki/Sustainable_Seattle.

[324] Sustainable Seattle |Historical Indicator Work[EB/OL].sustainableseattle.org/programs/regional-indicators.

[325] Ecological Urbanism[EB/OL].bcnecologia.net/en/conceptual-model/ecological-urbanism.

[326] IEFS 倡议 [EB/OL].http：//www.ecocitystandards.org/zh-hans/.

[327] 维度和指标，了解报告的基本要素 [EB/OL].https：//support.google.com/analytics/answer/1033861?hl=zh-Hans.

[328] 基础设施 [EB/OL].zh.wikipedia.org/wiki/ 基础设施 .

[329] Eco-cities#Social[EB/OL].en.wikipedia.org/wiki/Eco-cities#Social.

[330] 住房城乡建设部 . 城市步行和自行车交通系统规划设计导则 [EB/OL]（2014-01-14）[2023-09-20].https：//www.gov.cn/govweb/gzdt/att/att/site1/20140114/00

1e3741a2cc143f348801.pdf.

[331] 中华人民共和国住房和城乡建设部，中华人民共和国国家质量监督检验检疫总局.GB 50763-2012 无障碍设计规范 [S]. 中国建筑工业出版社，2012.

[332] Maryland Department of the Environment.Maryland Stormwater Design Manual，Volumes I and II[S].2009.

[333] 中国建筑科学研究院，上海市建筑科学研究院.GB/T 50378-2006 绿色建筑评价标准 [S]. 北京：建筑工业出版社，2006.

[334] 中华人民共和国住房和城乡建设部.CJJ132-2009 城乡用地评定标准 [S]. 北京：建筑工业出版社，2009.

[335] NACTO.Urban Bikeway Design Guide[S].Washington，DC，2011.

[336] The Committee for the Development of an Environmental Performance Assessment Tools for Cities. CASBEE for Cities Technical Manual（2012 Edition）[S].Japan Sustainable Building Consortium（JSBC），2012.

[337] The Committee for the Development of an Environmental Performance Assessment Tools for Cities. CASBEE for Cities Technical Manual（2011 Edition）[S].Japan Sustainable Building Consortium（JSBC），2011.

[338] 生态环境部.GB 3096-2008 声环境质量标准 [S]. 北京：中国环境科学出版社出版，2008.

[339] 中华人民共和国建设部.GB50442-2008 城市公共设施规划规范 [S]. 北京：中国建筑工业出版社，2008.

[340] 台湾有关方面交通部运输研究所.自行车道系统规划设计参考手册（第二版）[S].2010.